中文版

3ds Max 2024

完全自学教程

任媛媛 编著

人民邮电出版社

北 京

图书在版编目（CIP）数据

中文版 3ds Max 2024 完全自学教程 / 任媛媛编著.

北京 ： 人民邮电出版社，2024. -- ISBN 978-7-115

-65086-3

Ⅰ．TP391.414

中国国家版本馆 CIP 数据核字第 20249GF135 号

内 容 提 要

本书以中文版 3ds Max 2024 为基础，结合 V-Ray 6 Update 1.1（俗称 VRay 6.1）渲染器，全面讲解 3ds Max 的各项重要技术。同时，本书还介绍了 Firefly 的基本使用方法，以便读者了解新的设计方式。

本书用 147 个案例对 3ds Max 2024 的基本操作、建模技术、摄影机技术、灯光技术、材质和贴图技术、渲染技术、粒子系统和空间扭曲、动画技术等重要功能与技巧进行解析，同时讲解 Firefly 的基本用法，引领读者快速生成部分场景。本书中的重要知识点都配有案例训练，以帮助读者融会贯通、举一反三，从而制作出更多精美的作品。

本书附赠学习资源，包括书中案例训练、学后训练、综合训练和商业项目实战的场景文件、实例文件和在线教学视频，重要工具和技术的演示视频，以及教师专享 PPT 教学课件。如果读者在实际操作过程中有不明白的地方，可以观看视频辅助学习。此外，本书还赠送大量的场景模型、高清贴图、HDR 贴图、IES 文件、参考图和配色卡等资源。

本书非常适合作为 3ds Max 初学者的自学教程，也适合作为数字艺术教育培训机构及院校相关专业的教材。

◆ 编　著　任媛媛
　　责任编辑　张丹丹
　　责任印制　陈　犇
◆ 人民邮电出版社出版发行　　北京市丰台区成寿寺路 11 号
　　邮编　100164　电子邮件　315@ptpress.com.cn
　　网址　https://www.ptpress.com.cn
　　雅迪云印（天津）科技有限公司印刷
◆ 开本：880×1092　1/16
　　印张：22.5　　　　　　　　　　2024 年 12 月第 1 版
　　字数：883 千字　　　　　　　　2024 年 12 月天津第 1 次印刷

定价：139.80 元

读者服务热线：(010)81055410　印装质量热线：(010)81055316
反盗版热线：(010)81055315
广告经营许可证：京东市监广登字 20170147 号

案例训练：长方体木箱

技术掌握　创建长方体；复制对象

难易程度　★★☆☆☆

案例训练：创意台灯

技术掌握　创建圆锥体；创建圆柱体；复制对象

难易程度　★★☆☆☆

案例训练：中式香插

技术掌握　创建管状体；创建圆柱体；布尔运算

难易程度　★★☆☆☆

案例训练：化妆镜

技术掌握　创建圆柱体；放样

难易程度　★★☆☆☆

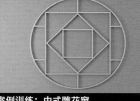

案例训练：绿色毛绒场景

技术掌握　VRayFur

难易程度　★★★☆☆

案例训练：中式雕花窗

技术掌握　创建矩形；创建圆；创建线

难易程度　★★☆☆☆

案例训练：罗马柱

技术掌握　创建样条线；"车削"修改器

难易程度　★★☆☆☆

案例训练：抱枕模型

技术掌握　创建切角长方体；FFD修改器

难易程度　★★☆☆☆

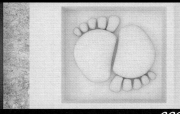

案例训练：鹅卵石装饰品

技术掌握　创建长方体；FFD修改器；"网格平滑"修改器

难易程度　★★☆☆☆

案例训练：地形模型

技术掌握　创建平面；"噪波"修改器

难易程度　★★☆☆☆

案例赏析

案例训练：布艺双人床　　**«** *088 页*

技术掌握　可编辑多边形

难易程度　★★★☆☆

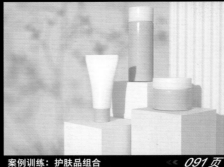

案例训练：护肤品组合　　*091 页*

技术掌握　可编辑多边形

难易程度　★★★☆☆

案例训练：卡通兔子　　*093 页*

技术掌握　可编辑多边形

难易程度　★★★☆☆

综合训练：房间框架模型　　*101 页*

技术掌握　导入CAD文件；"挤出"修改器；多边形建模

难易程度　★★★★☆

案例训练：创建物理摄影机　　**«** *116 页*

技术掌握　物理摄影机

难易程度　★★☆☆☆

案例训练：创建目标摄影机　　**«** *117 页*

技术掌握　目标摄影机

难易程度　★★☆☆☆

案例训练：横构图画面　　**«** *124 页*

技术掌握　调整画面比例；渲染安全框

难易程度　★★☆☆☆

综合训练：服装店景深效果　　*133 页*

技术掌握　创建VRay物理摄影机；VRay物理摄影机的景深

难易程度　★★★☆☆

综合训练：高速运动的自行车　　**«** *135 页*

技术掌握　创建VRay物理摄影机；VRay物理摄影机的运动模糊

难易程度　★★★☆☆

案例训练：客厅射灯　　**«** *139 页*

技术掌握　目标灯光

难易程度　★★☆☆☆

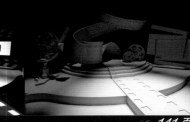

案例训练：舞台照明灯光　　**«** *141 页*

技术掌握　目标聚光灯

难易程度　★★☆☆☆

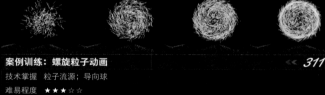

前言

3ds Max是Autodesk公司出品的一款专业且实用的三维软件,在模型塑造、场景渲染、动画制作和特效制作等方面具有强大的功能。随着版本的不断更新,3ds Max的各项功能也变得越来越强大,使其在效果图、影视动画、游戏和产品设计等领域占据重要地位,成为全球范围内十分受欢迎的三维软件之一。在实际工作中,3ds Max用于创建场景,VRay渲染器则用于渲染输出,两者各司其职,可完美搭配。Firefly不仅能为用户提供创作灵感,还可以生成部分场景,提高制作效率。

本书特色

1500多分钟的视频总时长 本书的所有案例、重要工具及技术讲解都配有高清讲解视频。读者结合视频进行学习,更容易掌握所学的知识点。

143个案例 本书是一本实战型教程,书中重要知识点的后面都安排了相应的案例。通过大量的实战演练,读者可以掌握模型制作的技巧和精髓。

40个知识课堂 编者将软件操作和模型制作方面的40个技巧和经验毫无保留地奉献给了读者,极大地提升了本书的含金量,可方便读者丰富模型制作经验并提升学习、工作效率。

4个商业项目实战 本书第8章包含3ds Max常见的4类商业项目实战,涉及家装、工装、产品和建筑。

内容安排

第1章 介绍3ds Max 2024的入门知识、学习方法、常用工具和应用等。这些是学习3ds Max 2024必须掌握的基础知识。

第2章 介绍Firefly的基本用法, 以及与3ds Max相结合的使用方法。

第3章 讲解3ds Max 2024的常用建模技术,包括标准基本体、复合对象、VRay物体、常用样条线、常用修改器,以及可编辑多边形等。这些技术是建模必须掌握的,也是制作场景必不可少的。

第4章 讲解3ds Max 2024的摄影机技术,包括常用的摄影机工具、画面比例与构图、摄影机特效等。运用这些技术能为场景取景。

第5章 讲解3ds Max 2024的灯光技术,包括3ds Max内置灯光和VRay光源,灯光的氛围、层次及不同空间的布光方法等。运用这些技术能为场景增加丰富的光影效果。

第6章 讲解3ds Max 2024的材质和贴图技术,运用VRay常用材质和常用贴图可以实现丰富的材质效果。

第7章 讲解渲染技术,介绍如何结合前面章节的知识渲染场景。

第8章 通过4个不同类型的场景,多维度地讲解商业项目的制作思路和方法。

第9章 讲解3ds Max 2024的粒子系统和空间扭曲,运用这些技术可以制作出较为复杂的粒子动画。

第10章 讲解3ds Max 2024的动画技术,包括动力学动画、动画制作工具、约束、变形器、骨骼和蒙皮等。运用这些技术可以制作建筑动画和角色动画等较为复杂的动画。

附赠资源

为方便读者学习，随书附赠书中全部案例的场景文件、实例文件和教学视频，重要工具和技术的演示视频，以及PPT教学课件。

本书还特别赠送大量场景模型、高清贴图、HDR贴图、IES文件、参考图和配色卡等资源，以方便读者学习并进行模型制作。

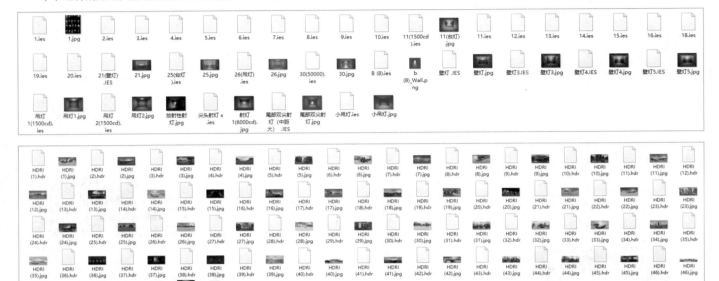

本书所有学习资源均可在线获取。扫描封底上的二维码，关注"数艺设"微信公众号，即可得到学习资源的获取方式。

由于编者水平有限，书中难免会有疏漏之处，欢迎广大读者批评指正。

编　者

2024年5月

目 录

基础视频：14集　　案例视频：21集　　视频时长：199分钟

第5章　灯光技术 137

基础视频：16集　　案例视频：35集　　视频时长：228分钟

第6章　材质与贴图技术 177

技巧提示

疑难问答

知识课堂

知识链接

第 **1** 章

走进3ds Max 2024

基础视频：21集   案例视频：7集   视频时长：74分钟

　　3ds Max可以应用在室内外建筑效果表现、产品效果表现、动画制作等领域。本章将带领读者推开3ds Max 2024的大门，一起探索丰富多彩的三维世界。

学习重点

学完本章能做什么

　　学完本章之后，读者可以熟悉3ds Max的应用领域和学习方法，掌握3ds Max的基本操作，熟悉3ds Max的应用。

1.1 3ds Max可以用来做什么

3ds Max是Autodesk公司出品的一款专业且实用的三维软件,在模型塑造、场景渲染、动画制作和特效制作等方面具有强大的功能。随着版本的不断更新,3ds Max的各项功能也变得越来越强大,使其在效果图、影视动画、游戏和产品设计等领域占据重要地位,成为全球范围内十分受欢迎的三维软件之一。

随着Autodesk公司对3ds Max功能的不断研发,3ds Max已经升级到2024版本。图1-1所示是3ds Max 2024的启动界面。

图1-1

3ds Max在三维设计领域的使用频率较高,除了常见的建筑效果图,它还可以用来制作三维动画、三维游戏和产品设计图等。

建筑效果图 3ds Max不仅可以制作室内、室外的效果图,还可以制作动画效果。3ds Max在室内设计、城市规划和建筑设计领域的应用也较多,如图1-2所示。

图1-2

三维动画 影视和动画作品中也少不了3ds Max的身影。3ds Max不仅可以创建影片中的人物和场景,还能制作一些特效,如图1-3所示。

图1-3

三维游戏 在三维游戏中,游戏角色和场景都可以用3ds Max来制作。此外,3ds Max还可以制作游戏角色的动作效果,如图1-4所示。

图1-4

产品设计图 3ds Max可以还应用在产品设计中。3ds Max虽然在建模方面不如专业的产品设计软件精确,但在产品效果的展示上表现不俗,如图1-5所示。

图1-5

1.2 如何快速、有效地学习3ds Max

3ds Max体系庞大，功能复杂，要想快速且有效地学习3ds Max，需要进行大量的练习。多看、多想、多练，自然就会了。图1-6列出了一些学习3ds Max的窍门。

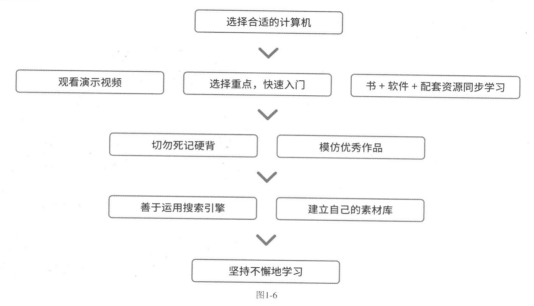

图1-6

1.2.1 选择合适的计算机

3ds Max对计算机的配置要求比较高。如果想要更加流畅地学习3ds Max，就需要选择一台合适的计算机。这里以Windows系统为例列出3ds Max 2024对计算机硬件配置的要求，如表1-1所示。

表1-1

配置项目	基础配置	高级配置
操作系统	Windows 10	Windows 11
CPU	Intel 酷睿i5-10400F	Intel 酷睿i7-13700KF
内存	8GB	16GB
显卡	NVIDIA GeForce GTX 1060	NVIDIA GeForce GTX 20系/30系/40系
硬盘	1TB	1TB
电源	500W	600W

① 技巧提示

3ds Max 2024必须在Windows 10或Windows 11中才能安装成功，如果是Windows 10以下的版本则无法成功安装。

1.2.2 观看演示视频

如果想快速学习3ds Max 2024的常用工具和命令，可以先观看本书配套的演示视频，如图1-7所示。这套视频可以帮助读者快速掌握工具和命令的用法。当然，仅仅掌握工具和命令的用法是不能学好3ds Max的，还需要认真学习书中讲解的其他内容。

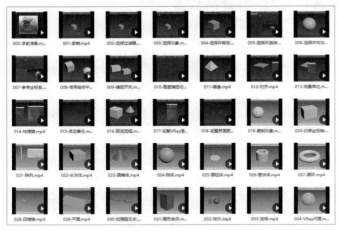

图1-7

1.2.3 选择重点，快速入门

3ds Max的功能十分强大，所涉及的领域很广泛。虽然书中所讲的工具和命令不一定都能经常用到，但标注了"重点"的工具和命令是常用的，如图1-8所示。对于标注了"重点"的内容，读者一定要仔细学习，掌握相关操作。

图1-8

1.2.4 书+软件+配套资源同步学习

读者在学习本书时，一定要将书、软件和配套资源三者结合起来学习，这样才能充分地理解工具和命令的用法，如图1-9所示。结合配套资源，读者可以更方便地练习书中的案例。在练习的同时观看视频，读者能更加直观地学习案例的操作方法。

图1-9

1.2.5 切勿死记硬背

很多初学者在学习3ds Max（尤其是与材质和渲染相关的内容）时都喜欢死记硬背一些参数。他们虽然表面上能快速掌握软件，但在实际工作中往往不能灵活运用所学知识。本书更多的是为读者讲解工具的原理和设计制作方法，死记硬背的参数并不能适用于所有场景。希望读者在学习本书时能掌握原理，灵活运用，这样才能学好3ds Max。

1.2.6 模仿优秀作品

学习完本书以后，读者对软件的操作可以达到比较熟练的程度，也可以设计出具有一定水准的作品，但是总体水平与成熟的设计师相比还差得很远。读者平时可以在一些三维设计网站上搜集一些优秀的设计作品进行模仿，如图1-10所示。这样不仅可以提升自己的软件使用水平，还可以提升审美水平。读者在模仿的同时，还应思考自己在制作类似的作品时应该怎么做。

图1-10

1.2.7 善于运用搜索引擎

制作案例时，软件往往会出现一些未知的问题，这个时候就需要运用搜索引擎寻找出现问题的原因和解决办法。除了能够解决软件出现的问题，搜索引擎还可用于检索制作案例的方法。图1-11所示是使用搜索引擎查询"3ds Max打不开怎么办"的搜索结果。

图1-11

1.2.8 建立自己的素材库

设计师都需要建立一套自己的素材库。素材库中可以有材质的高清贴图、IES灯光文件、常用单体模型、HDR贴图等,如图1-12所示。将素材分门别类,在需要的时候就能立刻找到相关素材。除了本书提供的一些配套资源,读者也可以在一些三维设计网站上下载素材,随时更新自己的素材库。

图1-12

1.2.9 坚持不懈地学习

要想成为一个优秀的设计师,需要不断地学习。不仅要学习先进的软件、插件和技术,还要掌握流行的设计风格。读者可以经常浏览一些设计网站,熟悉流行的设计趋势和风格,这样才能在日新月异的变化中保持竞争力,不被时代淘汰。

> ⑦ **疑难问答:可以用其他版本的3ds Max学习本书吗?**
>
> 用其他版本的3ds Max学习本书的内容也是可以的。各版本3ds Max的基础功能没有太大的区别,如果用较低版本的软件,大部分内容都可以学习。但是过低版本的软件会打不开本书的案例文件,建议读者用3ds Max 2021或以上的版本进行学习。

1.3 初识3ds Max 2024

在计算机上安装软件,然后执行"开始"菜单中的Autodesk>3ds Max 2024 -Simplified Chinese命令,如图1-13所示,便可打开中文版3ds Max 2024的操作界面,如图1-14所示。双击桌面上的快捷方式图标█可以打开默认的英文版3ds Max 2024操作界面。默认情况下,操作界面为黑色,这里为了便于展示与说明,将操作界面修改成了浅色。

图1-13

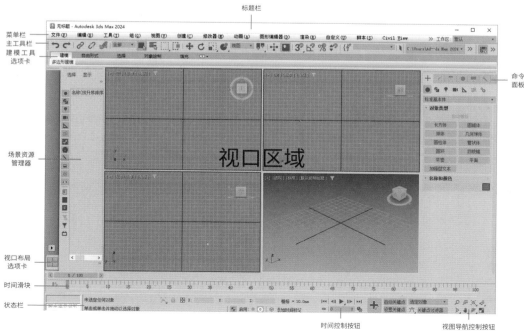

图1-14

◎ 知识课堂：关闭欢迎界面

初次打开3ds Max 2024时，会弹出一个欢迎界面，如图1-15所示。如果不想在下一次打开软件时仍然弹出该界面，可在该界面左下角取消勾选"在启动时显示此欢迎屏幕"选项，如图1-16所示。

图1-15

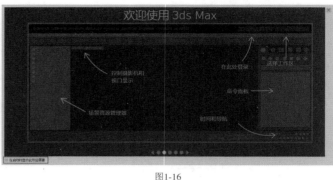
图1-16

👑 重点

1.3.1 软件操作界面

打开软件后，可以看到整个操作界面由标题栏、菜单栏、主工具栏、视口区域、命令面板、动画控件、建模工具选项卡、场景资源管理器、视口布局选项卡、状态栏和视图导航控制按钮这几部分构成。

1.菜单栏

菜单栏位于操作界面的上方，在标题栏之下，是执行菜单命令的地方，包含"文件"、"编辑"、"工具"、"组"、"视图"、"创建"、"修改器"、"动画"、"图形编辑器"、"渲染"、"自定义"、"脚本"、Civil View、V-Ray、Arnold、"帮助"16个菜单，如图1-17所示。

| 文件(F) | 编辑(E) | 工具(T) | 组(G) | 视图(V) | 创建(C) | 修改器(M) | 动画(A) | 图形编辑器(D) | 渲染(R) | 自定义(U) | 脚本(S) | Civil View | V-Ray | Arnold | 帮助(H) |

图1-17

❓ 疑难问答：菜单栏中没有V-Ray是什么原因？

只有安装了VRay渲染器，才可以在菜单栏中看到V-Ray菜单。建议读者在安装完3ds Max后安装VRay渲染器。

菜单栏包含软件的大多数命令。"文件""组""动画""自定义"等菜单在实际工作中使用频率较高。

当我们打开一个菜单时，会看到一些命令后面出现了表示快捷键的提示，如图1-18所示。按这些快捷键可以快速执行对应命令，省去用鼠标单击的过程，极大地提高制作效率。在学习的初期，有些读者可能觉得记忆命令快捷键较为困难，但学习一定时间后，自然而然就能记住这些快捷键。

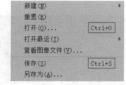
图1-18

2.主工具栏

主工具栏中集合了一些常用的编辑工具，图1-19展示了默认状态下的主工具栏。某些按钮的右下角有一个三角形图标，长按这类按钮就会弹出相应的工具列表。例如，长按"捕捉开关"按钮 3️⃣ 就会弹出捕捉工具列表，如图1-20所示。

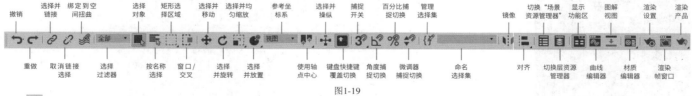
图1-19

🔢
图1-20

ⓘ 技巧提示

若显示器的分辨率较低或软件窗口较小，主工具栏中的工具可能无法完全显示出来，这时将鼠标指针放置在主工具栏的空白处，当鼠标指针变成🖐形状时，按住鼠标左键左右拖曳主工具栏，即可查看没有显示出来的工具。

3.视口区域

视口区域是操作界面中最大的区域,也是3ds Max中用于进行实际工作的区域,默认状态下以四视图模式显示,包括顶视图、左视图、前视图和透视视图4个视图。在这些视图中,我们可以从不同的角度对场景中的对象进行观察和编辑。

每个视图的左上角都会显示视图的名称以及模型的显示方式,右上角有一个导航器(不同视图的显示状态不同),如图1-21所示。

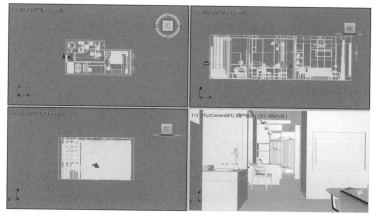

> **① 技巧提示**
>
> 视口区域在不同图书或教程中的叫法有差异,也被叫作视口、视图或者视窗。

图1-21

4.命令面板

命令面板非常重要,对场景对象的操作都可以在命令面板中完成。命令面板由6个面板组成,默认状态下显示的是"创建"面板,其他面板分别是"修改"面板、"层次"面板、"运动"面板、"显示"面板和"实用程序"面板,如图1-22所示。

"创建"面板 日常场景中需要创建的三维模型、样条图形、灯光、摄影机和粒子等对象都在"创建"面板中,是使用频率较高的面板。除了创建上述对象,还可以创建大气、力场和骨骼等对象。

"修改"面板 与"创建"面板同等重要的是"修改"面板,如图1-23所示。在"修改"面板中不仅可以加载修改器,还可以调整对象的参数属性。

"层次"面板 在日常工作中使用的频率不高,常常在调整对象坐标轴位置时使用,如图1-24所示。

"运动"面板 在制作动画时会用到,尤其是在制作约束动画时,我们会在该面板中调整各种参数,如图1-25所示。

"显示"面板 使用频率不高,偶尔在调整对象的显示方式时会用到,如图1-26所示。

"实用程序"面板 使用频率较高。在链接贴图路径、塌陷选定对象时都会使用该面板,如图1-27所示。

图1-22

图1-23

图1-24

图1-25

图1-26

图1-27

5.动画控件

时间滑块和时间控制按钮共同组成了动画控件,用于控制动画的制作和播放。时间滑块用于设置动画的当前帧,默认的帧数为100,如图1-28所示。

时间控制按钮用来控制动画的播放效果,包括关键点控制和时间控制等,如图1-29所示。

图1-28

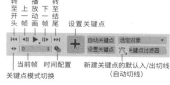

图1-29

> **◈ 知识链接**
>
> 关于动画控件的详细内容,请参阅"10.2 动画制作工具"。

6.建模工具选项卡

建模工具选项卡是多边形建模的快捷工具面板,在日常建模中使用频率不高,如图1-30所示。

图1-30

7.场景资源管理器

主要用于查看、排序、过滤和选择场景中的对象。另外，还提供了其他功能，可用于重命名、删除、隐藏和冻结对象，创建和修改对象层次，以及编辑对象属性。

8.视口布局选项卡

视口布局选项卡位于软件操作界面最左侧，可以调整视口的样式，如图1-31所示。视口默认以四视图模式显示，单击"创建新的视口布局选项卡"按钮会显示其他的视口布局，如图1-32所示，读者可以在面板中选择一个方便制作的视口布局。

图1-31　　　　图1-32

9.状态栏

状态栏位于时间滑块的下方，它提供了选定对象的数目、类型、变换值和栅格数目等信息，并且状态栏可以基于当前鼠标指针位置和当前活动程序来提供动态反馈信息，如图1-33所示。

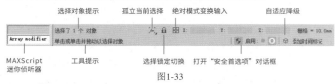

图1-33

10.视图导航控制按钮

视图导航控制按钮位于软件操作界面的右下角，可以控制除摄影机视图外的视图，如图1-34所示。

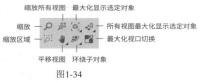

图1-34

"缩放"工具 作用与滚动鼠标滚轮一样，是放大或缩小对象显示比例的工具，一般都会用滚轮代替。

"最大化显示选定对象"工具 会将选定的对象在视口中最大化显示，这个工具使用频率很高。在日常制作中可按Z键快速放大选定对象。

"平移视图"工具 将视图平移到任何位置，按住鼠标中键拖曳也可以达到同样的效果。

"最大化视口切换"工具 视口默认以四视图模式显示，单击该按钮或按快捷键Alt+W就可以将选定的视图最大化单独显示，使用频率很高。

> ② 疑难问答：为何按快捷键Alt+W无法进行视图切换？
> 这是由于在开启3ds Max时同时开启了QQ，造成了快捷键冲突，修改QQ的热键就可以解决此问题。

当切换到摄影机视图时，按钮会发生改变，如图1-35所示。这些工具可以实现视图的旋转、平移和缩放等操作。

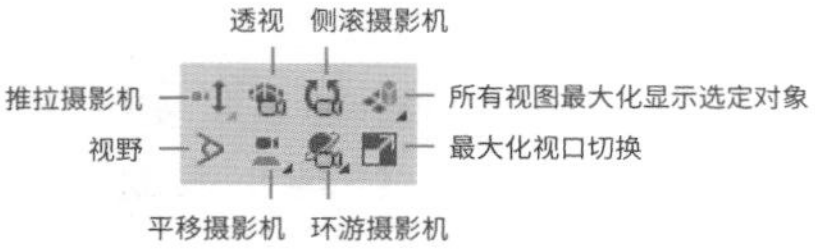

图1-35

"推拉摄影机"工具 虽然鼠标滚轮也可以达到同样效果，但不如使用"推拉摄影机"工具控制精细。除此之外，在其他视图中移动摄影机的位置也可以达到推拉摄影机的效果。

"视野"工具 可以改变摄影机的焦距。视野越大，观察到的对象就越多（与广角镜头相似），而透视会扭曲。视野越小，观察到的对象就越少（与长焦镜头相似），而透视会展平，如图1-36所示。

视野:52.7

视野:42.6

图1-36

"平移摄影机"工具 用法与"平移视图"工具一样，也可以用鼠标中键代替。

"环游摄影机"工具 旋转摄影机的位置，使镜头呈现不同的角度。

1.3.2　新建/打开/保存/导入文件

新建文件、打开文件、保存文件和导入文件是文件的基本操作，相关命令都包含在"文件"菜单内。

1.新建文件

新建文件的方法有两种，一种是使用"新建"命令，另一种是使用"重置"命令。

打开软件后展开菜单栏中的"文件"菜单，选择"新建"命令，右侧会弹出扩展的菜单，选择新建类型，如图1-37所示。执行"重置"命令后视口区域恢复为默认状态。

图1-37

> ② 疑难问答："新建全部"命令和"重置"命令有何区别？
> "新建全部"命令会在原有的工程文件路径内重新建立新的界面。
> "重置"命令会新建界面和工程文件路径。

2.打开文件

"打开"命令（快捷键为Ctrl+O）和"打开最近"命令都可以打开已经存在的.max文件。当鼠标指针移动到"打开最近"命令上时，会在右侧显示最近一段时间在软件中打开过的文件，如图1-38所示。

图1-38

> **知识课堂：处理打开某些场景文件时弹出的对话框**
>
> 在打开某些场景文件时，系统会弹出一些对话框。这里为读者简单介绍一下每种对话框的含义和处理方式。
>
> 第1种"文件加载：Gamma和LUT设置不匹配"对话框，如图1-39所示。遇到这种情况，一般将Gamma值统一为系统的Gamma值即可，因此选择"是否保持系统的Gamma和LUT设置？"选项。
>
> 第2种"文件加载：单位不匹配"对话框，如图1-40所示。遇到这种情况，一般将单位统一为文件的单位，最好不要将文件按照系统单位放大或缩小，选择"采用文件单位比例？"选项。

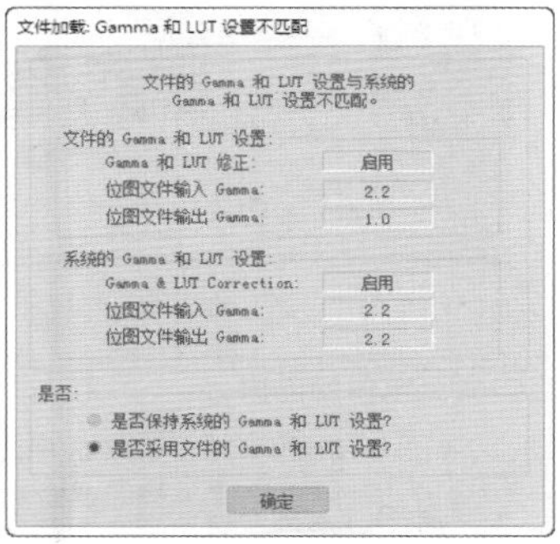

图1-39　　　　　　　图1-40

> 第3种"缺少外部文件"对话框，如图1-41所示。遇到这种情况，代表文件中的贴图文件或光度学文件丢失，需要重新加载这些文件，直接单击"继续"按钮即可。

图1-41

> 第4种"缺少Dll"对话框，如图1-42所示。遇到这种情况，代表制作场景时使用了特殊的插件，这里读者不需要在意，单击"打开"按钮 即可。
>
> 第5种"场景转换器"对话框，如图1-43所示。遇到这种情况代表场景与ART渲染器不兼容。本书案例大多数使用VRay渲染器，极个别使用默认的扫描线渲染器，没有使用ART渲染器，这里关闭对话框即可。

图1-42

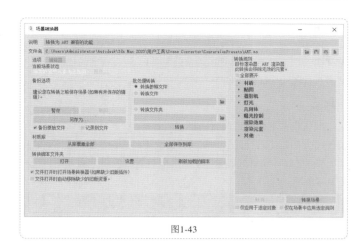

图1-43

3.保存文件

"保存""另存为""保存副本为""保存选定对象"命令都可以保存已经制作好的场景为.max文件，但它们有一定区别，如图1-44所示。

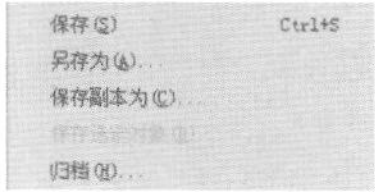

图1-44

保存（快捷键为Ctrl+S）会在原有文件的基础上覆盖保存，所保存的文件始终为1个。

另存为 在原有文件的基础上另行保存为一个新文件，不会将原有的文件覆盖。

保存副本为 与"另存为"命令类似，也是将文件单独保存。

保存选定对象 将场景中单个或多个选定的对象保存为一个独立的文件。

归档 与前述命令都不相同，它会将场景中的贴图文件、光度学文件和场景文件进行打包，形成一个压缩包文件。

4.导入文件

导入文件的方法有多种，常用的是"导入"命令和"合并"命令，如图1-45所示。

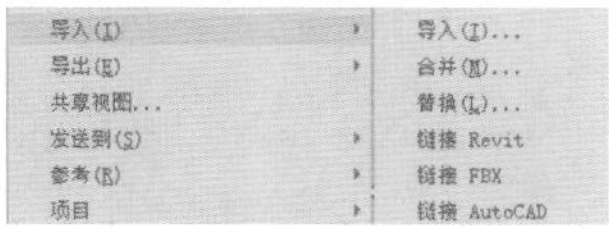

图1-45

导入 常用来导入CAD文件，以便后续制作模型。

合并 将其他.max文件导入现有场景，但不会覆盖现有场景。

1.3.3 视口的基础操作

视口的旋转、平移、缩放和切换等操作是3ds Max中非常重要的基础操作，本小节内容请读者务必掌握。

1.视口操作

3ds Max 2024的视口操作如下。

旋转视图 Alt键+长按鼠标中键。

平移视图 长按鼠标中键并拖曳。

缩放视图 滚动鼠标滚轮。

2.视口切换

常用的几种视图都有其对应的快捷键，顶视图的快捷键是T、左视图的快捷键是L、前视图的快捷键是F、透视视图的快捷键是P、摄影机视图的快捷键是C。

3.栅格

默认状态下的视口都有网格状的背景，即栅格，可以用来测量模型的大小以便进行建模。在某些情况下，栅格会影响对场景的观察，按G键就可以将其隐藏，栅格隐藏前后的效果分别如图1-46和图1-47所示。

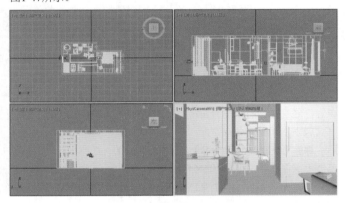

图1-46

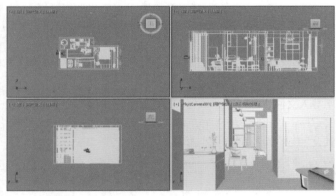

图1-47

4.背景色

视口区域的背景色有两种，一种是纯色，另一种是渐变颜色，分别如图1-48和图1-49所示。

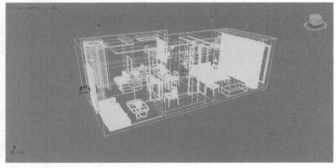

图1-48

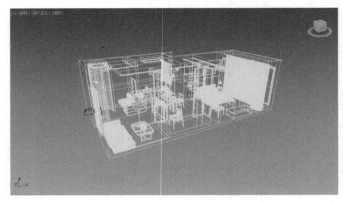

图1-49

> ① 技巧提示
>
> 本书因为印刷需要，所以使用纯色背景。读者可以按照自身喜好选择。

默认的二维视图会显示为纯色，而透视视图则显示为渐变颜色。单击视口左上角的显示按钮，在弹出的下拉菜单中勾选"视口背景">"纯色"选项，如图1-50所示。这样就能将渐变颜色背景切换为纯色背景。

图1-50

> ◎ 知识课堂：解决打开场景时视口为全黑色的问题
>
> 在某些情况下打开场景，模型会显示为黑色，如图1-51所示。发生这种情况通常是因为创建了外部灯光，且系统显示了实时阴影的效果。
>
> 要解决这种问题，需要在视口的左上角单击"用户定义"按钮，然后在弹出的下拉菜单中勾选"照明和阴影">"用默认灯光照亮"选项，如图1-52所示，修改后的效果如图1-53所示。
>
>
>
> 图1-51
>
>
>
> 图1-52   图1-53
>
> 此时视口中还是有很多黑色，不利于观察场景。继续单击"用户定义"按钮，然后在弹出的下拉菜单的"照明和阴影"中取消勾选"阴影"和"环境光阻挡"选项，如图1-54所示，修改后的效果如图1-55所示。

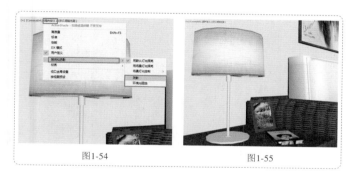

图1-54　　　　　　　　图1-55

5.显示模式

单击视口左上角的显示按钮，可以在弹出的菜单中切换场景的显示模式，如图1-56所示。

图1-56

默认明暗处理 显示场景对象的颜色和明暗，如图1-57所示。这是实际工作中使用最多的显示模式之一。

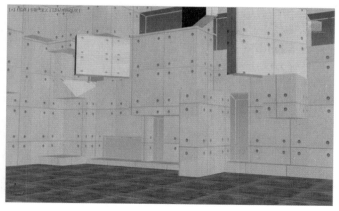

图1-57

边界框 显示场景对象的边界框，如图1-58所示。这种模式的好处是可以减少视口中显示模型的面数，减少对显卡的消耗，但缺点也同样很明显，即不能很好地观察视口中的对象。

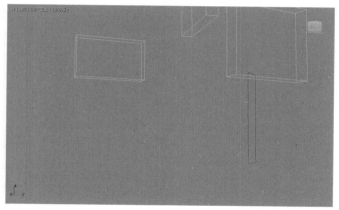

图1-58

线框覆盖 将视口中的对象以线框形式显示，减少了显卡消耗，也方便我们观察，如图1-59所示。

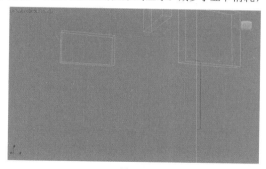

图1-59

> ① **技巧提示**
> 按F3键可以将显示模式在"线框覆盖"和"默认明暗处理"间进行切换。

边面 将视口中的场景对象的颜色和线框同时显示，如图1-60所示。这种模式一般不建议使用，因为这样比较消耗显卡资源，一些配置较低的计算机会产生卡顿现象。

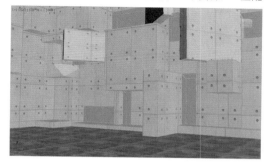

图1-60

> ① **技巧提示**
> 按F4键可以将显示模式在"默认明暗处理"和"边面"间进行切换。

1.3.4 加载VRay渲染器

安装完VRay渲染器后，单击"主工具栏"的"渲染设置"按钮，弹出"渲染设置"窗口，如图1-61所示。3ds Max 2024的默认渲染器为Arnold渲染器。

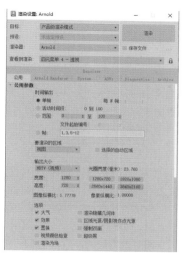

图1-61

展开"渲染器"下拉列表，然后将默认的Arnold切换为V-Ray 6 Update 1.1选项，如图1-62所示。

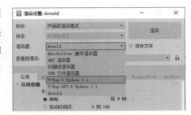

图1-62

如果要将VRay渲染器设置为默认的渲染器，需要展开"指定渲染器"卷展栏，然后单击"保存为默认设置"按钮 保存为默认设置，如图1-63所示。

图1-63

♛ 重点

1.3.5 场景单位

设置场景单位是在制作一个场景之前必须要做的，不同类型的场景会有不同的单位。执行"自定义">"单位设置"命令，弹出"单位设置"对话框，如图1-64所示。

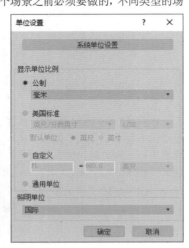

图1-64

"单位设置"对话框中有两种设置单位的方式，一种是"系统单位设置" 系统单位设置，另一种是"显示单位比例"，这两者之间有一定的区别。

单击"系统单位设置"按钮 系统单位设置 会弹出"系统单位设置"对话框，如图1-65所示。对话框中显示系统默认的单位是"毫米"，如果想更改系统的单位，就展开"毫米"所在的下拉列表，选择其他单位，如图1-66所示。

"显示单位比例"控制的是"参数"卷展栏中参数的单位，如图1-67所示。

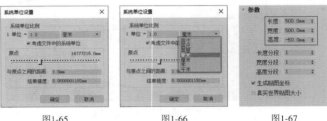

图1-65   图1-66   图1-67

在"显示单位比例"选项组中可以设置4种单位。大多数情况下使用"公制"单位，如图1-68所示，一些国外的场景会使用"美国标准"单位，如图1-69所示。用户也可以在"自定义"中设置显示比例，如果希望参数后面不显示单位，就选择"通用单位"选项，参数如图1-70所示。

图1-68   图1-69   图1-70

♛ 重点

1.3.6 快捷键

快捷键在制作场景时能极大地提升制作效率，除了系统的默认快捷键，用户还可以根据自己的喜好自定义快捷键。执行"自定义">"热键编辑器"命令，在打开的"热键编辑器"对话框中就可以设置任意命令的快捷键，如图1-71所示。

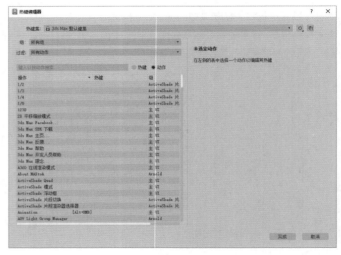

图1-71

下面以添加"挤出"修改器的快捷键为例，为读者讲解快捷键的设置方法。

第1步 在"组"下拉列表中选择"主UI"选项，并搜索"挤出修改器"，如图1-72所示。

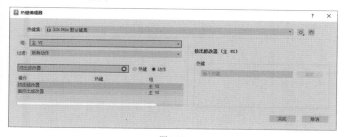

图1-72

第2步 在下方的列表中选中"挤出修改器"选项，如图1-73所示。

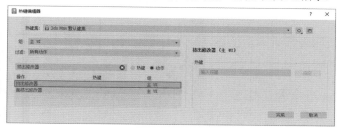

图1-73

第3步 单击右侧的"热键"输入框，按Shift+E键，此时输入框内显示Shift+E，如图1-74所示。

图1-74

第4步 单击右侧的"指定"按钮 指定 ，就可以在左侧的列表中看到"挤出修改器"的后方显示Shift+E，如图1-75所示。单击对话框底部的"完成"按钮 完成 完成设置。

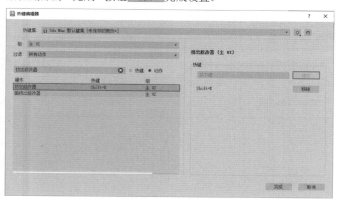

图1-75

除了系统默认的快捷键，读者也能为其他常用的命令添加快捷键，快捷键可以是单个按键，也可以是多个按键的组合。这些新设置的快捷键保存后，也可以在其他计算机上加载。

1.3.7 自动备份

3ds Max对计算机的性能要求比较高，一些低配置的计算机经常会出现软件崩溃并自动退出的情况，如果没有保存已经制作的场景，就有可能丢失这部分的文件。为了避免出现这种情况，需要在制作场景之前开启文件的自动备份。

执行"自定义" > "首选项"命令，弹出"首选项设置"对话框，然后切换到"文件"选项卡，勾选"自动备份"选项组中的"启用"选项，设置"备份间隔（分钟）"为30，并单击"确定"按钮 确定 ，如图1-76所示。

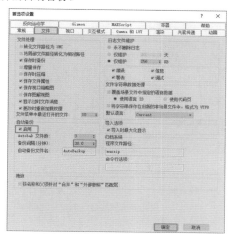

图1-76

> ① **技巧提示**
>
> 默认的备份间隔时间是15分钟，这个频率较高，会造成软件频繁卡顿，30分钟的备份间隔比较合适。读者也可以按照自身的操作习惯设定这个时间。

3ds Max 2024的主工具栏中添加了自动备份功能的快捷操作按钮，如图1-77所示。

单击"自动备份切换"按钮 就可以快速控制是否开启自动备份功能。当显示 图标后，代表软件已进行了自动备份操作。单击"重置计时器"按钮 ，软件会重新计算自动备份的时间。

图1-77

一旦软件崩溃并退出，在计算机的"文档"文件夹中可以找到最后自动备份的文件。以笔者的计算机为例，自动备份的文件路径是"C:\Users\Administrator\Documents\3ds Max 2024\autoback"，文件夹中时间最晚的文件就是最后一次备份的文件，如图1-78所示。

名称	修改日期	类型	大小
AutoBackup01	2020-08-08 9:53	3dsMax scene file	700 KB
AutoBackup02	2020-08-08 10:53	3dsMax scene file	700 KB
AutoBackup03	2020-08-07 17:25	3dsMax scene file	712 KB
MaxBack.bak	2019-02-20 10:40	BAK 文件	69,670 KB
maxhold.bak	2020-06-30 17:25	BAK 文件	309,786 KB
maxhold.mx	2020-06-30 18:12	MX 文件	107,271 KB
RenderPreset.bak	2020-07-06 17:25	BAK 文件	616 KB

图1-78

1.3.8 预览选框

只要将鼠标指针移动到对象上，相应对象的轮廓就会高亮显示，如图1-79所示。若是选中某对象，轮廓就会显示为蓝色，如图1-80所示。

虽然这个设置能清晰地显示对象的轮廓，但是配置不高的计算机却会因此出现卡顿，不利于操作。执行"自定义">"首选项"命令，弹出"首选项设置"对话框，切换到"视口"选项卡，取消勾选"选择/预览亮显"选项，最后单击"确定"按钮 确定 就可以关闭高亮的预览选框，如图1-81所示。

关闭高亮显示的预览选框后，在选中对象时，对象的轮廓会显示为白色，如图1-82所示。

图1-79

图1-80

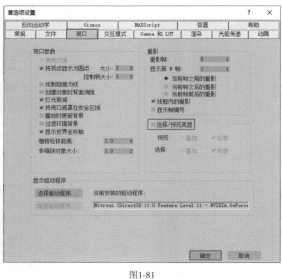

图1-81

图1-82

> ① 技巧提示
>
> 如果读者觉得开启高亮显示的预览选框并不会造成软件卡顿，这个功能就不用关闭。

1.4 3ds Max 2024的常用工具

掌握主工具栏中常用工具的用法能为后续学习打下坚实的基础。这些工具按功能划分为撤销、对象选择、参考坐标系、捕捉、镜像和对齐，如图1-83所示。

3ds Max 2024 的常用工具

∨

撤销	对象选择	参考坐标系
撤销上一步执行的操作	选择过滤器、选择对象、选择并移动、选择并旋转、选择并均匀缩放	指定变换操作时使用的坐标系

捕捉	镜像	对齐
捕捉开关、角度捕捉切换	围绕指定轴或平面镜像出一个或多个副本对象	对齐选中的对象

图1-83

👑 重点

1.4.1 撤销

"撤销"工具（快捷键为Ctrl+Z）可以撤销上一步执行的操作。连续单击"撤销"按钮会持续返回上一步的操作，默认的最大撤销步数为100步。

如果需要修改最大撤销步数，执行"自定义">"首选项"命令，在打开的"首选项设置"对话框的"常规"选项卡中，设置"场景撤销"的"级别"为任意数值，如图1-84所示。

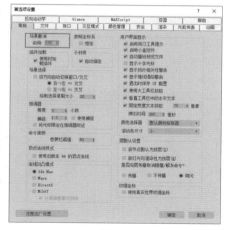

图1-84

① 技巧提示

"级别"数值设置得越大，消耗的内存就越多，读者设置的数值最好不要超过默认数值。

👑 重点
1.4.2 选择过滤器

"选择过滤器"工具 用来过滤不需要选择的对象类型，对于批量选择同一种类型的对象非常有用，如图1-85所示。

如果在下拉列表中选择"L-灯光"选项，在场景中选择对象时只能选择灯光，而几何体、图形、摄影机等对象不会被选中，如图1-86所示。

图1-85

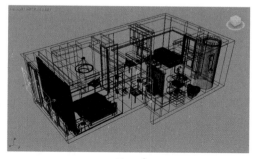

图1-86

👑 重点
1.4.3 选择对象

"选择对象"工具 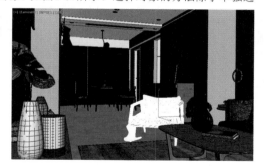（快捷键为Q）用来选择场景中的对象，拖曳时不会移动对象，如图1-87所示。选择对象的方法除了单独选择，还有加选、减选、反选和孤立选择。

图1-87

加选对象 如果当前选择了一个对象，还想加选其他对象，可以在按住Ctrl键的同时单击其他对象，如图1-88所示。

图1-88

减选对象 如果当前选择了多个对象，想减选某个不想选择的对象，可以在按住Alt键的同时单击想要减选的对象，如图1-89所示。

图1-89

反选对象 如果当前选择了某些对象，想要反选场景中的其他的对象，可以按快捷键Ctrl+I，如图1-90所示。

图1-90

孤立选择对象 这是一种特殊的选择对象的方法，可以将选择的对象单独显示出来，以便对其进行编辑，如图1-91所示。孤立选择对象的方法主要有两种：一种是执行"工具">"孤立当前选择"命令或直接按快捷键Alt+Q；另一种是在视口中单击鼠标右键，然后在弹出的快捷菜单中选择"孤立当前选择"命令。

图1-91

1.4.4 选择并移动

"选择并移动"工具 ✛ （快捷键为W）用于移动对象。当使用该工具选择对象时，在视口中会显示移动控制器。在默认的四视图中只有透视视图显示的是x、y和z这3个轴向，其他3个视图中只显示两个轴向，如图1-92所示。如果想移动对象，可以将鼠标指针放在要移动的轴向上，然后按住鼠标左键进行拖曳，如图1-93所示。

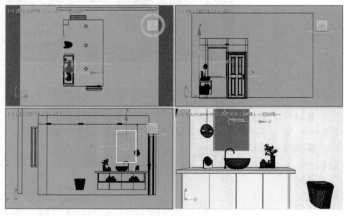
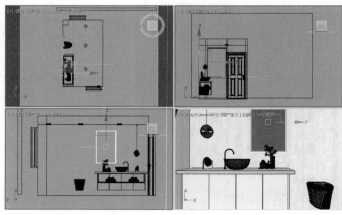

图1-92　　　　　　　　　　　　　　　　　　　　图1-93

① 技巧提示

按键盘上的"＋"键或"－"键可以放大或缩小移动控制器。

案例训练：调味品组合

案例位置	案例文件>CH01>案例训练：调味品组合
技术掌握	练习"选择并移动"工具
难易程度	★☆☆☆☆

本案例是将散落的几何体模型用"选择并移动"工具 ✛ 进行组合，案例对比效果如图1-94所示。

01 打开本书学习资源"案例文件>CH01>案例训练：调味品组合"文件夹中的"练习.max"文件，如图1-95所示。场景中是一些调味品模型，需要将其摆放在一起。

图1-94　　　　　　　　　　　　图1-95

② 疑难问答：场景中的模型全是黑色该怎么办？

打开场景后，如果场景中的模型全为黑色，代表3ds Max没有安装VRay渲染器插件。本书中的所有案例都由VRay渲染器渲染，希望读者在制作案例之前安装该插件，以免造成无法学习的问题。

02 在主工具栏上单击"选择并移动"按钮➕，然后选中场景中的胡椒瓶模型，此时瓶子模型上会出现移动控制器，如图1-96所示。

① **技巧提示**

　　选中胡椒瓶模型后，模型的边缘可能会显示白色的边框，如图1-97所示。如果读者觉得该边框影响观察，按V键，在弹出的菜单中取消勾选"选择边框"命令，如图1-98所示，即可隐藏这个白色边框。需要注意的是，如果读者使用3ds Max 2021之前的版本，按J键就可以取消选择边框。

图1-97　　　　　　　　　　图1-98

图1-96

03 将鼠标指针移动到移动控制器的*x*轴上，此时*x*轴会显示为黄色，然后按住鼠标左键向右拖曳，将胡椒瓶模型移动到调料瓶模型的右侧，效果如图1-99所示。

04 选中鸡蛋筐模型，将其沿着*x*轴向右移动，放在胡椒瓶模型的右侧，效果如图1-100所示。

05 在透视视图中观察模型的位置不是特别准确，按T键切换到顶视图可以更加准确地移动模型到目标位置，效果如图1-101所示。

图1-99　　　　　　　　　　　图1-100　　　　　　　　　　　图1-101

06 选中两个植物盆栽模型，将其向右移动，效果如图1-102所示。

07 将油瓶和橄榄油瓶两个模型移动到牛奶盒模型的右后方，效果如图1-103所示。

08 此时模型间距较为稀疏，调整模型间的距离，使其更加紧凑，效果如图1-104所示。至此，本案例制作完成。

图1-102　　　　　　　　　　　图1-103　　　　　　　　　　　图1-104

♔ 重点

1.4.5 选择并旋转

"选择并旋转"工具 ⟳（快捷键为E）用于选择并旋转对象，其使用方法与"选择并移动"工具 ✛ 相似。当该工具处于激活状态（选择状态）时，被选中的对象可以在*x*、*y*和*z*这3个轴上进行旋转，如图1-105所示。

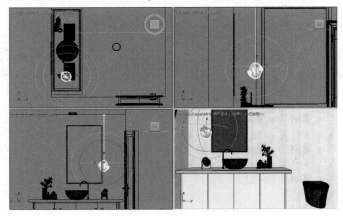

图1-105

♔ 重点

👆 案例训练：柠檬果盘

案例位置	案例文件>CH01>案例训练：柠檬果盘
技术掌握	练习"选择并旋转"工具
难易程度	★☆☆☆☆

本案例将果盘中的柠檬模型旋转角度进行摆盘，案例对比效果如图1-106所示。

图1-106

01 打开本书学习资源"案例文件>CH01>案例训练：柠檬果盘"文件夹中的"练习.max"文件，如图1-107所示。

02 选择左上角的柠檬模型，按E键激活旋转控制器，如图1-108所示。

图1-107

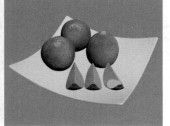

图1-108

03 将鼠标指针放在*x*轴上，然后按住鼠标左键向右拖曳，使柠檬模型向右旋转，效果如图1-109所示。

04 选择右上角的柠檬模型，将其沿着*x*轴向右旋转，效果如图1-110所示。

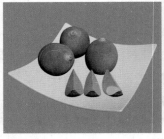

图1-109   图1-110

05 保持柠檬模型的选中状态，将其沿着*z*轴向右旋转，效果如图1-111所示。

06 选中左下角的柠檬模型，将其沿着*z*轴向左旋转，并向左稍微移动一小段距离，效果如图1-112所示。

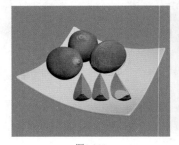

图1-111   图1-112

07 选中右下角的柠檬模型，将其沿着*z*轴向右旋转，并向右移动一小段距离，效果如图1-113所示。

08 根据整体的布局调整个别柠檬模型的旋转角度和位置，案例最终效果如图1-114所示。

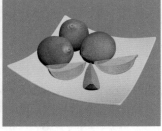

图1-113   图1-114

♔ 重点

1.4.6 选择并均匀缩放

"选择并均匀缩放"工具 ▦（快捷键为R）用于选择并均匀缩放对象。缩放工具还包含"选择并非均匀缩放"工具 ▦ 和"选择并挤压"工具 ▦，如图1-115所示。

```
┌─── 选择并均匀缩放
├─── 选择并非均匀缩放
└─── 选择并挤压
```

图1-115

"选择并均匀缩放"工具可以沿3个轴以相同量缩放对象,同时保持对象的原始比例,如图1-116所示。

"选择并非均匀缩放"工具可以根据活动轴约束以非均匀方式缩放对象,如图1-117所示。

"选择并挤压"工具可以模拟挤压和拉伸效果,如图1-118所示。

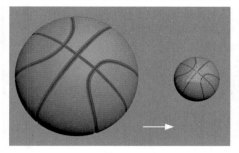

图1-116

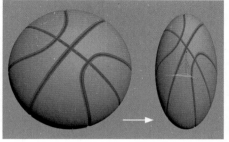

图1-117

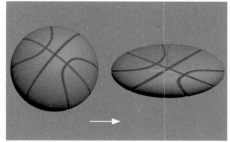

图1-118

👑 重点

✋ 案例训练:变形运动器材

案例位置	案例文件>CH01>案例训练:变形运动器材
技术掌握	练习缩放工具
难易程度	★ ☆ ☆ ☆ ☆

本案例是用3种缩放工具对球类运动器材进行变形,案例对比效果如图1-119所示。

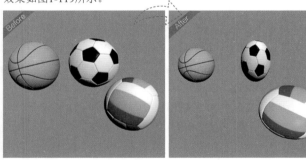

图1-119

01 打开本书学习资源"案例文件>CH01>案例训练:变形运动器材"文件夹中的"练习.max"文件,如图1-120所示。

02 使用"选择并均匀缩放"工具选中篮球模型,然后按住鼠标左键拖曳将其均匀缩小,效果如图1-121所示。

图1-120

图1-121

03 使用"选择并非均匀缩放"工具选中足球模型,然后按住鼠标左键沿着xy平面拖曳将其缩小,效果如图1-122所示。

04 使用"选择并挤压"工具选中排球模型,然后沿着xy平面将其压扁,效果如图1-123所示。

图1-122

图1-123

👑 重点

1.4.7 参考坐标系

"参考坐标系"工具用来指定变换操作(如移动、旋转、缩放等)所使用的坐标系,包括"视图""屏幕""世界""父对象""局部""万向""栅格""工作""局部对齐"9种坐标系,如图1-124所示。

图1-124

每种坐标系中坐标轴的方向会随着标准发生变化。

"视图"坐标系 系统默认的坐标系,在不同的视图有不同的坐标轴,如图1-125所示。

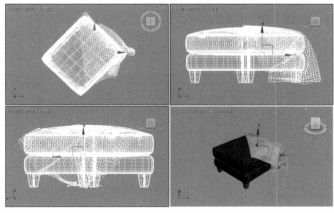

图1-125

"世界"坐标系 每个视图的坐标轴都与视口左下角的世界坐标相吻合，如图1-126所示。

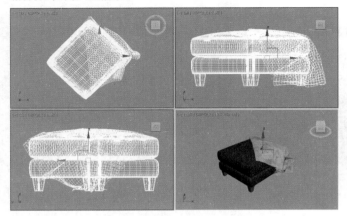

图1-126

"局部"坐标系 会根据对象的法线方向显示坐标轴，如图1-127所示。

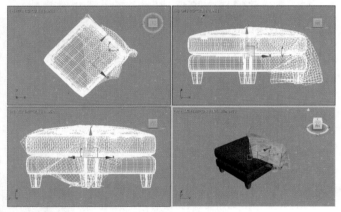

图1-127

其他类型的坐标系在日常工作中很少使用，这里不详述。

1.4.8 使用轴点中心

"使用轴点中心"工具对应的工具列表包含3种工具，如图1-128所示。

图1-128

"使用轴点中心"工具选定对象可以围绕其各自的轴点旋转或缩放，如图1-129所示。

图1-129

"使用选择中心"工具 选定对象可以围绕其共同的几何中心旋转或缩放（如果变换多个对象，该工具会计算所有对象的平均几何中心，并将该几何中心用作变换中心），如图1-130所示。

"使用变换坐标中心"工具 选定对象可以围绕当前坐标系的中心旋转或缩放（当使用"拾取"功能将其他对象指定为坐标系时，其坐标中心在拾取对象的坐标轴上），如图1-131所示。

图1-130   图1-131

> ① 技巧提示
>
> 当对象的轴点和几何体中心重叠时，两个轴心位置一致。

1.4.9 捕捉开关

"捕捉开关"工具可以将对象精确地拼合。捕捉工具包含3种类型，分别是"2D捕捉""2.5D捕捉""3D捕捉"，如图1-132所示。

图1-132

"2D捕捉"工具 在二维视图中进行捕捉，如图1-133所示。

图1-133

"2.5D捕捉"工具 主要用于捕捉结构或捕捉根据网格得到的几何体，是常用的捕捉工具，如图1-134所示。

图1-134

"3D捕捉"工具 在三维视图中进行捕捉，如图1-135所示。

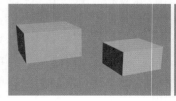 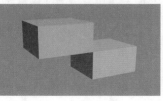

图1-135

图1-136

👑 重点
👆 **案例训练：拼合桌子**

案例位置	案例文件>CH01>案例训练：拼合桌子
技术掌握	练习捕捉工具
难易程度	★☆☆☆☆

本案例是用捕捉工具拼合桌子模型，案例对比效果如图1-137所示。

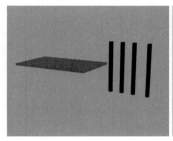

图1-137

01 打开本书学习资源"案例文件>CH01>案例训练：拼合桌子"文件夹中的"练习.max"文件，如图1-138所示。这是桌子模型的拆分效果，需要将其拼合为一个整体。

02 选择"2.5D捕捉"工具 ，然后在按钮上单击鼠标右键，在打开的"栅格和捕捉设置"窗口中勾选"顶点"选项，如图1-139所示。

图1-138　　　　　　　　　　图1-139

03 切换到顶视图，然后使用"选择并移动"工具 选中一个桌腿模型，将其移动到桌面模型的边角处，可以明显发现两个模型在靠近时会有自动吸附的效果，如图1-140所示。

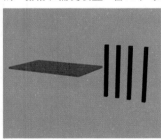

图1-140

04 按照上一步的方法将其他3个桌腿模型也拼合在桌面模型的边角，如图1-141所示。

图1-141

05 切换到前视图，可以发现桌面模型位于桌腿模型的中间，如图1-142所示。使用"选择并移动"工具 将桌面模型与桌腿模型的顶部对齐，如图1-143所示。

图1-142　　　　　　　　　　图1-143

06 切换到透视视图，拼合完成的桌子模型如图1-144所示。

图1-144

👑 重点
1.4.10 角度捕捉切换

"角度捕捉切换"工具 （快捷键为A）用来指定捕捉角度。激活该工具后，捕捉角度将影响所有的旋转变换，在默认状态下以5°为增量进行旋转，如图1-145所示。

图1-145

技巧提示

若要更改旋转增量，可以在"角度捕捉切换"按钮上单击鼠标右键，然后在弹出的"栅格和捕捉设置"对话框的"选项"选项卡中修改"角度"选项数值，如图1-146所示。

图1-146

案例训练：花瓣模型

案例位置	案例文件>CH01>案例训练：花瓣模型
技术掌握	练习"角度捕捉切换"工具
难易程度	★☆☆☆☆

本案例是用"角度捕捉切换"工具拼合花瓣模型，案例对比效果如图1-147所示。

图1-147

01 打开本书学习资源"案例文件>CH01>案例训练：花瓣模型"文件夹中的"练习.max"文件，如图1-148所示。

02 使用"选择并旋转"工具选中花瓣模型，可以看到旋转控制器（即模型坐标中心）位于花心模型的中央，如图1-149所示。

图1-148　　　　　　图1-149

知识课堂：调整对象的坐标中心位置

对象的默认坐标中心位于模型的中心点。如果要调整对象的坐标中心，就需要切换到"层次"面板，然后单击"仅影响轴"按钮，如图1-150所示，接着使用"选择并移动"工具移动对象的坐标中心位置。

图1-150

单击"仅影响轴"按钮后，"选择并移动"工具的移动控制器就会变为图1-151所示的效果，这就代表此时移动的是坐标轴，而不是对象本身。

移动完坐标轴后，一定要再次单击"仅影响轴"按钮退出对坐标轴的编辑，此时进行的操作就是对对象的操作。

图1-151

03 单击"角度捕捉切换"按钮，按住Shift键，然后将花瓣模型沿着z轴旋转70°，效果如图1-152所示。

04 此时视口中会弹出"克隆选项"对话框，这里直接单击"确定"按钮即可，如图1-153所示。

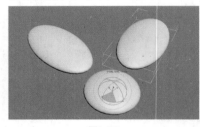 

图1-152　　　　　图1-153

知识链接

关于"克隆选项"对话框的具体用法，参见"1.4.13 复制对象"的相关内容。

05 用同样的方法继续复制3个花瓣模型，案例最终效果如图1-154所示。

图1-154

1.4.11 镜像

"镜像"工具可以围绕一个轴或平面镜像出一个或多个副本对象。选中要镜像的对象后，单击"镜像"按钮，打开"镜像：世界坐标"对话框，在该对话框中对"镜像轴"、"克隆当前选择"和"镜像IK限制"进行设置，如图1-155所示。

图1-155

"镜像：世界坐标"对话框中首先要设置的参数就是"镜像轴"，只有确定了镜像轴，才能继续下面的操作。图1-156所示是将一个圆凳模型以x轴镜像后的效果。

确定镜像轴后，对象会按照镜像轴镜像，原有的对象并不会保留。如果既要保留原有的对象，又要生成镜像对象，就需要在"克隆当前选择"选项组中选择"复制"或"实例"选项，如图1-157所示。

图1-156　　　　　　　　图1-157

1.4.12 对齐

对齐工具有6种，分别是"对齐"工具（快捷键为Alt+A）、"快速对齐"工具（快捷键为Shift+A）、"法线对齐"工具（快捷键为Alt+N）、"放置高光"工具、"对齐摄影机"工具和"对齐到视图"工具，如图1-158所示。

选中场景中的任意一个对象，单击"对齐"按钮，然后单击场景中需要对齐的对象，就会弹出"对齐当前选择"对话框，如图1-159所示。

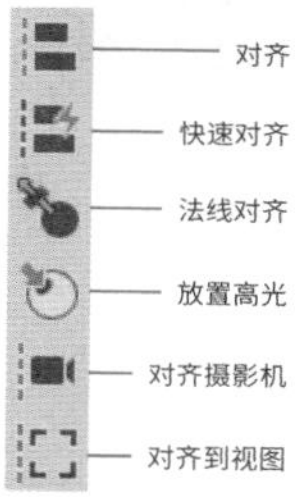

图1-158　　　　　　　　图1-159

图1-160所示是圆柱体与长方体轴点对齐的设置方法，此时圆柱体以长方体为目标对象，将轴点进行对齐，放置在长方体轴点的正下方。

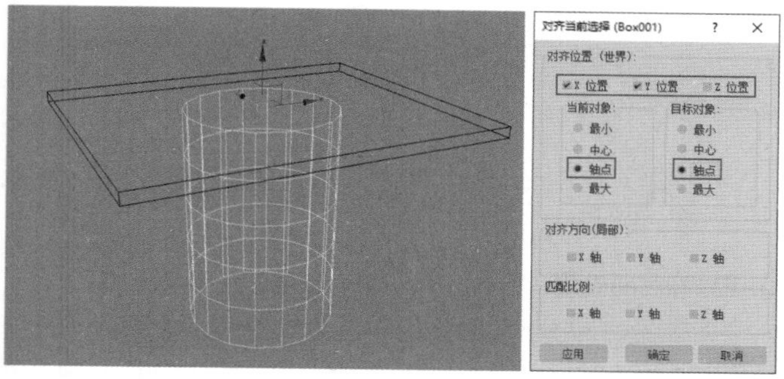

图1-160

👍 重点

1.4.13 复制对象

复制对象的方法有两种，一种是原位复制，另一种是移动复制。
原位复制 执行"编辑">"克隆"命令（快捷键为Ctrl+V），弹

出"克隆选项"对话框，单击"确定"按钮，如图1-161所示，可将选中的对象原位复制，接着使用"选择并移动"工具移动复制出的对象到合适的位置即可。

图1-161

移动复制 选中对象的同时按住Shift键，然后使用"选择并移动"工具将其移动到合适的位置，在弹出的"克隆选项"对话框中选择需要的克隆方式即可，效果如图1-162所示。除了使用"选择并移动"工具，也可以使用"选择并旋转"工具和"选择并均匀缩放"工具进行移动复制，效果如图1-163和图1-164所示。

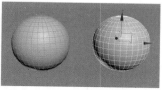

图1-162

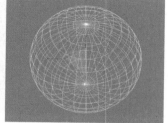

图1-163　　　　　　　　图1-164

> ❓ **疑难问答：** "克隆选项"对话框中复制对象的方法有什么区别？
>
> **复制：** 复制出与原对象完全一致的新对象。
>
> **实例：** 复制出与原对象相关联的新对象，且修改其中任意一个对象的属性，其他关联对象的属性也会随之改变。
>
> **参考：** 复制出原对象的参考对象，修改复制的参考对象时不会影响原对象，但修改原对象时参考对象也会随之改变。

1.5 3ds Max的应用

学习了软件的基础知识和一些常用工具，下面了解一些3ds Max的应用情况，如图1-165所示。3ds Max常用于制作效果图、产品图和动画，虽然其他领域也能涉及，但与专业软件相比还有一定差距。

3ds Max 2024 的应用

效果图	产品图	动画
建筑效果图、游戏场景/角色	产品效果图	游戏/影视/动漫

图1-165

1.5.1 效果图制作流程

3ds Max广泛用于制作效果图，配合强大而流畅的VRay渲染器可以制作出照片级的各类效果图。下面简单介绍一下效果图的制作流程。

1.根据CAD图纸建模

商业效果图制作人员都会在项目开始之前拿到设计师设计好的CAD图纸。以室内效果图为例，CAD图纸中一般会包含平面图、立面图、地板布置图、吊顶布置图和家具整体布置图等，别墅还会包括外立面图等，如图1-166所示。

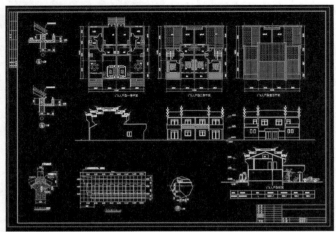

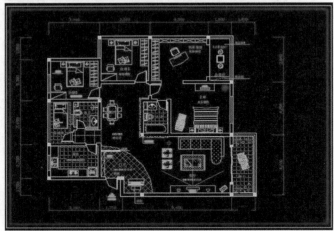

图1-166

制作人员会将这些图纸进行删减，留下需要建模的部分，然后导入3ds Max中进行模型创建，如图1-167所示。

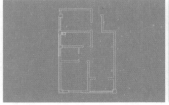

图1-167

2.创建摄影机

创建完场景中的模型后，制作人员就会根据场景需求创建摄影机。创建的摄影机一般会尽量将模型都囊括在镜头内，让画面看起来更丰富。创建摄影机时，还需要注意构图，否则灯光和材质再好也无法表现出来，如图1-168所示。

图1-168

3.布置灯光

灯光不仅可以照亮场景，还可以表现场景的时间和氛围。好的灯光能增加效果图的质感，如图1-169所示。

图1-169

4.赋予材质

材质能体现场景风格和整体色调。逼真的材质能让效果图看起来更接近现实，达到照片级效果，但材质也要配合灯光才能达到更好的效果，如图1-170所示。

图1-170

5.渲染和后期处理

合理的渲染参数不仅能渲染出无噪点、质量高的效果图，还能尽可能地减少渲染的时间。由于每台计算机的配置和使用情况均不相同，所使用的渲染参数也不尽相同。

通常在3ds Max中渲染的效果图很少能达到令人满意的光影效果，或多或少都有一些发暗、偏灰的情况，这就需要在Photoshop中进行后期处理，修正光影和颜色效果。除此以外，有时候还会为效果图添加一些后期特效，例如光晕、辉光等，这些特效也需要在Photoshop等软件中进行制作，如图1-171所示。

图1-171

1.5.2 产品图制作流程

虽然Rhino是产品设计的专业软件,但3ds Max在产品图制作上也拥有一定的优势,下面简单讲解一下在3ds Max中制作产品图的流程。

1.根据图纸建模

与制作效果图一样,产品图制作前期也要根据相关图纸进行建模,但3ds Max在建模的精度上弱于Rhino。图纸可以是CAD图纸,也可以是手绘的图纸,如图1- 172所示。

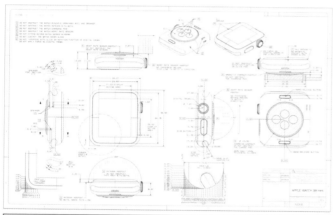

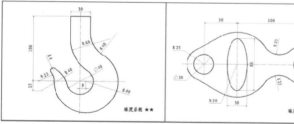

图1-172

2.创建无缝背景

产品图背景一般为白色或黑色等纯色,有些也会使用高反射的底面,无论是哪种都应避免底面与背景之间出现接缝,如图1-173所示。

图1-173

在3ds Max中无缝的背景一般是由L型或是U型的样条线挤压出来的,如图1-174和图1-175所示。

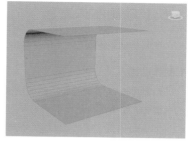

图1-174

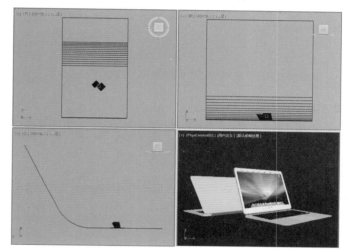

图1-175

3.布置灯光

产品图的灯光不同于其他类型效果图的灯光,会按照摄影棚的布光方式进行创建,常用的是三点布光法和两点布光法,颜色一般使用白色,如图1-176所示。

图1-176

4.材质赋予

产品的材质更注重表现产品的质感,要更加精细。由于场景中的物体和灯光单一,就需要材质丰富画面,高反射的材质能带给画面更多细节,如图1-177所示。

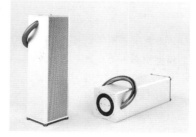

图1-177

5.渲染和后期处理

产品图的渲染与其他效果图没有差异,在后期处理时只需要调整画面的亮度和层次即可,不需要做过多的调整。

1.5.3 动画制作流程

在制作动画方面，3ds Max的功能也非常强大，下面简单介绍动画的制作流程。

1.制作动画

动画师在拿到需要做动画的模型时，会按照动画脚本制作动画的关键帧，如果是角色模型还需要为其绑定骨骼并调整蒙皮。

无论是模型、灯光、摄影机还是材质都可以制作动画。动画类型可以是移动、旋转、缩放或是消失，甚至是这几种的结合。任何类型的动画都是由关键帧进行串联，再由软件进行分析后形成中间帧，如图1-178所示。

> ① 技巧提示
>
> 动画师拿到的模型一般情况下会带有材质和贴图。

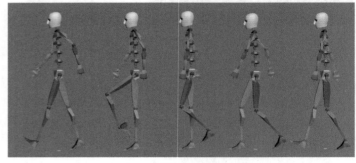

图1-178

2.布置灯光

动画师制作完动画关键帧后就会将场景交给渲染师，渲染师会继续为场景布置灯光，布置方法与效果图无异，如果是灯光动画就会稍微复杂一些。

3.创建摄影机

渲染师会按照场景的脚本创建摄影机并调整角度。在建筑动画中，很多镜头甚至需要为摄影机制作动画，与一般效果图相比要复杂一些。

4.渲染和后期合成

动画的渲染方法与效果图不同，需要按照每个镜头的时长逐帧进行渲染，然后将渲染的几百张单帧效果图在After Effects中进行合成，接着为合成的镜头调色或添加特效，最后输出视频格式的文件。

剪辑师会在Premiere等剪辑软件中将这些镜头进行剪辑，并配上音乐、字幕和旁白，最后输出一段完整的动画。

1.6 综合训练营

通过对本章的学习，相信读者已经熟练掌握3ds Max的基础操作了，下面通过两个综合训练复习本章所学的内容。

♛ 重点

🖑 综合训练：玩具小火车

案例位置	案例文件>CH01>综合训练：玩具小火车
技术掌握	练习移动、旋转和复制对象
难易程度	★☆☆☆☆

本案例是用提供的模型拼合一个玩具小火车，需要用到之前学过的移动、旋转和复制对象的方法。案例效果如图1-179所示。

图1-179

01 打开本书学习资源"案例文件>CH01>综合训练：玩具小火车"文件夹中的"练习.max"文件，如图1-180所示。场景中提供了两个大小不同的长方体模型和一个圆柱体模型，需要将其复制后拼合为一个玩具小火车模型。

02 选中圆柱体模型，然后使用"选择并旋转"工具 **C** 将其旋转90°，作为玩具小火车的车轮，放在大长方体模型的侧面，如图1-181所示。

图1-180

图1-181

03 选中圆柱体模型，按住Shift键并使用"选择并移动"工具 ✛ 将其沿着y轴向左拖曳，复制一个圆柱体模型，如图1-182所示。

04 选中两个圆柱体模型，然后复制到大长方体模型的另一侧，如图1-183所示。

图1-182　　　　　　　　　图1-183

05 将小长方体模型移动到大长方体模型的上方，如图1-184所示。

06 复制一个圆柱体模型并旋转90°，然后放在大长方体模型的上方，如图1-185所示。

图1-184　　　　　　　　　图1-185

07 使用"选择并均匀缩放"工具 ▣ 将上一步复制的圆柱体模型沿y轴拉长，与小长方体模型相接，效果如图1-186所示。

08 将小长方体模型向上复制一个，然后沿着z轴将其缩小，效果如图1-187所示。

图1-186　　　　　　　　　图1-187

09 使用"选择并均匀缩放"工具 ▣ 沿着y轴将复制的小长方体模型拉长，效果如图1-188所示。

10 使用"选择并移动"工具 ✛ 将拉长的小长方体模型与下方的小长方体模型对齐，效果如图1-189所示。

图1-188　　　　　　　　　图1-189

11 将大长方体模型和两侧4个圆柱体模型整体向后复制两份，效果如图1-190所示。

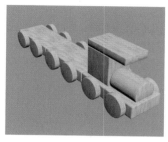

图1-190

12 选中图1-191所示的长方体模型，然后向后复制一个，效果如图1-192所示。

 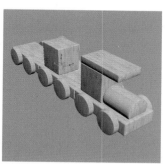

图1-191　　　　　　　　　图1-192

13 使用"选择并均匀缩放"工具 ▣ 将上一步复制的长方体模型压扁一些，效果如图1-193所示。

14 将调整后的长方体模型复制3个，效果如图1-194所示。

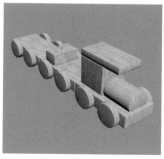 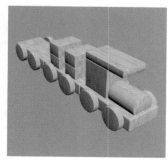

图1-193　　　　　　　　　图1-194

15 继续将长方体模型向后复制一个，效果如图1-195所示。

16 使用"选择并均匀缩放"工具 ▣ 将上一步复制的长方体模型拉长一些，效果如图1-196所示。

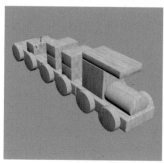 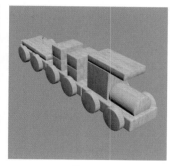

图1-195　　　　　　　　　图1-196

17 将调整后的长方体模型向上复制3个，效果如图1-197所示。

18 调整模型的细节，玩具小火车模型的最终效果如图1-198所示。

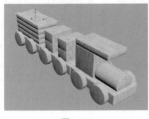
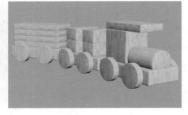

图1-197 　　　　　　　　　　　图1-198

> ✎ **知识链接**
>
> 　　相信读者在制作案例时会发现，缩放后的长方体模型的圆角会变得不均匀，这是因为使用"选择并均匀缩放"工具■缩放长方体模型时，圆角也会缩放。如果想保持圆角大小不变并改变长方体模型的尺寸，就需要学习"3.6 可编辑多边形"的相关内容。

👑 重点

🖐 综合训练：照片墙

案例位置	案例文件>CH01>综合训练：照片墙
技术掌握	练习移动对象和对齐工具
难易程度	★☆☆☆☆

　　本案例是将大小不等的照片拼合为一个照片墙，效果如图1-199所示。

图1-199

01 打开本书学习资源"案例文件>CH01>综合训练：照片墙"文件夹中的"练习.max"文件，如图1-200所示。场景中包含两种尺寸的照片。

02 切换到前视图，选中左侧大幅的海浪照片，然后使用"选择并移动"工具✛将其移动到画面左下角的位置，效果如图1-201所示。

图1-200 　　　　　　　　　　　图1-201

03 选中小幅自行车照片，然后使用"选择并移动"工具✛将其移动到海浪照片的上方，效果如图1-202所示。

04 选中右侧大幅的道路照片，然后将其移动到自行车照片的右侧，效果如图1-203所示。

图1-202 　　　　　　　　　　　图1-203

05 保持道路照片的选中状态，单击"对齐"按钮■并单击左侧的自行车照片，在弹出的对话框中勾选"Y位置"选项，设置"当前对象"和"目标对象"都为"最大"，如图1-204所示。这时两幅照片上方对齐，效果如图1-205所示。

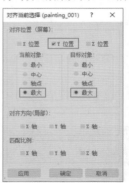

图1-204 　　　　　　　　　　　图1-205

06 将小幅海浪照片移动到菠萝照片的右侧，使它们上方对齐，效果如图1-206所示。

07 调整照片之间的距离并对齐，案例最终效果如图1-207所示。

图1-206 　　　　　　　　　　　图1-207

① 技巧提示　② 疑难问答　◎ 知识课堂　◎ 知识链接

第2章

Firefly辅助设计

🎬 基础视频：3集　　🎬 案例视频：5集　　🕐 视频时长：48分钟

　　AIGC技术是最近流行起来的新兴人工智能技术。该技术通过文字描述就能实现复杂的设计效果，为没有深厚设计功底的人士降低了设计门槛，尤其是对手绘插画类型提升非常大。本章将为读者讲解Firefly的使用方法，以及如何将其与3ds Max结合使用。

学习重点　🔍

学完本章能做什么

　　学完本章之后，读者可以熟悉Firefly的一些常用功能的使用方法，以及如何将Firefly与3ds Max和Photoshop相结合。

2.1 Firefly与3ds Max

Firefly是Adobe推出的一款创意生成人工智能工具，只要注册通过就可以无障碍使用。Firefly不需要下载，打开官方网页就能通过图像和文本生成需要的效果。它将提供构思、创作和沟通的新方式，同时显著改善创意工作流程，广泛用于各种创意领域，例如艺术和营销等领域。

2.1.1 Firefly的作用

AIGC（Artificial Intelligent Generated Content，人工智能生成内容）指的是由人工智能生成的文本、图像、音频、视频等内容。Firefly是Adobe公司推出的一款基于人工智能的图像生成工具，是AIGC在图像生成领域的应用之一。通过Firefly，Adobe把由AIGC驱动的"创意元素"直接带入工作流中，提高创作者的生产力和创作表达能力。Firefly可以帮助创作者快速创建各种复杂的、高质量的图像，而无须进行复杂的手动操作。图2-1所示是Firefly的网页界面。

图2-1

> ① **技巧提示**
>
> Firefly是一款可免费体验的人工智能工具。Adobe公司每个月会为账号提供25点生成点数，超出的部分不再免费，要等到下个月才可以。如果用户想继续使用，则需要付费。

2.1.2 Firefly如何与3ds Max相结合

相信读者会有疑问，Firefly能直接生成图像，又怎样与3ds Max结合使用呢？

在实际工作中，作品往往都需要经过很多次修改才能达到令客户满意的效果。Firefly虽然能生成不错的图像，但不能根据客户的需求灵活修改其中的部分内容，也无法生成模型场景，这就导致它暂时还不能完全取代3ds Max等三维软件。

在使用3ds Max制作客户需要的效果图之前，创作者都会利用一些参考图寻求创作灵感，Firefly能很好地满足这一需求。创作者只需要将自己脑中大概的想象以文字形式输入Firefly中，Firefly就能很快生成不同风格的图片，这些图片能具象地呈现创作者的"脑

洞"，帮助创作者更好地完成作品。图2-2所示是以"现代风格有落地窗，浅色配色客厅空间，阳光照射光线明亮"为提示词生成的4张图片。

图2-2

除了提供创作灵感，Firefly还可以对创作者制作的效果图进行修饰。图2-3所示是渲染完成的一张效果图，将其导入生成式填充的页面后，删掉一部分背景墙，输入提示词"窗户"后，删掉部分所在位置就生成了一扇窗户，如图2-4所示。这样就可以快速更改效果图的部分细节，避免二次渲染造成时间浪费。

图2-3

图2-4

> ① **技巧提示**
>
> 随着版本的不断升级，Firefly已经可以识别中文。读者不需要担心全英文操作带来不便。

2.2 通过文字生成图像

通过输入文字信息，Firefly就能生成对应的图像。用户还可以在文字信息的基础上设定宽高比、风格、样式、色彩和灯光等，让生成的图像更接近自己的需求。

◆ 重点
2.2.1 页面结构

进入Firefly的网页并登录Adobe账号，就可以开始使用Firefly了，如图2-5所示。

在主页中单击"文字生成图像"右侧的"生成"按钮 生成 ，会跳转到文字生成图像的页面。页面中展示的图像都是通过文字生成的，将鼠标指针放在图像上会显示对应的提示词，在不熟悉文字生成图像功能时可以将其作为提示词的参考，如图2-6所示。

图2-5 图2-6

在页面下方的文字输入框中可以输入提示词，单击"生成"按钮 生成 ，就能跳转到生成图像的页面。图2-7所示是以"温馨的卧室，夜晚暖色灯光，有窗户和夜景"为提示词生成图像的页面。页面由生成的图像、提示词、模型版本、宽高比、内容类型和样式几部分组成。

生成的图像 根据提示词和右侧的各种属性设置生成的图像。

提示词 在输入框内输入生成图像的提示词，中文或者英文都可以。

模型版本 用户可以根据需求选择不同版本的图像模型，默认使用最新的版本，如图2-8所示。

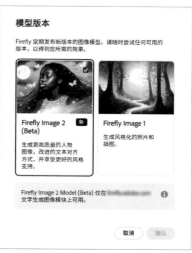

图2-7 图2-8

---

⑦ **疑难问答：Firefly的页面打开后显示的内容不一样怎么办？**

Firefly的页面会随着版本的更新而产生变化，读者请根据实际页面进行学习。笔者的浏览器自带英文翻译功能，会自动翻译页面中的英文。如果读者的浏览器没有这个功能，页面内容就会显示为英文。翻译功能有时会导致页面部分显示为中文，部分显示为英文，但并不影响使用。

👑重点
2.2.2 图像比例与类型

"宽高比"用于设置生成图像的宽高比，在下拉列表中可以选择不同的比例，如图2-9所示。默认情况下系统会自动生成"正方形（1:1）"的方形图像，如果选择"宽屏（16:9）"后单击"切换"按钮，图像就显示为宽屏效果，如图2-10所示。

"内容类型"用于设置生成图像的类型，有"照片"和"艺术"两种类型，对比效果如图2-11所示。

图2-9

图2-10

照片　艺术

图2-11

ⓘ 技巧提示

"照片"更接近于写实效果图，"艺术"更接近于卡通手绘。

👑重点
2.2.3 图像风格选择

可以通过"参考图片库"中上传的本地图片或风格示例选择生成图像的风格，如图2-12所示。

"效果"中列举了不同类型的美术风格，如图2-13所示，用户可以选择喜欢的风格生成想要的效果。当选择"散景效果"后，重新生成的图像效果如图2-14所示。

ⓘ 技巧提示

如果不想要该效果，只需要在文字输入框中单击效果标签后的关闭按钮，如图2-15所示。

温馨的卧室，夜晚暖色灯光，有窗户和夜景

风格清晰　散景效果 ✕

图2-15

图2-12

图2-13

图2-14

👑重点
2.2.4 图像色调选择

在"颜色和色调"下拉列表中可以选择不同的画面色调，如图2-16所示。当选择"柔和的颜色"选项时，生成的图像效果如图2-17所示。

图2-16　　　　图2-17

在"灯光"下拉列表中可以选择不同的灯光类型，如图2-18所示。当选择"超现实的灯光"选项时，生成的图像效果如图2-19所示。

图2-18　　　　　　　　　　图2-19

2.2.5 摄影机设置

在"作品"下拉列表中可以选择不同的摄影机特效，形成特殊的画面效果，如图2-20所示。

在"Photo settings"（图像设置）中可以通过单独设置Aperture（光圈）、Shutter speed（快门速度）和Field of view（视野）的数值控制生成图像的效果，如图2-21所示。

图2-20　　　　　　　图2-21

案例训练：生成参考图

案例位置	无
技术掌握	文字生成图像
难易程度	★☆☆☆☆

使用Firefly的文字生成图像功能生成一幅傍晚的参考图，如图2-22所示。

图2-22

01 进入Firefly的网页，单击文字生成图像右侧的"生成"按钮 生成 ，如图2-23所示。

图2-23

02 跳转到文字生成图像的页面后，在下方的输入框中输入提示词"傍晚日落，餐厅，有窗户和外景，现代风格"，如图2-24所示。

图2-24

> ① **技巧提示**
>
> 读者在输入文字内容时，也可以用空格隔开每个提示词。提示词越丰富，生成的图像也会越接近想要的效果。

03 单击输入框右侧的"生成"按钮 生成 ，跳转到生成图像的页面，出现4幅根据提示词生成的图像，如图2-25所示。

图2-25

04 观察生成的4幅图像，左上角图像的光感和视角都更加合适，单击该图像就能将其最大化显示，如图2-26所示。

图2-26

> ① **技巧提示**
>
> Firefly生成的图像具有随机性，用相同的提示词生成的图像可能会不同，以读者自己生成的为准。

05 若要保存生成的图像，可以将鼠标指针移动到图像上，然后单击右上角的"保存"按钮 🔲，如图2-27所示。

图2-27

> ① **技巧提示**
>
> 需要注意的是，使用免费生成次数生成的图像会带有Firefly的水印。本案例生成的图像只是作为参考图使用，水印并不会影响后续制作。

2.3 生成式填充

生成式填充可以将上传的本地图片按照用户的想法擦除部分，然后根据提示文字在擦除位置生成图像，与原图进行融合，非常适合作为图像后期处理的手段，可减少渲染带来的时间浪费。Adobe公司已经将该功能加入Photoshop 2024中，用户也可以结合Photoshop学习该功能。

👑 重点

2.3.1 页面结构

在Firefly的主页中单击"创意填充"右侧的"生成"按钮 （生成），跳转到生成式填充的页面，如图2-28所示。

图2-28

在页面的上方，用户可以上传需要修改的图片，上传成功后会跳转到编辑页面，如图2-29所示。

图2-29

👑 重点

2.3.2 替换元素

圆形的画笔可以在上传的图片中随意涂抹，涂抹的位置会形成透明的网格，如图2-30所示。用户这时就可以在下方的输入框中输入文字内容，让Firefly生成新的图像元素以替代删除的部分。

图2-30

> ① **技巧提示**
>
> 如果觉得删除的位置不合适，单击"清除"按钮 （清除） 就能恢复图像。

单击下方的"背景"按钮 🖼，系统会自动识别图像中的主体对象，抠掉背景部分，如图2-31所示。

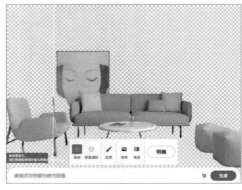

图2-31

图2-32

单击"设置"按钮 ✐，在弹出的面板中可以设置画笔的大小、宽度和不透明度，如图2-33所示。

图2-33

涂抹的区域确定后，在下方的输入框中输入想替换的内容，就能生成对应图像，如图2-34所示。

图2-34

◆ 重点

2.3.3 去除元素

选择左侧的"删除"选项，切换到去除元素的模式，如图2-35所示。

图2-35

使用画笔涂抹右侧两个坐垫元素，形成透明的效果，如图2-36所示。

图2-36

单击下方的"删除"按钮 删除，系统会根据图片的内容智能填充这一部分，如图2-37所示。系统会一次性提供3张生成的图片，用户可以选择较为合适的。如果3张都不合适，就需要重新生成。

图2-37

◎ 知识课堂：文字转图像后的二次加工

将提示词转为图像后，如果对效果不满意，也可以进行生成式填充修改画面的效果。先输入提示词"frozen rose"（冰冻的玫瑰），生成的图像如图2-38所示。然后选择右上角的图像进行修改。单击 ⟲ 按钮，在弹出的菜单中选择"Generative fill"（生成式填充）命令，进入编辑页面，如图2-39所示。

图2-38

将冰块的四周涂掉，然后输入提示词"fog and ice crystals"（雾气和冰晶），如图2-40所示。单击"Keep"（保持）按钮，然后涂掉一些冰块，接着输入提示词"crushed ice"（碎冰），如图2-41所示。

图2-39

图2-40

图2-41

🖱 案例训练：替换图像背景

案例位置	案例文件>CH02>案例训练：替换图像背景
技术掌握	练习生成式填充
难易程度	★ ☆ ☆ ☆ ☆

使用生成式填充功能更换效果图的背景，案例对比效果如图2-42所示。

图2-42

01 进入Firefly的网页，单击"创意填充"右侧的"生成"按钮 生成，如图2-43所示。

图2-43

02 在跳转的页面上方，单击"上传图片"按钮 上传图片，如图2-44所示，上传本书学习资源"案例文件>CH02>案例训练：替换图像背景"文件夹中的"素材.jpg"文件，如图2-45所示。

03 使用画笔抹掉背景的天空部分，如图2-46所示。

图2-44

图2-45　　　　　　　　　图2-46

图2-50

> ⚠ **技巧提示**
>
> 涂抹背景时,如果不小心涂抹到建筑部分,切换到"体重减轻"模式涂抹被擦掉的建筑部分就能还原。

04 在图片下方的输入框中输入提示词"雨后天晴的天空,有少量云",如图2-47所示。

05 单击"生成"按钮 生成 ,系统会在下方展示3张效果图,如图2-48所示。

图2-47　　　　　　　　　图2-48

> ⚠ **技巧提示**
>
> 用相同的提示词生成的图像可能会不一样,以读者自己生成的为准。

06 依次浏览图2-49所示的3张效果图,笔者选择了最后一张。

图2-49

07 选中最后一张图片,单击右上角的"下载"按钮 下载 保存该图片,如图2-50所示。

2.4 文字效果

Firefly可以将输入的文字生成具有特殊效果的图像,大家可以根据页面中提供的样式选择自己想要的风格和主题,例如花朵、鳞片和食物等。

2.4.1 页面结构

在文字效果页面下方的输入框中输入要生成的文字和需要的效果的提示词,就能生成不同的文字效果,如图2-51所示。可以查看页面中的一些参考图像的效果提示词,并根据这些提示词生成自己所需的文字效果,如图2-52所示。

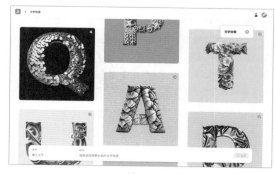

图2-51

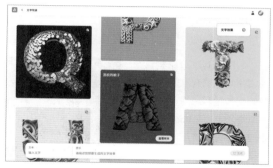

图2-52

2.4.2 生成文字效果

输入文字Firefly，效果提示词为"梦幻、流光溢彩、宽松"，单击"生成"按钮 生成 后会跳转到文字效果的编辑页面，如图2-53所示。

图2-53

系统会根据输入的文字内容生成4张预览图，在右侧可以选择文字的一些属性，如图2-54所示。

图2-54

⑦ 疑难问答：Firefly能生成中文字体的效果吗？

Firefly支持生成中文字体效果，但目前只能使用比较基础的字体，例如黑体，如图2-55所示。笔画过细时，生成的效果可能会欠佳，元素容易被撕裂，或者飞出文字范围，如图2-56所示。

图2-55　　　图2-56

🖐 案例训练：立体文字海报

案例位置	案例文件>CH02>案例训练：立体文字海报
技术掌握	练习文字效果
难易程度	★☆☆☆☆

用Firefly生成结构复杂的文字可以简化在三维软件中的制作过程。生成的文字与原有的图片在Photoshop中合成的速度比在三维软件中渲染的速度要快得多，案例效果如图2-57所示。

图2-57

01 进入Firefly的网页，单击"文字效果"右侧的"生成"按钮 生成 ，如图2-58所示。

图2-58

02 跳转到文字效果的页面，在下方输入框中输入文字Yeah，效果提示词为"磨砂金色金属"，如图2-59所示。

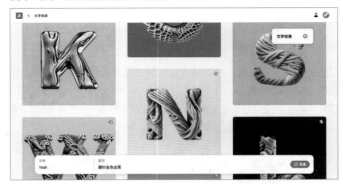

图2-59

03 单击"生成"按钮 生成 ，跳转到编辑页面，其中出现生成的文字效果，如图2-60所示。

04 选择第4个生成的文字效果，将鼠标指针放在该文字效果上，单击显示的"保存"按钮，如图2-61所示。

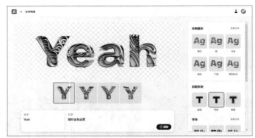

图2-60

图2-61

05 在Photoshop中打开学习资源"案例文件>CH02>案例训练：立体文字海报"文件夹中的"背景.jpg"文件，如图2-62所示。

06 将Firefly中生成的立体文字图片导入Photoshop中，将其缩小后放置在中间的空白位置，如图2-63所示。

图2-62　　　　　　　　图2-63

07 给添加的立体文字所在图层增加"投影"图层样式，使其与画面更加融合，案例最终效果如图2-64所示。

> ① 技巧提示
>
> 无论是平面设计还是三维设计，Photoshop都是经常用到的软件。建议读者熟练掌握Photoshop的使用方法。

图2-64

2.5 综合训练营

通过对本章的学习，相信读者已经掌握Firefly的基本功能。下面通过两个综合训练复习本章所学的内容。

♛ 重点

◈ **综合训练：夏日饮品海报**

案例位置	案例文件>CH02>综合训练：夏日饮品海报
技术掌握	生成式填充
难易程度	★★☆☆☆

使用生成式填充功能为现有的素材图片添加合适的背景。案例效果如图2-65所示。

图2-65

01 进入Firefly的网页，单击"创意填充"右侧的"生成"按钮，如图2-66所示。

图2-66

02 在跳转的页面上方单击"上传图片"按钮，上传本书学习资源"案例文件>CH02>综合训练：夏日饮品海报"文件夹中的"饮品.png"文件，如图2-67所示。

图2-67

03 单击"背景"按钮后，在下方的输入框内输入提示词"桌子，海边，夏天，阳光明媚，背景带有景深"，然后单击"生成"按钮，下方会生成3张图片，如图2-68所示。

图2-68

04 依次查看3张图片，选择第1张白色桌面的图片，如图2-69所示。

图2-69

05 保存选定的图片，效果如图2-70所示。

06 将保存的图片导入Photoshop中，在上方添加一些文字内容作为装饰，案例最终效果如图2-71所示。

图2-70　　　　　　图2-71

👑 重点

综合训练：电商促销海报

案例位置	案例文件>CH02>综合训练：电商促销海报
技术掌握	文字生成图像；文字效果
难易程度	★★☆☆☆

使用文字生成图像功能可以生成海报的背景，文字效果功能则可以生成艺术字，在Photoshop中合成后就能快速呈现电商促销海报，如图2-72所示。

01 在Firefly的文字效果页面输入文字618，提示词"紫色气球，金色"，生成后的文字效果如图2-73所示。

图2-72　　　　　　　　　　　图2-73

02 在Photoshop中打开学习资源中的"素材05.png"文件，如图2-74所示。这个素材是整个海报的背景。

03 导入学习资源中的"素材04.png"文件，作为背景的底纹，如图2-75所示。

04 将Firefly生成的618这3个数字分别以1个图层导入海报中，如图2-76所示。

05 旋转3个数字，并将其放大排列在海报的中央位置，如图2-77所示。

 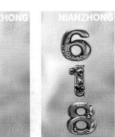 

图2-74　　　图2-75　　　图2-76　　　图2-77

06 使3个数字的图层成组，然后添加"投影"图层样式，效果如图2-78所示。

07 添加"曲线"调整图层，增加数字的亮度，使其与背景图片融合得更自然，如图2-79所示。

图2-78　　　　　　图2-79

08 导入学习资源中的"素材03.png"文件，将其放在画面的下方，如图2-80所示。

09 导入学习资源中的"素材01.png"文件，将其放在画面的右上角，如图2-81所示。

10 导入学习资源中的"素材02.png"文件，将其放在数字的下方，如图2-82所示。

11 导入学习资源中的"素材06.png"文件，将其放在数字图层的上方，如图2-83所示。

图2-80　　　图2-81　　　图2-82　　　图2-83

12 为"素材06.png"图层添加"投影"图层样式，使其与画面融合得更自然，如图2-84所示。

13 调整海报的细节，案例最终效果如图2-85所示。

图2-84　　　　　　图2-85

◎ 知识课堂：其他AIGC工具

除了Adobe公司出品的Firefly，国外还有Midjourney和ChatGPT等AIGC工具。这些工具都是网页版本，需要付费才能够使用。它们使用的原理与Firefly相似，都是通过提示词生成图片。通过大量的训练，这些工具能根据用户的喜好，生成更接近用户意图的作品。

国内也有相应的AIGC工具。文心一格是百度公司开发的专门生成图片的工具，需要在网页上加载，如图2-86所示。该工具和Firefly一样，有免费使用次数，部分功能需要付费才能使用。文心一格的好处是它的加载速度比Firefly等网页的加载速度更快。此外，讯飞星火也可以根据提示词生成图片，但生成效果比文心一格要逊色一些。

图2-86

第 3 章

3ds Max的常用建模技术

📹 基础视频：32集　　📹 案例视频：30集　　🕐 视频时长：404分钟

建模是3ds Max的核心技术之一，在三维设计行业有独立的建模师岗位。建模师只有掌握了各种常用的建模技术，才能创建需要的场景。虽然他们可以从网络上下载丰富的模型资源，但这些模型并非完全符合场景需求，仍需对其进行部分修改，因此建模技术成为每个建模师的必修课。

学习重点 🔍

学完本章能做什么

学完本章之后，读者能运用3ds Max的各种常用的建模技术制作出想要的模型，熟悉一些建模的方法，为后面章节的学习打下坚实的基础。

3.1 标准基本体

标准基本体中的对象是建模过程中常用的。标准基本体包含"长方体""圆锥体""球体"等11种对象，如图3-1所示。这些对象是创建复杂模型的基础，请读者务必掌握。

图3-1

3.1.1 长方体

长方体是建模中使用频率较高的对象，在现实中与长方体接近的物体很多，例如方桌、墙体等，同时还可以将长方体用作多边形建模的基础物体，图3-2和图3-3所示是长方体模型和相关参数。

图3-2   图3-3

长度/宽度/高度 这3个参数决定了长方体对象的大小。3个参数分别代表长方体在x轴、y轴和z轴上的长度，视图不同，这3个参数代表的轴会有所差异。图3-4和图3-5所示是"长度"参数改变时模型的变化。

图3-4   图3-5

长度分段/宽度分段/高度分段 这3个参数控制每个轴向上的分段数量，如图3-6~图3-8所示。

图3-6

图3-7   图3-8

♛ 重点

☞ 案例训练：长方体木箱

案例文件	案例文件>CH03>案例训练：长方体木箱
技术掌握	创建长方体；复制对象
难易程度	★★☆☆☆

本案例使用不同尺寸的长方体组成一个木箱，案例效果和线框效果如图3-9所示。

图3-9

01 在"创建"面板中单击"长方体"按钮 长方体 ，然后用鼠标左键在视口中拖曳出一个长方体模型，接着切换到"修改"面板，设置"长度"为500mm，"宽度"为100mm，"高度"为15mm，如图3-10所示。

图3-10

02 选中上一步创建的长方体模型，按住Shift键，然后使用"选择并移动"工具 ✛ 向上拖曳，在弹出的"克隆选项"对话框中设置"副本数"为3，如图3-11所示。单击"确定"按钮 确定 后，会一次性复制出3个长方体模型，如图3-12所示。

图3-11   图3-12

03 再次复制一个长方体模型，然后将其放在其他长方体模型的上方，设置"长度"为15mm，"宽度"为470mm，"高度"为15mm，如图3-13所示。

图3-13

04 将上一步修改后的长方体模型复制一个后，摆放在其他长方体模型的上方，如图3-14所示。

05 选中图3-15所示的长方体模型，然后复制一个并旋转90°，如图3-16所示。

图3-14   图3-15   图3-16

06 将上一步复制的长方体模型的"宽度"设置为80mm，如图3-17所示。

07 向上复制两个长方体模型，中间保留一定的空隙，效果如图3-18所示。

图3-17

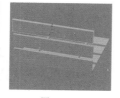
图3-18

08 将3个长方体模型整体复制到另一侧，如图3-19所示。

09 选中图3-20所示的长方体模型，然后复制一个并旋转90°，效果如图3-21所示。

图3-19

图3-20

图3-21

10 选中上一步复制的长方体模型，然后设置"长度"为470mm，如图3-22所示。

11 将上一步修改好的长方体模型按照之前的方法进行复制，效果如图3-23所示。

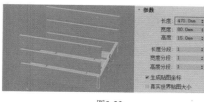
图3-22

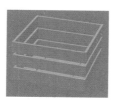
图3-23

12 使用"长方体"工具 长方体 在木箱的边角创建一个长方体模型，设置"长度"和"宽度"都为15mm，"高度"为280mm，如图3-24所示。

13 将上一步创建的长方体模型复制3个，然后放在木箱其他3个边角位置，案例最终效果如图3-25所示。

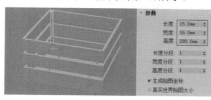
图3-24

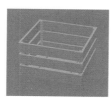
图3-25

学后训练：创意俄罗斯方块

案例文件	案例文件>CH03>学后训练：创意俄罗斯方块
技术掌握	创建长方体；复制对象
难易程度	★★☆☆☆

本案例使用相同大小的长方体组合成不同的俄罗斯方块，案例效果和线框效果如图3-26所示。

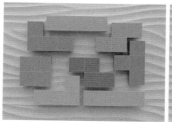
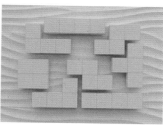
图3-26

3.1.2 圆锥体

圆锥体在建模中使用的频率不如长方体那么高，但也是很常用的建模对象。在现实中与圆锥体接近的物体很多，例如台灯罩、屋顶等，图3-27和图3-28所示是圆锥体模型和相关参数。

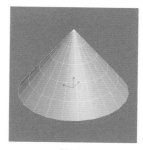

图3-27
图3-28

半径1/半径2 决定圆锥体大小的参数。"半径1"控制圆锥体底部的半径，"半径2"控制圆锥体顶部的半径，如图3-29和图3-30所示。

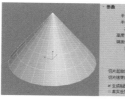

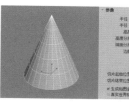
图3-29

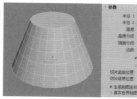
图3-30

> ① **技巧提示**
>
> 当"半径1"和"半径2"数值相同时，圆锥体会变成圆柱体。

高度 控制圆锥体高度的参数，如图3-31所示。

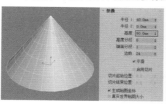

图3-31

高度分段 控制圆锥体曲面上的分段数，如图3-32所示。

端面分段 与"高度分段"类似，控制圆锥体两端圆面的分段，如图3-33所示。这个参数不常设置，默认值为1。

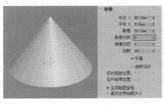 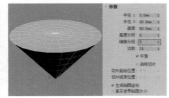

图3-32　　　　　　　　图3-33

边数 决定圆锥体的曲面是否圆滑的参数。"边数"数值越大，圆锥体的曲面也会变得越圆滑，如图3-34所示。"边数"数值较小，圆锥体的曲面就会出现棱角，如图3-35所示。

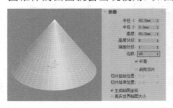 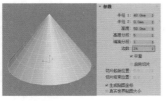

图3-34　　　　　　　　图3-35

启用切片 切片功能可以形象地比喻为"切蛋糕"，它能通过切片将一个完整的圆锥体分割为大小不同的切片部分，如图3-36所示。只有勾选"启用切片"选项，才可激活该功能。

切片起始位置/切片结束位置 控制每个切片部分大小的参数，不同的参数组合会形成不同的切片效果，如图3-37和图3-38所示。

 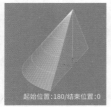 

图3-36　　　　图3-37　　　　图3-38

> ⑦ **疑难问答：如何确定切片的位置？**
>
> 在圆柱体、球体和圆锥体等工具中都有"启用切片"选项，勾选该选项后可以对模型进行切片。当读者初次接触切片功能时，可能不能很好地理解"切片起始位置"和"切片结束位置"，下面介绍切片的具体原理。
>
> 勾选"启用切片"选项后，切片以y轴的正方向为0°开始，在xy平面内围绕z轴旋转一周（360°），如图3-39所示。
>
> 相信读者明白了其中的原理，就能很好地理解"切片起始位置"和"切片结束位置"这两个参数。当设置"切片起始位置"为90°，就是将切片从y轴正方向开始，沿着z轴逆时针旋转90°，此处就是切片起始位置；当设置"切片结束位置"为180°，就是将切片从y轴正方向开始，沿着z轴逆时针旋转180°，此处就是切片结束位置，如图3-40所示。
>
>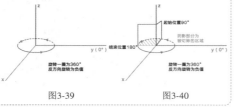
>
> 图3-39　　　　　　　　图3-40

👑 重点

3.1.3 球体

球体在日常建模中的使用频率也很高，在现实生活中，水晶球、玻璃珠等都是球体。图3-41和图3-42所示是球体及其参数。

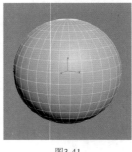 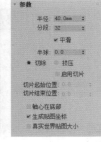

图3-41　　　　　　　　图3-42

半径 决定了球体的大小，如图3-43所示。

图3-43

分段 决定了球体表面是否圆滑，如图3-44所示。

图3-44

半球 如果只需要部分球体，可以直接设置"半球"数值，形成不同的半球效果，如图3-45所示。

图3-45

切除 半球有两种模式，一种是"切除"，球体会被直接切掉，且模型布线不会改变，如图3-46所示。

挤压 半球的另一种模式，在切除球体的同时，模型会保持原有模型的布线数量，如图3-47所示。

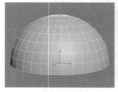 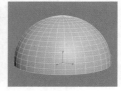

图3-46　　　　　　　　图3-47

> ① **技巧提示**
>
> 球体的切片功能与圆锥体相同，这里不赘述。

轴心在底部 默认的球体坐标中心在球体的中心位置，如图3-48所

示，勾选"轴心在底部"选项后会移动到球体的底部，如图3-49所示。不同的坐标中心便于进行不同的建模操作，需要读者灵活选择。

图3-48　　　　　　　　图3-49

◎ 知识课堂：球体与几何球体的区别

标准基本体中，除了"球体"对象，还有一个类似的"几何球体"对象，两个工具都能创建球体对象，下面为读者介绍这两者之间的区别。

球体布线区别：球体的模型布线既有四边面，又有三角面，如图3-50所

示；几何球体的模型布线都是三角面，如图3-51所示。

图3-50　　　　　　　　图3-51

基点面类型：几何球体可以设置"基点面类型"为"四面体""八面体""二十面体"，如图3-52所示。球体只有一种基点面类型。

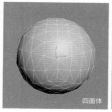  

四面体　　　　　　八面体　　　　　　二十面体

图3-52

3.1.4 圆柱体

圆柱体是建模中常用的几何体。现实中与圆柱体接近的物体

很多，例如柱子、桶等，还可以将圆柱体用作多边形建模的基础物体，图3-53和图3-54所示是圆柱体及其参数。

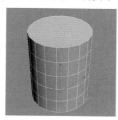 

图3-53　　　　　　　　图3-54

半径 圆柱体只有一个"半径"参数，控制着两端圆面的半径，也决定了圆柱体的粗细，如图3-55所示。

图3-55

高度 控制圆柱体的高度，如图3-56所示。

图3-56

高度分段 控制圆柱体曲面上的分段数，默认值为5，如图3-57所示。

图3-57

端面分段 控制圆柱体两端圆面的分段数，如图3-58所示。该参数默认值为1，表示两端圆面没有分段，如图3-59所示。

图3-58　　　　　　　　图3-59

边数 决定了圆柱体是否圆滑，该参数默认值为18，如图3-60所示。当"边数"设置为8时，圆柱会形成8棱柱的效果，如图3-61所示。

图3-60　　　　　　　　图3-61

案例训练：创意台灯

案例文件	案例文件>CH03>案例训练：创意台灯
技术掌握	创建圆锥体；创建圆柱体；复制对象
难易程度	★★☆☆☆

本案例使用圆锥体和圆柱体制作创意台灯，案例效果和线框效果如图3-62所示。

图3-62

01 使用"圆柱体"工具 圆柱体 在场景中创建一个圆柱体模型，切换到"修改"面板，设置"半径"为25mm，"高度"为40mm，"高度分段"为1，"边数"为36，如图3-63所示。

02 使用"圆柱体"工具 圆柱体 在上一步创建的圆柱体模型下方新建一个圆柱体模型，设置"半径"为2mm，"高度"为60mm，"高度分段"为1，"边数"为36，如图3-64所示。

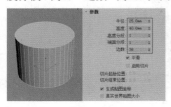
图3-63

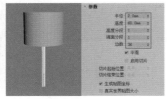
图3-64

> ⓘ 技巧提示
>
> 读者也可以将步骤01中的圆柱体向下复制一个，并修改"半径"和"高度"。

03 将上一步创建的圆柱体模型向下复制一个，修改"半径"为5mm，"高度"为3mm，如图3-65所示。

04 使用"圆锥体"工具 圆锥体 创建一个圆锥体模型，设置"半径1"为18mm，"半径2"为5mm，"高度"为5mm，"高度分段"为1，"边数"为36，如图3-66所示。

图3-65

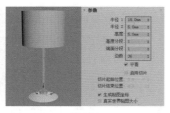
图3-66

05 将圆柱体模型继续向下复制一个，修改"半径"为18mm，"高度"为5mm，如图3-67所示。至此，本案例制作完成。

图3-67

> ◎ 知识课堂：修改模型显示颜色
>
> 在3ds Max中创建的模型的显示颜色是随机的，如何将模型显示的颜色统一为用户需要的颜色？
>
> 在"创建"面板下方的"名称和颜色"卷展栏中就可以完成这一设置，如图3-68所示。
>
> **名称和颜色**
> Cylinder001
> 图3-68
>
> 单击色块，弹出"对象颜色"对话框，选择用户需要的颜色，单击"确定"按钮 确定 即可，如图3-69所示。这种方法不仅可以修改实体模型的颜色，还可以修改模型线框的颜色。

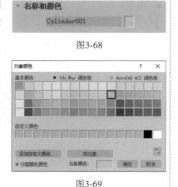
图3-69

🔒 学后训练：电商展台背景

案例文件	案例文件>CH03>学后训练：电商展台背景
技术掌握	创建球体；创建圆柱体；创建平面
难易程度	★☆☆☆☆

本案例用球体、圆柱体和平面组成一个简单的电商展台背景，案例效果和线框效果如图3-70所示。

图3-70

> ❓ 疑难问答：3ds Max的建模思路是什么？
>
> 3ds Max的建模思路大致分为以下5点。
>
> 第1点：拆分模型。将复杂的模型拆分成多个相对简单的模型。
>
> 第2点：创建大致轮廓。用系统内置的基础模型或二维图形创建出模型的大致轮廓。
>
> 第3点：调整造型。将上一步的模型转换为可编辑多边形或可编辑样条线后调整更为细致的造型。
>
> 第4点：添加细分。为制作好的模型添加"网格平滑"或是增加切角，让模型看起来更加细腻。
>
> 第5点：组合模型。将分别制作的单个模型进行组合，从而制作出复杂的模型。

3.1.5 管状体

管状体是一个空心的圆柱体。现实中与管状体接近的物体很多，例如吸管、管道等，图3-71和图3-72所示是管状体及其参数。

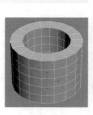

图3-71　　图3-72

管状体与圆柱体类似，因此两者的参数也基本相同。相比于圆柱体，管状体有两个半径参数，分别代表了管状体的内径和外径，两个半径的差值就是管状体的厚度，如图3-73所示。其他参数与圆柱体相同，这里不再赘述。

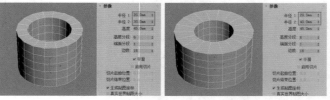
图3-73

> ⓘ 技巧提示
>
> "半径1"的数值可以比"半径2"的大，也可以比"半径2"的小。

3.1.6 圆环

圆环是一个空心的环状物体。现实中与圆环接近的物体很多，例如手镯、铁环等，图3-74和图3-75所示是圆环及其参数。

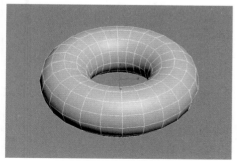

图3-74　　　　　　　　　　图3-75

半径1/半径2 圆环有两个半径参数，其中"半径1"控制圆环整体的半径，如图3-76所示。"半径2"则控制圆环管道的半径，如图3-77所示。

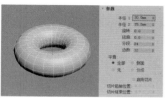
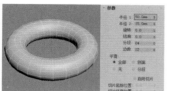

图3-76

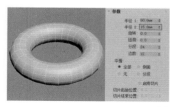
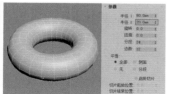

图3-77

扭曲 设置"扭曲"参数后圆环表面会产生扭曲的效果，如图3-78所示。

图3-78

分段/边数 "分段"和"边数"都决定了圆环是否圆滑，其中"分段"控制圆环在曲面上的分段，如图3-79所示。"边数"则控制圆环管道的分段，如图3-80所示。

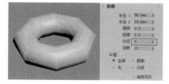
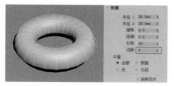

图3-79　　　　　　　　　　图3-80

平滑 圆环有4种方式可以控制其平滑效果，分别为"全部""侧面""无""分段"，其效果如图3-81所示。

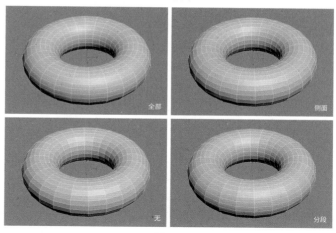

图3-81

3.1.7 平面

平面是常用的建模对象，常用来制作地面或是在制作毛发、布料时使用，图3-82和图3-83所示是平面及其参数。

图3-82　　　　　　　　　　图3-83

长度/宽度 控制平面的大小，如图3-84所示。

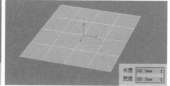

图3-84

长度分段/宽度分段 控制平面的分段数，数值越大，平面的面数也越多，如图3-85所示。

图3-85

3.2 复合对象

复合对象可以创建一些较为复杂的模型，使用复合对象创建模型会极大地节省建模时间，图3-86所示是复合对象的类型。

图3-86

3.2.1 布尔

布尔运算通过对两个或两个以上的对象进行并集、差集、交集和合并等运算得到新的物体形态。布尔运算效果及其参数如图3-87和图3-88所示。3ds Max 2024对"布尔"工具进行了优化，可以在"修改器列表"中直接添加该工具。

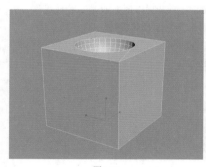

图3-87

图3-88

布尔是一种重要的建模工具，可以帮助用户，尤其是初学者减少很多建模步骤，从而快速、有效地达到预期建模效果。场景中要有两个及两个以上的模型才能进行布尔运算。

添加运算对象 单击该按钮就可以在场景中拾取需要进行运算的对象。需要注意的是，布尔运算一次只能计算两个对象。运算后，对象会按照运算模式生成对应的效果。

并集 将两个对象合并为一个整体，相交的部分会被删除，如图3-89所示。

交集 将两个对象相交的部分保留，其余部分删除，如图3-90所示。

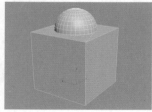

图3-89   图3-90

差集 在A物体中减去与B物体重合的部分，如图3-91所示。这种模式的使用频率比较高。

> ① 技巧提示
>
> A物体指使用布尔前选中的对象，B物体指单击"添加运算对象"按钮 **添加运算对象** 后选中的对象。

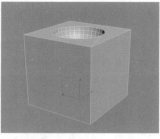

图3-91

合并 原理与"并集"相似，是将两个单独的模型合并为一个整体，如图3-92所示。

附加 将两个单独的模型合并为一个整体，但不改变各模型的布线，这点与"合并"存在差异，如图3-93所示。

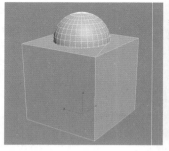

图3-92   图3-93

> ① 技巧提示
>
> 布尔运算后，模型的布线会变得复杂，不便于后期修改。因此布尔运算一定要在建模的最后一步进行，以降低建模的复杂程度。当多边形建模更加熟练后，"布尔"工具就很少使用了，这个工具更多是在建模学习初期使用的一个过渡工具。

案例训练：中式香插

案例文件	案例文件>CH03>案例训练：中式香插
技术掌握	创建管状体；创建圆柱体；布尔运算
难易程度	★★☆☆☆

本案例是用管状体、圆柱体和布尔运算制作中式香插，案例效果和线框效果如图3-94所示。

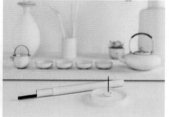

图3-94

01 使用"管状体"工具 **管状体** 在场景中创建一个管状体模型，设置"半径1"为100mm，"半径2"为110mm，"高度"为30mm，"高度分段"为1，"边数"为64，如图3-95所示。

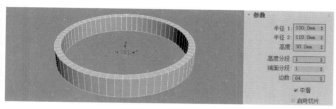

图3-95

02 使用"圆柱体"工具 圆柱体 在管状体模型中间创建一个圆柱体模型，设置"半径"为100mm，"高度"为20mm，"高度分段"为1，"边数"为64，如图3-96所示。

图3-96

03 将上一步创建的圆柱体模型向上复制一个，修改"半径"为30mm，"高度"为10mm，如图3-97所示。

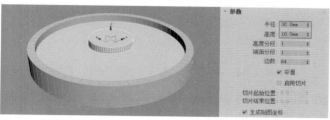

图3-97

04 向上复制3个圆柱体模型，半径大小不同，并增加圆柱体模型的高度，如图3-98所示。

05 选中上一步复制的3个圆柱体模型，然后在"实用程序"面板中单击"塌陷"按钮 塌陷 ，在下方继续单击"塌陷选定对象"按钮 塌陷选定对象 ，如图3-99所示，将其合并为一个对象。

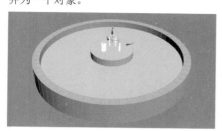

图3-98   图3-99

> ! 技巧提示
>
> 将3个圆柱体模型塌陷为一个整体后，只用进行一次布尔运算就可以同时移除3个圆柱体模型。如果用布尔运算分别移除3个圆柱体模型，会增加模型的布线，也可能会造成模型破损。

06 选中中间的圆柱体模型，然后在"复合对象"中单击"布尔"按钮 布尔 ，接着单击"添加运算对象"按钮 添加运算对象 ，选中场景中塌陷后的圆柱体模型，再单击"差集"按钮 差集 ，如图3-100所示。此时塌陷后的3个细的圆柱体模型就会切掉中间的圆柱体模型，形成3个圆孔，案例最终效果如图3-101所示。

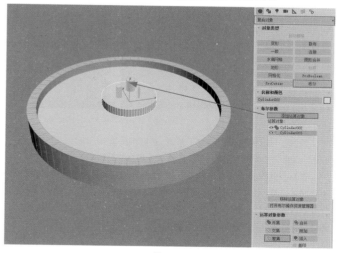

图3-100

图3-101

学后训练：金属螺帽

案例文件	案例文件>CH03>学后训练：金属螺帽
技术掌握	创建圆柱体；布尔运算
难易程度	★★☆☆☆

本案例是用布尔运算制作螺帽，案例效果和线框效果如图3-102所示。

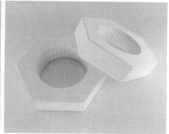

图3-102

◎ 知识课堂：布尔运算需要注意哪些问题

初学者在建模时，使用布尔运算的情况较多。使用布尔运算制作一些镂空的造型更加简便，但有些问题还是需要注意。

第1点：布尔运算最好在建模的最后一步进行。布尔运算后，模型的布线会变得复杂，如果后续需要修改造型，会增加建模的烦琐程度，且容易造成模型破面。

图3-103所示的长方体模型经过与球体的布尔运算后效果如图3-104所示。

 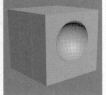

图3-103　　　　　图3-104

第2点：多个模型进行布尔运算时，最好将模型都塌陷为一个整体再进行布尔运算，这样可以减少计算错误造成的模型破面现象。

图3-105所示是一个长方体和3个球体。现在需要对每个面的球体都进行布尔运算，如果将长方体与每个球体都进行一次布尔运算，效果如图3-106所示。可以看到经过3次布尔运算后，模型表面虽然没有出现破面，但布线已经非常混乱，无法再进行模型的修改。

返回到初始状态，将3个球体塌陷为一个整体后进行布尔运算，效果如图3-107所示。可以看到，这次运算后的模型布线更加规整。

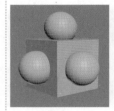  

图3-105　　　　图3-106　　　　图3-107

3.2.2 放样

放样是将一个二维图形作为沿某个路径的剖面，生成复杂的三维对象。放样是一种特殊的建模方法，能快速地创建出多种模型，效果和参数如图3-108和图3-109所示。

图3-108　　　　　图3-109

放样模型有两种方式，一种是"获取路径"，另一种是"获取图形"，效果如图3-110和图3-111所示。这两种方式可以根据实际情况进行选择，不同的方式会使生成的模型位置或方向不同。

图3-110　　　　　图3-111

✋ **案例训练：化妆镜**

案例文件	案例文件>CH03>案例训练：化妆镜
技术掌握	创建圆柱体；放样
难易程度	★★☆☆☆

本案例用"放样"工具 放样 和"圆柱体"工具 圆柱体 制作化妆镜，案例效果和线框效果如图3-112所示。

图3-112

01 在"创建"面板中选择"样条线"，然后单击"圆"按钮 圆 ，在场景中创建一个圆，设置"步数"为24，"半径"为550mm，如图3-113所示。

图3-113

🔗 知识链接

"样条线"工具的具体用法请参阅"3.4　常用样条线"的相关内容。

02 使用"矩形"工具 矩形 在场景中创建一个矩形，设置"长度"和"宽度"都为80mm，"角半径"为10mm，如图3-114所示。

图3-114

03 选中绘制的圆，然后在"复合对象"中单击"放样"按钮 放样 ，接着单击"获取图形"按钮 获取图形 ，并单击场景中绘制的矩形，如图3-115所示。此时绘制的圆成为一个圆环模型，如图3-116所示。

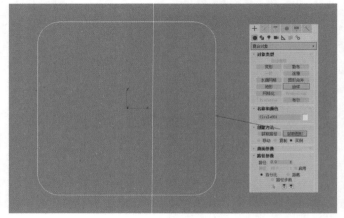

图3-115

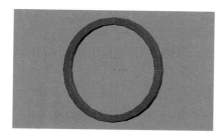

图3-116

04 观察生成的圆环模型，可以明显发现圆环不够圆滑，存在很多棱角。选中圆环模型，在"修改"面板中展开"修改器列表"下拉列表，选择"涡轮平滑"选项，如图3-117所示。添加了"涡轮平滑"修改器后，圆环的棱角消失并变得圆滑，如图3-118所示。

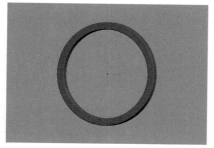

图3-117　　　　　　图3-118

05 使用"圆柱体"工具 圆柱体 在圆环模型中间创建一个圆柱体模型，设置"半径"为530mm，"高度"为10mm，"高度分段"为1，如图3-119所示。创建的圆柱体模型作为镜子的镜面部分。

06 使用"圆柱体"工具 圆柱体 在圆环模型下方创建一个圆柱体模型，设置"半径"为20mm，"高度"为-600mm，"高度分段"为1，如图3-120所示。

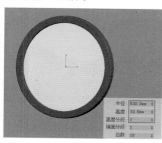

图3-119　　　　　　图3-120

07 将上一步创建的圆柱体模型向下复制一个，然后设置"半径"为400mm，"高度"为-30mm，如图3-121所示。案例效果如图3-122所示。至此，本案例制作完成。

图3-121　　　　图3-122

3.3 VRay物体

安装了VRay渲染器后，"几何体"下拉列表中会出现VRay渲染器自带的几何体，如图3-123所示。在日常制作中，VRayProxy、VRayFur和VRayPlane都是常用的工具。

图3-123

👑 重点

3.3.1 VRayFur

VRayFur（也叫"VRay毛发"）工具 VRayFur 用于模拟毛发、地毯和草坪等效果。选中需要生成毛发的模型，单击该按钮即可生成毛发效果，如图3-124所示，其参数卷展栏如图3-125所示。需要生成毛发的对象会自动加载在"源对象"的通道中。

图3-124　　　　　　图3-125

毛发的效果由"长度""半径""重力""弯曲""尖端"等共同决定。

长度 顾名思义，就是单个毛发的长度。

半径 代表单个毛发的粗细程度。

重力 控制毛发在z轴方向被下拉的力度，也就是通常所说的"重量"，不同数值的效果如图3-126所示。

图3-126

弯曲 控制毛发弯曲的程度，不同数值的效果如图3-127所示。

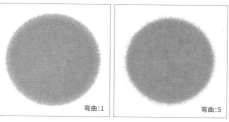

图3-127

尖端 控制毛发锥化的程度。

节数 控制毛发在弯曲时的光滑程度，可以简单地理解为毛发模型上的分段数。数值越大，毛发在弯曲时会显得越光滑。

方向变量 控制毛发在生长时方向上的随机程度。

长度变量 控制毛发长度的随机程度，不同数值的效果如图3-128所示。其余的"厚度变量"和"重力变量"等参数的用法类似。

 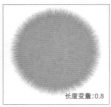

长度变量:0.2　　长度变量:0.8

图3-128

每面/单位面积 控制毛发整体数量的参数。数值越大，在对象上生成的毛发数量就会越多。

贴图 除了用数值控制毛发的生成情况，也可以通过灰度贴图进行控制。在"贴图"卷展栏中可以在不同的通道中加载灰度贴图，形成更加复杂的毛发效果，如图3-129所示。

图3-129

视口显示 可以控制毛发在视口中的观察效果，如图3-130所示。其中"最大头发数"可以决定在视口中能观察到的毛发数量，数量少的话就不会占用太多的系统资源，方便用户操作。

图标文字 勾选后会在毛发上生成一个图标，如图3-131所示，帮助用户快速找到毛发对象。

 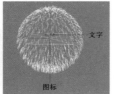

图3-130　　图3-131

👑 重点

👆 案例训练：绿色毛绒场景

案例文件	案例文件>CH03>案例训练：绿色毛绒场景
技术掌握	VRayFur
难易程度	★★★☆☆

本案例的植物使用VRayFur工具进行模拟，案例效果和线框效果如图3-132所示。

图3-132

---

01 打开本书学习资源"案例文件>CH03>案例训练：绿色毛绒场景"文件夹中的"练习.max"文件，如图3-133所示，这是制作好的场地模型。

02 选中地面模型，然后单击VRayFur按钮 VRayFur 添加毛发模型，如图3-134所示。

图3-133　　图3-134

03 选中上一步创建的毛发模型，然后设置"长度"为1mm，"半径"为0.02mm，"重力"为-1mm，"弯曲"为1，"尖端"为0.6，"单位面积"为100，如图3-135所示。

04 为了更直观地观察毛发模型的形态，单击主工具栏中的"渲染产品"按钮 📷，效果如图3-136所示。此时毛发模型还没有添加材质，渲染的颜色为模型本身的颜色。

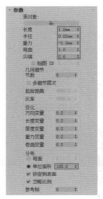 

图3-135　　图3-136

05 按M键打开材质编辑器，选中"草地1"材质并单击"将材质指定给选定对象"按钮 🎁，这样就能为毛发模型添加材质。按F9键渲染场景，效果如图3-137所示。

06 按照草地的制作方法，给其他球体模型添加毛发模型，效果如图3-138所示。

图3-137　　图3-138

07 在材质编辑器中将"草地2"材质赋予上一步添加的毛发模型，按F9键渲染，案例最终效果如图3-139所示。

图3-139

🔒 学后训练：毛绒小球

案例文件	案例文件>CH03>学后训练：毛绒小球
技术掌握	VRayFur
难易程度	★★☆☆☆

本案例用VRayFur工具制作毛绒小球，案例效果和线框效果如图3-140所示。

图3-140

3.3.2 VRayPlane

VRayPlane（也叫"VRay平面"）工具 VRayPlane 可以制作无限延伸、没有边界的平面。VRayPlane对象不仅可以赋予材质，也可以进行渲染，在实际工作中常用作背景板、地面和水面等。

VRayPlane对象的创建方法很简单，单击VRayPlane按钮 VRayPlane ，然后在场景中单击鼠标左键即可，如图3-141所示。

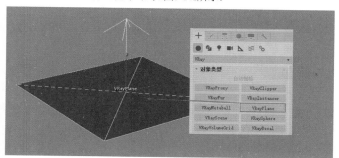

图3-141

3.4 常用样条线

图3-142所示是"图形"的"样条线"，包含"线""矩形""圆"等13个工具。"样条线"中的工具只能创建没有厚度的二维图形，如果要将图形变成有体积的模型，就需要用到修改器。

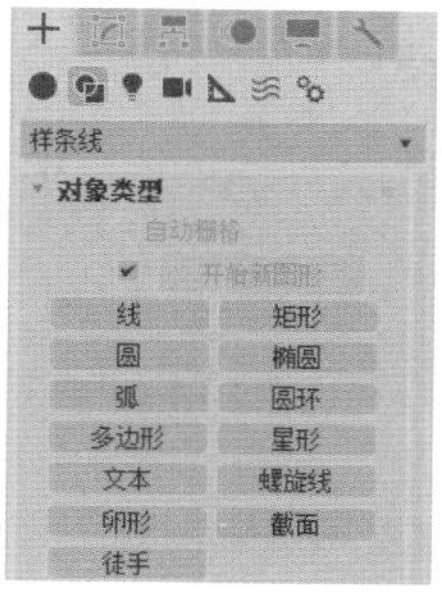

图3-142

👑 重点

3.4.1 线

线在建模中是常用的一种样条线，其使用方法非常灵活，形状也不受约束，可以封闭也可以不封闭，拐角处可以是尖锐的也可以是平滑的，模型及参数如图3-143和图3-144所示。

图3-143

图3-144

绘制的样条线因为没有体积，是无法被渲染的，只能在视口中观察效果。如果要观察样条线的渲染效果，有以下两种方法。

第1种 在"渲染"卷展栏中勾选"在渲染中启用"和"在视口中启用"选项，如图3-145所示。这样样条线就能转换为有体积的模型，从而能够被渲染。

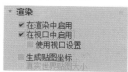

图3-145

第2种 为样条线添加"可渲染样条线"修改器，此时样条线也能转换为实体模型，从而被渲染。

为了方便操作，一般都是使用第1种方法。当勾选了"在渲染中启用"和"在视口中启用"两个选项后，就可以设置样条线的样式。

径向 将样条线转换为剖面为圆形的模型，如图3-146所示。

矩形 将样条线转换为剖面为矩形的模型，如图3-147所示。

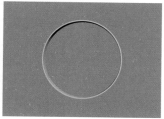

图3-146   图3-147

步数 样条线是否边缘圆滑是由"步数"决定的，该数值越大，样条线也会越圆滑，如图3-148所示。

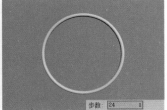

图3-148

顶点/线段/样条线 将样条线转换为可编辑样条线后就可以在"选择"卷展栏中对样条线进行编辑，以形成不同的样式。在"顶点"层级中，可以对样条线的顶点进行编辑，如图3-149所示。在"线段"层级中，可以对样条线的线段进行编辑，如图3-150所示。在"样条线"层级中，可以对整个样条线进行编辑，如图3-151所示。

图3-149　　　　　图3-150　　　　　图3-151

创建线 单击该按钮可以绘制新的样条线，且新样条线与原来的样条线为同一个模型。

附加 将多个样条线合并为一个样条线。选中一个样条线，单击该按钮后，选择其他需要合并的样条线，就能将它们合并为一个整体，如图3-152所示。

优化 绘制的样条线顶点数目是确定的，如果需要在样条线上添加新的顶点，单击该按钮即可，如图3-153所示。添加顶点有利于后续编辑。

图3-152　　　　　　　　　图3-153

设为首顶点 在制作一些约束动画时，需要确定样条路径的起点位置，选中需要作为起点的顶点，然后单击该按钮，就能将该顶点作为起点位置。

圆角 在绘制样条线时，顶点部分一般显示为尖锐的角点，单击该按钮，或是在后面的输入框中输入数值，就能将选中的顶点转换为圆滑的圆角，如图3-154所示。

图3-154

切角 与"圆角"工具类似，但是顶点不会转换为圆滑的圆角，而是转换为直线型的切角，如图3-155所示。

轮廓 在"样条线"层级下才能激活"轮廓"工具，它会将样条线按照原有的形状生成一个封闭的轮廓，如图3-156所示。

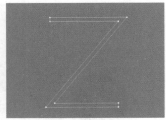

图3-155　　　　　　　图3-156

👆 **重点**

👉 **案例训练：光纤截面构造**

案例文件	案例文件>CH03>案例训练：光纤截面构造
技术掌握	创建线；创建圆；创建圆柱体
难易程度	★★☆☆☆

本案例的光纤截面构造模型由"线"工具绘制而成，案例效果及线框效果如图3-157所示。

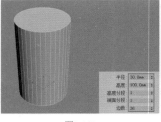

图3-157

01 使用"圆柱体"工具 **圆柱体** 在场景中创建一个圆柱体模型，设置"半径"为30mm，"高度"为100mm，"高度分段"为1，"边数"为36，如图3-158所示。

02 使用"圆"工具 **圆** 在圆柱体模型的上方创建一个圆形样条线，设置"步数"为12，"半径"为27mm，如图3-159所示。

图3-158　　　　　　　　图3-159

03 展开圆形样条线的"渲染"卷展栏，勾选"在渲染中启用"和"在视口中启用"选项，设置"厚度"为2mm，如图3-160所示。

图3-160

04 将上一步生成的圆环模型向上复制11份，效果如图3-161所示。

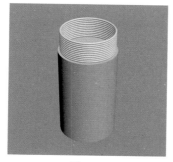

图3-161

05 将圆柱体模型向上复制一份，修改"半径"为10mm，"高度"为80mm，如图3-162所示。

06 向上复制一个圆柱体模型，修改"半径"为8mm，"高度"为6mm，如图3-163所示。

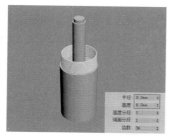

图3-162　　　　　　　　图3-163

07 再向上复制一个圆柱体模型，修改"半径"为3mm，"高度"为15mm，如图3-164所示。

08 使用"线"工具 线 在前视图中绘制图3-165所示的样条线。

图3-164　　　　　　　　图3-165

09 选中上一步绘制的样条线，在"渲染"卷展栏中勾选"在渲染中启用"和"在视口中启用"选项，并设置"厚度"为8mm，如图3-166所示。

10 使用"线"工具 线 在上一步生成的模型顶端绘制样条线，效果如图3-167所示。

图3-166　　　　　　　　图3-167

11 选中上一步绘制的样条线，在"渲染"卷展栏中勾选"在渲染中启用"和"在视口中启用"选项，并设置"厚度"为2mm，如图3-168所示。

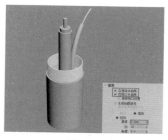

图3-168

12 使图3-169所示的两个模型成组，然后在"层次"面板中单击"仅影响轴"按钮 仅影响轴 ，在4个视图中调整成组模型的轴心位置，如图3-170所示。

13 再次单击"仅影响轴"按钮 仅影响轴 ，旋转复制成组模型，效果如图3-171所示。

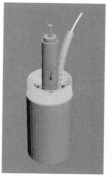

图3-169　　　　　图3-170　　　　　图3-171

14 观察到圆环模型半径较大，与中间模型之间还存在一定的距离。选中圆环模型，调整"厚度"为3mm，"半径"为24mm，如图3-172所示。至此，本案例制作完成。

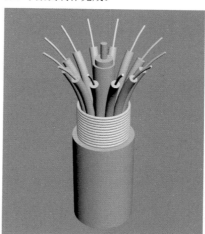

图3-172

学后训练：发光灯管

案例文件	案例文件>CH03>学后训练：发光灯管
技术掌握	创建线；创建圆柱体；创建管状体
难易程度	★★☆☆☆

本案例使用线、圆柱体和管状体制作一个发光灯管模型，案例效果及线框效果如图3-173所示。

图3-173

★重点
3.4.2 矩形

矩形是建模中较为常用的一种样条线，四角可以是各种尖角或圆角，模型及参数如图3-174和图3-175所示。

图3-174

▼ 参数
长度: 139.148 ÷
宽度: 207.334 ÷
角半径: 0.0mm ÷

图3-175

"矩形"工具 矩形 的参数很简单，其中"长度"和"宽度"决定了矩形的大小，"角半径"则控制矩形圆角的大小，如图3-176所示。

图3-176

> ② **疑难问答：矩形能否单独编辑"顶点"、"线段"和"样条线"属性？**
>
> "矩形"工具现有的"修改"面板中并没有"线"工具中的"几何体"卷展栏，无法单独编辑"顶点"、"线段"和"样条线"属性，需要将矩形转换为可编辑样条线。
>
> 选中矩形后单击鼠标右键，在弹出的菜单中选择"转换为">"转换为可编辑样条线"命令，如图3-177所示。
>
> 除了线，其他的样条线都和矩形一样，需要转换为可编辑样条线后才能单独编辑"顶点""线段"和"样条线"属性。

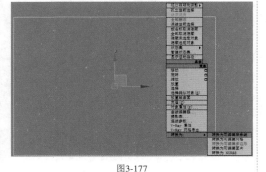

图3-177

案例训练：中式雕花窗

案例文件	案例文件>CH03>案例训练：中式雕花窗
技术掌握	创建矩形；创建圆；创建线
难易程度	★★☆☆☆

本案例使用矩形、圆和线制作中式雕花窗模型，案例效果及线框效果如图3-178所示。

 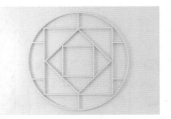

图3-178

01 使用"矩形"工具 矩形 在前视图中绘制一个"长度"和"宽度"都为300mm的矩形，如图3-179所示。

02 在"渲染"卷展栏中勾选"在渲染中启用"和"在视口中启用"选项，然后选择"矩形"选项，设置"长度"为12mm，"宽度"为12mm，如图3-180所示。

 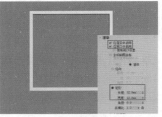

图3-179　　　　　　　图3-180

03 将上一步设置的矩形旋转45°并复制一份，效果如图3-181所示。

04 修改上一步复制矩形的"长度"和"宽度"都为450mm，如图3-182所示。

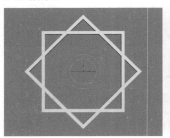 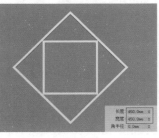

图3-181　　　　　　　图3-182

05 选中中间的矩形，按快捷键Ctrl+V复制，修改"长度"和"宽度"都为660mm，如图3-183所示。

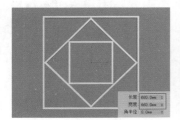

图3-183

06 使用"圆"工具 圆 在矩形外侧绘制一个圆形样条线,设置"步数"为24,"半径"为485mm,如图3-184所示。

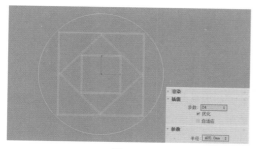

图3-184

07 在"渲染"卷展栏中勾选"在渲染中启用"和"在视口中启用"选项,然后选择"矩形"选项,设置"长度"为12mm,"宽度"为12mm,如图3-185所示。

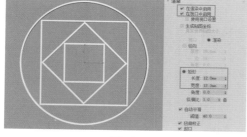

图3-185

08 使用"线"工具 线 绘制线条,如图3-186所示。

09 在"渲染"卷展栏中勾选"在渲染中启用"和"在视口中启用"选项,然后选择"矩形"选项,设置"长度"为12mm,"宽度"为12mm,效果如图3-187所示。至此,本案例模型制作完成。

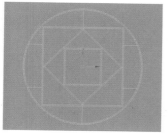

图3-186

图3-187

学后训练:灯箱

案例文件	案例文件>CH03>学后训练:灯箱
技术掌握	创建矩形
难易程度	★★☆☆☆

本案例的灯箱模型由"矩形"工具绘制而成,案例效果及线框效果如图3-188所示。

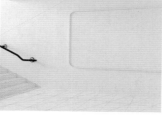

图3-188

3.4.3 圆

圆是建模中较为常用的一种样条线,模型及参数如图3-189和图3-190所示。"圆"工具 圆 的参数只有"半径",用于设置圆的大小。

图3-189

图3-190

> ? 疑难问答:如何创建椭圆形?
> 创建椭圆形的方法有以下两种。
> **第1种**:使用"椭圆"工具 椭圆 绘制椭圆形。
> **第2种**:将圆形转换为可编辑样条线,然后调整顶点的位置。

3.4.4 弧

弧是建模中较为常用的一种样条线,角度可以自由设置,模型及参数如图3-191和图3-192所示。

图3-191

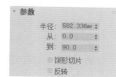

图3-192

半径 设置弧的大小。

从/到 设置弧的起始位置和结束位置,如图3-193所示。

图3-193

饼形切片 默认的弧是没有封闭的,勾选该选项后,就能形成封闭的扇形,如图3-194所示。

图3-194

3.4.5 文本

使用文本样条线可以很方便地在视口中创建出文字模型，并且可以更改字体和大小，模型及参数如图3-195和图3-196所示。

图3-195　　　　　　　图3-196

"文本"工具 文本 的参数较为简单，与其他平面类软件中文本的参数相似。

宋体 在下拉列表中可以选择创建文本的字体。读者需要注意，其中的字体来自计算机中安装的字体，计算机中没有安装的字体是不会显示在下拉列表中的。

I 可以将文本切换为斜体，如图3-197所示。

U 在文本下方添加一条下划线，如图3-198所示。

图3-197　　　　　　　　图3-198

当有多行文本时，会按照左对齐方式呈现。

当有多行文本时，会按照居中对齐方式呈现。

当有多行文本时，会按照右对齐方式呈现。

当有多行文本时，会按照两端对齐方式呈现。

大小 设置文字大小。

字间距 设置文字之间的距离，不同数值的效果如图3-199所示。

行间距 设置行之间的距离，不同数值的效果如图3-200所示。

文本 在输入框中输入需要生成的文本内容。

图3-199　　　　　　　　图3-200

> **疑难问答："文本"和"加强型文本"有何区别？**
>
> "文本"工具 文本 生成的文本样条线不能直接渲染显示，需要添加修改器变成三维模型之后才能渲染显示。
>
> "加强型文本"工具 加强型文本 是在"文本"工具的基础上融合了"挤出"修改器和"倒角"修改器的综合型工具，可以通过输入的文本内容直接生成复杂的三维文字模型。"加强型文本"工具不能识别中文字体，只能识别数字和英文字体，在实际工作中并不是很好用，有兴趣的读者可自行研究。

3.5 常用修改器

修改器是3ds Max非常重要的功能之一，它主要用于改变现有对象的创建参数、调整一个对象或一组对象的几何外形、进行子对象的选择和参数修改、转换参数对象为可编辑对象。修改器有很多种，按照不同的类型被划分在几个修改器集合中。在"修改"面板下的"修改器列表"中，3ds Max将这些修改器默认分为"选择修改器""世界空间修改器""对象空间修改器"三大部分，如图3-201所示。

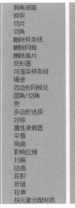

图3-201

3.5.1 "挤出"修改器

"挤出"修改器可以将高度添加到二维图形中，并且可以将对象转换成一个参数化对象，效果和参数如图3-202和图3-203所示。

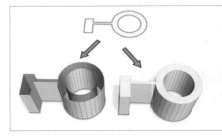

图3-202　　　　　　　图3-203

数量 决定了挤出模型的厚度，数值越大，挤出的厚度也越大。

分段 在挤出的厚度上添加分段，默认值为1，即不添加分段，如图3-204所示。

封口始端/封口末端 默认状态下，挤出后的模型两端呈封闭状态。如果取消勾选这两个选项，挤出的模型两端会不封闭，如图3-205所示。

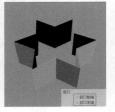

图3-204　　　　　　　图3-205

案例训练：清新夏日场景

案例文件	案例文件>CH03>案例训练：清新夏日场景
技术掌握	创建样条线；"挤出"修改器
难易程度	★★☆☆☆

本案例的模型由线、矩形、圆和"挤出"修改器共同完成，案例效果及线框效果如图3-206所示。

图3-206

01 使用"线"工具 线 在场景中绘制西瓜块的形状，如图3-207所示。

02 为上一步绘制的样条线添加"挤出"修改器，设置"数量"为100mm，如图3-208所示。

图3-207　　　　　　　图3-208

① **技巧提示**

绘制的样条线没有具体的尺寸，添加"挤出"修改器后，所生成的厚度需要灵活设置。案例中提供的数值仅供参考。

03 使用"线"工具 线 继续绘制西瓜块瓜皮部分的样条线，如图3-209所示。

04 在上一步绘制的样条线上添加"挤出"修改器，设置"数量"为100mm，如图3-210所示。

图3-209　　　　　　　图3-210

05 使用"线"工具 线 绘制西瓜籽的样条线，如图3-211所示。

06 为上一步绘制的样条线添加"挤出"修改器，设置"数量"为10mm，如图3-212所示。

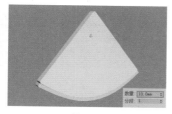

图3-211　　　　　　　图3-212

07 将西瓜籽模型复制多个，随机摆放在西瓜块模型上，如图3-213所示。

① **技巧提示**

西瓜籽模型可随意旋转一定角度，并随机挑选进行放大，使其呈现更为丰富的视觉效果。

图3-213

08 使用"矩形"工具 矩形 在西瓜块模型下方绘制一个矩形样条线，然后在矩形样条线上添加多个点并调整，形成海浪的形态，如图3-214所示。

09 为上一步绘制的样条线添加"挤出"修改器，设置"数量"为10mm，如图3-215所示。

图3-214　　　　　　　图3-215

10 将海浪模型复制两份，并调整其高度，使海浪具有层次感，如图3-216所示。

图3-216

11 使用"圆"工具 圆 绘制一个圆形样条线，设置"半径"为280mm，然后添加"挤出"修改器，设置"数量"为20mm，如图3-217和图3-218所示。

图3-217　　　　　　　图3-218

12 使用"圆"工具 圆 在场景中绘制大小不等的4个圆形样条线作为云朵的样条线，如图3-219所示。

13 选中任意一个圆，将其转换为可编辑样条线后，使用"附加"工具 附加 将其余3个圆附加为一个整体，如图3-220所示。

图3-219　　　　　　　图3-220

14 为云朵样条线添加"挤出"修改器，设置"数量"为10mm，如图3-221所示。

> ① 技巧提示
>
> 　添加"挤出"修改器后能观察到在样条线相交的位置模型会出现共面问题。这里较好的处理方法是用"线"工具沿着云朵外轮廓描绘一个新的样条线，再添加"挤出"修改器。

图3-221

15 将云朵模型复制3个，并随机缩放其大小，案例最终效果如图3-222所示。

图3-222

📖 学后训练：书本模型

案例文件	案例文件>CH03>学后训练：书本模型
技术掌握	创建样条线；"挤出"修改器
难易程度	★★☆☆☆

本案例用样条线和"挤出"修改器制作书本模型，案例效果及线框效果如图3-223所示。

图3-223

♛重点

3.5.2 "车削"修改器

"车削"修改器可以通过围绕坐标轴旋转一个图形或NURBS曲线来生成三维模型，效果和参数如图3-224和图3-225所示。

图3-224　　　　图3-225

度数　添加"车削"修改器后，就可以将样条线进行旋转，而"度数"能控制样条线旋转的角度。当该参数设置为360时，表示样条线旋转了360°。

焊接内核　旋转后的模型可能在轴心位置存在孔洞或重叠的共面，这时只要勾选该选项就能解决这个问题，如图3-226所示。

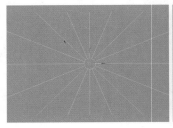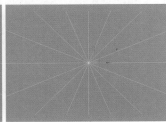

图3-226

翻转法线　默认情况下对象的法线方向朝外，勾选该选项后，会使法线方向朝内，如图3-227所示。不同的法线方向会导致对象接收灯光和赋予材质后的效果不相同。

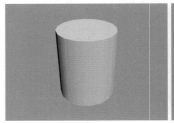

图3-227

分段　决定旋转后的模型曲面是否圆滑的参数，不同数值的效果如图3-228所示。

分段:16　　　　分段:64

图3-228

方向　默认的旋转轴是y轴，还可以在该选项组中选择其他的轴向，如图3-229所示。

x轴　　　　y轴　　　　z轴

图3-229

对齐　轴心的对齐方式有"最小""中心""最大"3种，不同的对齐方式会形成不同的模型效果，如图3-230所示。

图3-230

图3-235

图3-236

图3-231

🔒 学后训练:陀螺

案例文件	案例文件>CH03>学后训练:陀螺
技术掌握	创建样条线;"车削"修改器
难易程度	★★☆☆☆

本案例的陀螺模型由样条线和"车削"修改器共同制作而成,案例效果及线框效果如图3-237所示。

图3-237

🖐 案例训练:罗马柱

案例文件	案例文件>CH03>案例训练:罗马柱
技术掌握	创建样条线;"车削"修改器
难易程度	★★☆☆☆

本案例用样条线和"车削"修改器制作罗马柱,案例效果及线框效果如图3-232所示。

图3-232

01 使用"线"工具 在前视图中绘制罗马柱的剖面,如图3-233所示。

02 在"顶点"层级中调整顶点的位置,并使用"圆角"工具进行修饰,如图3-234所示。

图3-233　　　　图3-234

03 选中上一步修改后的样条线,然后切换到"修改"面板,在"修改器列表"中选择"车削"选项,接着在"参数"卷展栏中勾选"焊接内核"选项,并设置"分段"为36,"方向"为Y,"对齐"为"最大",如图3-235所示。罗马柱最终效果如图3-236所示。

3.5.3　"弯曲"修改器

"弯曲"修改器可以控制物体在任意3个轴上弯曲的角度和方向,也可以限制几何体一部分的弯曲效果,效果和参数如图3-238和图3-239所示。

图3-238　　　　图3-239

"弯曲"修改器的参数不多,重要的参数有"角度"和"方向"。

角度 控制对象弯曲的角度,如图3-240所示。

方向 控制弯曲后对象的旋转方向,如图3-241所示。

图3-240　　　　图3-241

弯曲轴 默认情况下对象的"弯曲轴"为z轴，当对象弯曲的效果不符合预期时，可以调整"弯曲轴"为x轴或y轴，如图3-242所示。

图3-242

👑 重点

🖐 案例训练：栅格通道

案例文件	案例文件>CH03>案例训练：栅格通道
技术掌握	创建长方体；"弯曲"修改器
难易程度	★★☆☆☆

本案例的栅格通道模型是由"弯曲"修改器制作而成，案例效果及线框效果如图3-243所示。

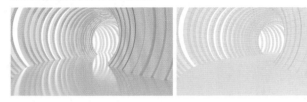

图3-243

01 在顶视图中使用"线"工具 线 绘制图3-244所示的样条线。

02 使用"轮廓"工具 轮廓 为上一步绘制的样条线增加宽度，如图3-245所示，具体数值请读者灵活设置。

图3-244　　　　　　　图3-245

03 为样条线添加"挤出"修改器，设置"数量"为10mm，效果如图3-246所示。

04 使用"长方体"工具 长方体 创建一个长方体模型，并增加模型的分段数，效果如图3-247所示。

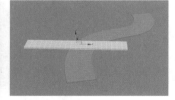

图3-246　　　　　　　图3-247

① 技巧提示

读者在创建长方体模型时，可以根据绘制的样条线的大小调整尺寸。

05 为长方体模型添加"弯曲"修改器，设置"角度"为265，"弯曲轴"为X，如图3-248所示。

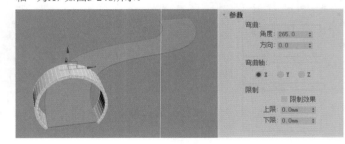

图3-248

① 技巧提示

弯曲的"角度"数值仅供参考，长方体模型底部能与样条线生成的模型连接即可。

06 将弯曲后的长方体模型沿着样条线生成的模型进行复制，并随着模型角度改变旋转长方体模型并调整其宽度，如图3-249所示。

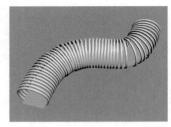

图3-249

07 在透视视图中调整到一个合适的角度，呈现栅格通道效果，如图3-250所示。至此，本案例制作完成。

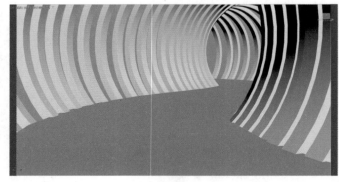

图3-250

👑 重点

3.5.4　"扫描"修改器

"扫描"修改器可以让样条线按照路径进行旋转，从而生成三维模型，用法类似于"放样"工具 放样 ，但比"放样"工具更为灵活好用，效果和参数如图3-251和图3-252所示。

图3-251

图3-252

图3-255

图3-256

使用内置截面 如果用户只需要使用修改器自带的内置截面，绘制路径样条线即可。通过内置截面，可以生成不同形状的模型，如图3-253所示。

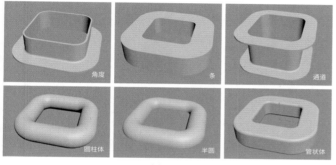

图3-253

使用自定义截面 如果用户觉得内置截面不能满足制作需求，就需要自行绘制截面，然后选择"使用自定义截面"选项并拾取绘制的截面。

长度/宽度/厚度 生成模型后，可以设置"长度"、"宽度"和"厚度"来调整模型的细节，这些参数在创建吊顶和踢脚线模型时非常有用。

X偏移/Y偏移 可以让模型在生成平面上平移，方便与其他模型进行拼接。

案例训练：欧式背景墙

案例文件	案例文件>CH03>案例训练：欧式背景墙
技术掌握	创建矩形；创建平面；"扫描"修改器
难易程度	★★☆☆☆

本案例用矩形、"扫描"修改器和平面制作带造型的背景墙，案例效果和线框效果如图3-254所示。

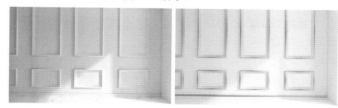

图3-254

01 使用"矩形"工具 矩形 在前视图中绘制一个矩形样条线，设置"长度"为1600mm，"宽度"为800mm，如图3-255所示。这个矩形样条线代表路径。

02 使用"矩形"工具 矩形 创建一个小的矩形样条线，将其转换为可编辑样条线后调整为图3-256所示的形态。这个样条线代表剖面。

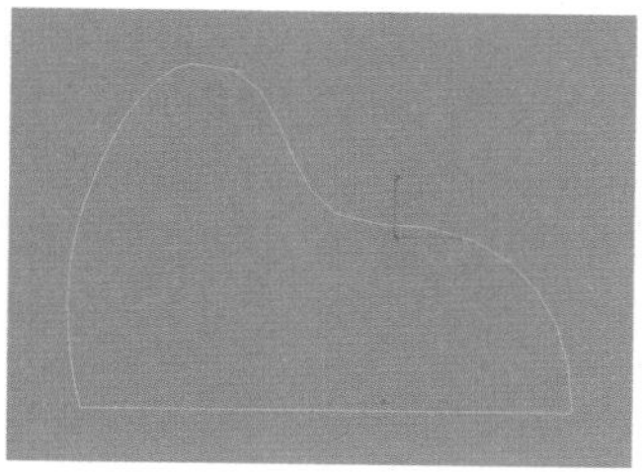

03 选中步骤01中绘制的矩形样条线，为其添加"扫描"修改器，然后在"截面类型"卷展栏中选择"使用自定义截面"选项，接着单击"拾取"按钮 拾取 选择上一步修改后的样条线，如图3-257所示。拾取后的效果如图3-258所示。

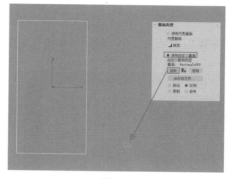
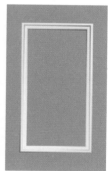

图3-257

图3-258

> ① **技巧提示**
>
> 如果生成的模型方向不对，勾选"XZ平面上的镜像"或"XY平面上的镜像"选项，如图3-259所示，使模型的方向与案例一致。

图3-259

04 使用"矩形"工具 矩形 在生成的模型下方绘制一个矩形样条线，设置"长度"为500mm，"宽度"为800mm，如图3-260所示。

05 按照步骤03的方式为上一步绘制的矩形样条线添加"扫描"修改器，生成的模型如图3-261所示。

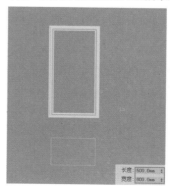
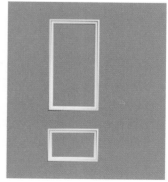

图3-260

图3-261

06 使用"平面"工具 平面 在扫描生成的模型的后方创建一个平面作为墙面，如图3-262所示。

07 使两个扫描生成的模型成组，复制3份后并排，如图3-263所示。

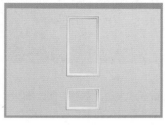 

图3-262　　　　　　　　　　图3-263

> ① 技巧提示
>
> 平面的宽度为3000mm，长度不定。

08 使用"平面"工具 平面 和"长方体"工具 长方体 搭建地面和墙体，效果如图3-264所示。

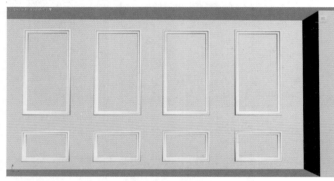

图3-264

09 在左视图中绘制踢脚线的剖面，然后添加"挤出"修改器生成模型，如图3-265和图3-266所示。至此，本案例制作完成。

 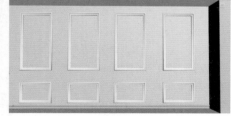

图3-265　　　　　　　图3-266

■ 重点

3.5.5 FFD修改器

FFD是"自由变形"的意思，FFD修改器即"自由变形"修改器。FFD修改器包含5种类型，分别为FFD 2×2×2修改器、FFD 3×3×3修改器、FFD 4×4×4修改器、"FFD（长方体）"修改器和"FFD（圆柱体）"修改器，如图3-267所示。

FFD 2x2x2
FFD 3x3x3
FFD 4x4x4
FFD（圆柱体）
FFD（长方体）

图3-267

由于FFD修改器的使用方法基本相同，因此这里只选择"FFD（长方体）"修改器来进行讲解，参数如图3-268所示。

设置点数 单击该按钮可以打开"设置FFD尺寸"对话框，如图3-269所示。在对话框中可以设置晶格的数量。

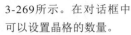

图3-268　　　　　　　　　　图3-269

添加修改器后，对象周围会生成橙色的网格，如图3-270所示。展开修改器，显示控制晶格的子层级，如图3-271所示。

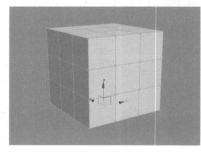 

图3-270　　　　　　　　　图3-271

"控制点"层级 控制晶格上的方形点，如图3-272所示。选中"控制点"之后，用"选择并移动"工具 ✛ 移动控制点能改变对象的形态，如图3-273所示。

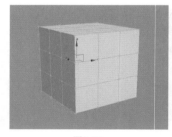 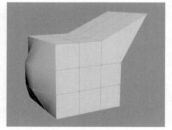

图3-272　　　　　　　　　图3-273

> ① 技巧提示
>
> 对象各个面的分段数不同，晶格所影响的范围也不同。

"晶格"层级 控制整个晶格，如图3-274所示。选中的子层级会显示为浅黄色。

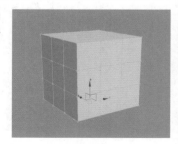

图3-274

重置 如果调整后想将对象还原到初始状态，单击该按钮即可。

案例训练：抱枕模型

案例文件	案例文件>CH03>案例训练：抱枕模型
技术掌握	创建切角长方体；FFD修改器
难易程度	★★☆☆☆

本案例的抱枕模型由切角长方体和FFD修改器共同制作而成，案例效果及线框效果如图3-275所示。

图3-275

01 使用"切角长方体"工具 切角长方体 在场景中创建一个切角长方体模型，设置"长度"为10mm，"宽度"为180mm，"高度"为180mm，"圆角"为5mm，"宽度分段"和"高度分段"都为10，"圆角分段"为3，如图3-276所示。

02 在"修改器列表"中选择FFD 4×4×4修改器，然后切换到"控制点"层级，使用"选择并移动"工具 拖曳控制点的位置，从而改变切角长方体模型的造型，效果如图3-277所示。

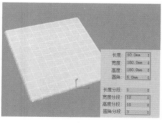

图3-276　　　　　　　图3-277

> ① 技巧提示
>
> 具体调整过程请观看配套教学视频。

03 将制作好的抱枕模型复制一个，案例最终效果如图3-278所示。

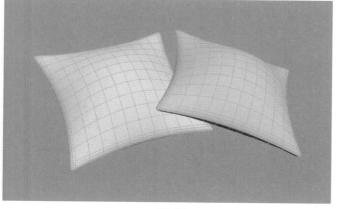

图3-278

3.5.6 "网格平滑"修改器

"网格平滑"修改器可以通过多种方法来平滑场景中的几何体。它允许细分几何体，同时可以使角和边变得平滑，效果和参数如图3-279和图3-280所示。

图3-279

图3-280

"网格平滑"修改器的参数看似很多，但平常用到的却不多。

细分方法 常用的参数之一，它决定对象平滑时的布线以及平滑的效果，有"经典"、NURMS和"四边形输出"3种方法，效果如图3-281所示。一般情况下，使用默认的NURMS细分方法就可以达到理想的效果。

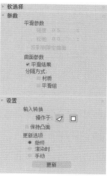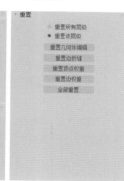

图3-281

迭代次数 控制对象平滑的程度，数值越大，平滑的效果越明显。图3-282所示是"迭代次数"分别为1、2和3时的平滑效果对比。读者需要特别注意，"迭代次数"的数值越大，对象平滑所需时间也越长，计算机产生的消耗也越大，很容易出现卡顿或意外退出的情况，建议该参数数值不要超过3。

图3-282

◎ 知识课堂：平滑类修改器

除了"网格平滑"修改器，3ds Max还提供了"平滑"修改器和"涡轮平滑"修改器，它们都可以实现平滑模型的效果。

这3种平滑类修改器虽然都可以平滑模型，但是在效果和可调性上有差别。

"平滑"修改器的参数比其他两种修改器的参数要简单一些，但是平滑的强度弱，如图3-283所示。

"涡轮平滑"修改器的使用方法与"网格平滑"修改器类似，而且能够更快并更有效率地利用内存。但是"涡轮平滑"修改器在运算时容易发生错误，参数如图3-284所示。

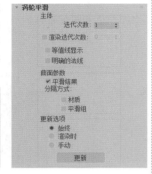

图3-283　　　　　　图3-284

"网格平滑"修改器比其他两种修改器平滑效果更好，且更加稳定，因此在日常制作中使用的频率较高。

♛ 重点

✋ 案例训练：鹅卵石装饰品

案例文件	案例文件>CH03>案例训练：鹅卵石装饰品
技术掌握	创建长方体；FFD修改器；"网格平滑"修改器
难易程度	★★☆☆☆

本案例的鹅卵石模型是由长方体、FFD修改器和"网格平滑"修改器共同制作而成的，案例效果和线框效果如图3-285所示。

图3-285

01 使用"长方体"工具 长方体 在场景中创建一个长方体模型，设置"长度"为130mm，"宽度"为90mm，"高度"为20mm，"长度分段"和"宽度分段"都为6，"高度分段"为2，如图3-286所示。

02 在"修改器列表"中选择FFD 4×4×4修改器，然后在"控制点"层级中调整控制点位置，效果如图3-287所示。

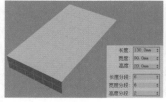

图3-286

图3-287

03 此时模型边缘的棱角较为明显，继续在"修改器列表"中选择"网格平滑"修改器，然后设置"迭代次数"为2，如图3-288所示。

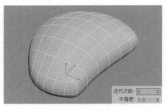

图3-288

◎ 知识课堂：平滑后模型效果不理想的处理方法

使用平滑类修改器后，模型的效果有可能会不理想，遇到这种情况就需要根据平滑后的效果修改原本模型的布线。图3-289所示是长方体模型转角处的边距离过大，造成平滑后转角处过于圆滑。

增加长方体模型的分段数，使转角处的边距离减小，平滑后的转角处就会更加锐利，如图3-290所示。

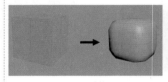
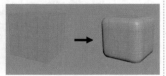

图3-289　　　　　　图3-290

04 使用"长方体"工具 长方体 在模型右上角创建一个小长方体模型，设置"长度"为33.461mm，"宽度"为20mm，"高度"为10mm，"长度分段"和"宽度分段"都为4，"高度分段"为2，如图3-291所示。

05 按照之前的方法，为创建的长方体模型添加FFD 4×4×4修改器和"网格平滑"修改器，效果如图3-292所示。

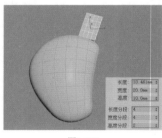
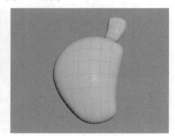

图3-291　　　　　　图3-292

06 将小长方体模型复制4个，然后缩小尺寸并调整造型，效果如图3-293所示，形成脚丫的造型。

07 将制作好的模型整体复制一份，然后旋转180°，案例最终效果如图3-294所示。

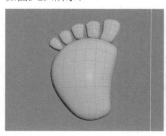
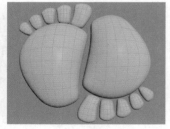

图3-293　　　　　　图3-294

3.5.7 "对称"修改器

"对称"修改器可以将源对象按照对称轴镜像复制,其使用方法与"镜像"工具 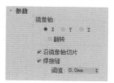 类似,效果和参数如图3-295和图3-296所示。其参数很简单,只用设置"镜像轴",也就是镜像对象的方向即可。

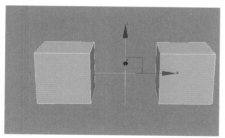

图3-295   图3-296

3.5.8 "噪波"修改器

"噪波"修改器可以让模型起伏变化,从而改变模型的形状,效果和参数如图3-297和图3-298所示。"噪波"修改器在制作地形模型时非常实用,也可以制作水面的波浪效果。

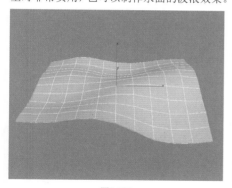

图3-297   图3-298

种子 "噪波"修改器最大的优势是可以形成随机的噪波效果,只需要随意设置一个"种子"数值,系统就能自动生成一种噪波效果。

比例 控制噪波的凹凸程度,当设置的数值较小时,模型的边缘会较锐利,如图3-299所示。

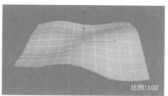

图3-299

分形 勾选该选项后,会激活"粗糙度"和"迭代次数"两个参数,如图3-300所示。在"分形"模式下能生成更加复杂的噪波效果。

图3-300

强度 噪波不仅可以在纵向生成,还可以在横向生成。在"强度"选项组中设置X、Y和Z的数值,就可以控制噪波在各个轴向上的凹凸程度,这在制作水面模型时非常实用。

动画噪波 勾选该选项后可以制作噪波动画,如水面的波纹移动等效果。

案例训练:地形模型

案例文件	案例文件>CH03>案例训练:地形模型
技术掌握	创建平面;"噪波"修改器
难易程度	★★☆☆☆

本案例的地形模型由平面和"噪波"修改器共同制作而成,案例效果和线框效果如图3-301所示。

图3-301

01 使用"平面"工具 平面 在场景中创建一个平面模型作为地面,设置"长度"和"宽度"都为500mm,"长度分段"和"宽度分段"都为40,如图3-302所示。

图3-302

① 技巧提示

噪波的效果与模型的布线密度有关。模型布线过少,会形成较为尖锐的噪波。

02 在"修改器列表"中选择"噪波"修改器,设置"种子"为55,然后勾选"分形"选项,设置"粗糙度"为0.9,"迭代次数"为1.7,Z为56.705mm,如图3-303所示。调整后的地面效果如图3-304所示。

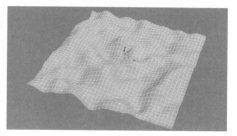

图3-303   图3-304

03 在场景中找到一个合适的角度，形成地形的效果，如图3-305所示。至此，本案例制作完成。

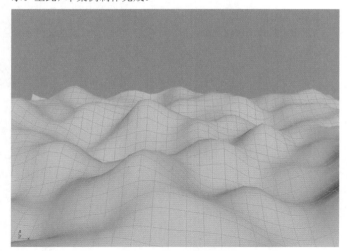

图3-305

♛重点

3.5.9 "壳"修改器

"壳"修改器可以为单面模型添加相反的面，从而增加模型的厚度，效果和参数如图3-306和图3-307所示。"壳"修改器在日常制作中使用的频率比较高，在制作灯罩、布料时会用到。

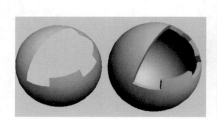

图3-306

图3-307

内部量/外部量 控制模型从原始位置向内移动或向外移动的距离，也就是模型的厚度，如图3-308所示。

图3-308

分段 控制模型生成的厚度的分段数。

3.5.10 Array修改器

Array（阵列）修改器可以让选中的对象进行多样化的复制。在3ds Max 2024中该修改器进行了更新，添加了新的功能，效果和参数如图3-309和图3-310所示。

图3-309

图3-310

分布 系统提供了5种阵列方法，可以在"栅格"所在的下拉列表中进行选择，如图3-311所示。"栅格"会生成直线型的复制效果，"径向"会生成圆形的复制效果，"样条曲线"会拾取绘制的样条线按路径复制，"曲面"则是拾取曲面并在其表面进行复制，Phylotaxis是3ds Max 2024新加入的阵列方法，它们的效果如图3-312所示。

图3-311

图3-312

计数X 调整"计数X"的数值就可以更改复制的对象在x轴上的个数，如图3-313所示。

图3-313

计数Y/计数Z 调整这两个参数的数值也可以在对应的轴向上更改复制对象的个数，如图3-314所示。

偏移/间距 这两个参数都用于控制复制对象之间的距离。

图3-314

> ⓘ 技巧提示
>
> 参数"偏移""间距"在"相对偏移"模式下才会出现，展开"相对偏移"所在的下拉列表，还可以选择"总尺寸"和"填充"两个模式，如图3-315所示。

图3-315

总尺寸 当选择"总尺寸"模式时，下方的参数会切换为"计数"和"宽度"，如图3-316所示。

计数/宽度 "计数"与之前一样，控制相同轴向上的复制个数，而"宽度"是指复制对象整体的固定长度，在这个长度内，只能改变复制的个数，不能调整间距，如图3-317所示。

图3-316

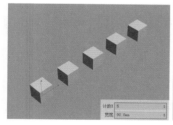 

图3-317

填充 当选择"填充"模式时，下方的参数会变成"宽度"、"偏移"和"间距"，如图3-318所示。

宽度/偏移/间距 "宽度"控制复制对象整体的长度，"偏移"和"间距"控制在相同的长度内复制对象的个数和距离，如图3-319所示。在这个模式下不能直接控制复制的数量。

 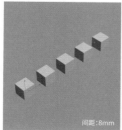 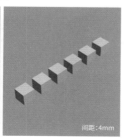

图3-318　　　　　图3-319

3.6 可编辑多边形

可编辑多边形可以单独编辑点、线和面，从而实现更加丰富的建模效果。

3.6.1 转换可编辑多边形

可编辑多边形无法直接创建，需要利用基础建模模型进行转换。转换可编辑多边形的方法有3种，如图3-320所示。

转换可编辑多边形的方法

⌄

右键菜单转换　"编辑多边形"修改器　修改器堆栈

图3-320

第1种 在模型上单击鼠标右键，然后在弹出的菜单中选择"转换为">"转换为可编辑多边形"命令，如图3-321所示。这种方法是日常制作中使用频率最高的，但缺点是转换后的对象无法还原为参数对象。

第2种 为模型加载"编辑多边形"修改器，如图3-322所示。这种方法的好处是保留了对象之前的参数，同时可以进行多边形编辑。

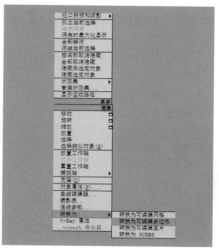 

图3-321　　　　　图3-322

第3种 在修改器堆栈中选中模型，然后单击鼠标右键，在弹出的菜单中选择"可编辑多边形"命令，如图3-323所示。这种方法使用的频率不高，读者了解即可。

图3-323

3.6.2 选择

"选择"卷展栏中的工具与选项主要用来访问可编辑多边形子对象级别以及快速选择子对象，如图3-324所示。

图3-324

> ① **技巧提示**
>
> 按键盘上的1~5键会依次在"顶点"到"元素"层级间切换。

单击该按钮后，对象的线框上会出现蓝色的点，选中的点会显示为红色，如图3-325所示。

单击该按钮后，对象上只会显示白色线框，选中的边会显示为红色，如图3-326所示。

图3-325

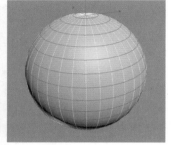

图3-326

当对象存在缺口时，单击该按钮可以选中缺口处的一系列边，形成一个完整的循环，如图3-327所示。

单击该按钮后，对象上仍然显示白色的线框，选中的多边形会显示为红色，如图3-328所示。

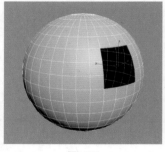

图3-327

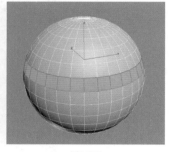

图3-328

单击该按钮可以一次性选中所有连续的多边形，如图3-329所示。

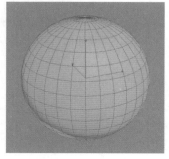

图3-329

忽略背面 在日常操作时，本来只需要选中正面的点、边或多边形，但在选完后，会发现模型背面的部分也会被选中。遇到这种情况，就需要勾选"忽略背面"选项，这样在视口中不能直接看到的部分就不会被选中。

环形 / **循环** 如果要连续选中循环的边，逐一选择会很麻烦，但选中其中一条边后单击"环形"按钮或"循环"按钮，就能实现连续选择的效果，如图3-330所示。

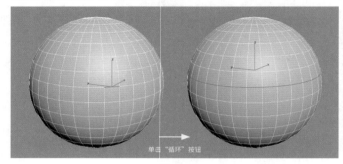

图3-330

> ① **技巧提示**
>
> 在"点"和"多边形"层级中，不能使用"环形"或"循环"快速选择连续的点和多边形。在一些旧版本中，按住Shift键可以实现循环选择，但在2024版本中无法实现。

3.6.3 编辑几何体

"编辑几何体"卷展栏中的工具适用于所有层级，用于全局修改可编辑多边形几何体，如图3-331所示。

图3-331

塌陷 将选中的顶点在它们的中心进行焊接，形成一个单独的顶点，如图3-332所示。

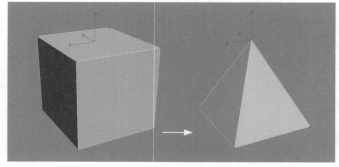

图3-332

分离 能将选中的多边形单独分离为一个元素，常用在需要为一个对象赋予多个材质时，如图3-333所示。

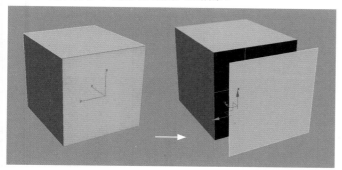

图3-333

切片平面 在模型上添加循环的分段线。

快速切片 在模型任意位置添加线段。

3.6.4 编辑顶点

进入可编辑多边形的"顶点"层级后，"修改"面板中会增加一个"编辑顶点"卷展栏，如图3-334所示。这个卷展栏中的工具全部是用来编辑顶点的。

移除 单击该按钮，可以将可编辑多边形上选中的顶点移除，从而适当改变多边形对象的形状。

图3-334

> ◉ 知识课堂：移除顶点与删除顶点的区别
>
> 移除顶点和删除顶点所呈现的效果是完全不同的。
>
> **移除顶点** 选中一个或多个顶点以后，单击"移除"按钮 移除 或按Backspace键即可移除顶点，但面仍然存在，如图3-335所示。移除顶点可能导致网格严重变形。
>
>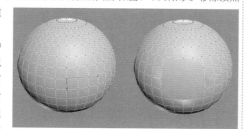
>
> **删除顶点** 选中一个或多个顶点以后，按Delete键可以删除顶点，同时也会删除连接到这些顶点的面，如图3-336所示。
>
> 图3-335
>
>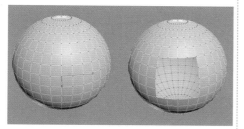
>
> 图3-336

挤出 使用较多的工具，可以将选中的顶点向外或向内挤出，如图3-337所示。如果要精确设置挤出的高度和宽度，可以单击后面的"设置"按钮，然后在视口中的"挤出顶点"面板中输入数值，如图3-338所示。

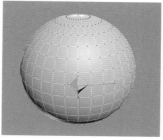

图3-337　　　　　　　图3-338

切角 可以为选中的顶点进行切角操作，如图3-339所示。

连接 可以在选中的两个顶点之间添加线段，如图3-340所示。

图3-339　　　　　　　图3-340

3.6.5 编辑边

进入可编辑多边形的"边"层级后，"修改"面板中会增加一个"编辑边"卷展栏，如图3-341所示。这个卷展栏中的工具全部是用来编辑边的。"编辑边"卷展栏与"编辑顶点"卷展栏中的工具大多相同，用法也类似。

图3-341

插入顶点 单击该按钮后，可以在对象上的任意位置添加新的顶点。

挤出 使用频率很高，单击该按钮后直接拖曳鼠标就可以向外或向内挤出边，也可以单击右侧的"设置"按钮设置具体的参数，如图3-342和图3-343所示。

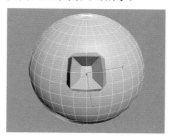

图3-342　　　　　　　图3-343

切角 也是建模过程中使用频率很高的工具，可以将尖锐的边角转换为平滑的圆角，如图3-344所示。

连接 该工具对创建或细化边循环特别有用。图3-345所示是选中圆柱体模型上的两条竖向边后使用"连接"工具 **连接** 生成的横向的边。

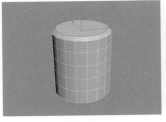
图3-344

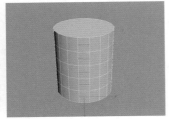
图3-345

利用所选内容创建图形 可以将复杂的边框样式独立生成为样条线。生成的样条线有两种形式：当选择"平滑"时生成平滑后的样条线，如图3-346所示；当选择"线性"时生成与模型布线完全相同的样条线，如图3-347所示。

图3-346

图3-347

👆 重点
3.6.6 编辑多边形

进入可编辑多边形的"多边形"层级 ■ 后，"修改"面板中会增加一个"编辑多边形"卷展栏，如图3-348所示。这个卷展栏中的工具全部是用来编辑多边形的。

图3-348

> ⓘ **技巧提示**
>
> 在一些教程中为了方便理解，会把多边形叫作面。在本书的案例中也会将一部分多边形叫作面，方便读者理解。

挤出 "多边形"层级 ■ 中依然有"挤出"工具，这个工具的使用频率非常高，不仅可以向外挤出，还可以向内挤出，如图3-349和图3-350所示。

图3-349

图3-350

轮廓 将选择的多边形放大或缩小，功能类似于"选择并均匀缩放"工具 ■，效果如图3-351所示。

插入 建模过程中使用频率很高的工具之一，可以将选中的多边形向内或向外进行没有高度的倒角，如图3-352所示。

翻转 可以将选定的多边形的法线方向进行翻转，翻转后的多边形颜色会变深，如图3-353所示。

图3-351

图3-352

图3-353

> ⓘ **技巧提示**
>
> 读者在渲染一些添加了"VRay污垢"贴图的白模场景时，如果发现个别对象呈现全黑的效果，那么一定是这个对象的法线方向朝内所致，需要将法线进行翻转。

👆 重点
🖐 案例训练：布艺双人床

案例文件	案例文件>CH03>案例训练：布艺双人床
技术掌握	可编辑多边形
难易程度	★ ★ ★ ☆ ☆

本案例的双人床模型是用多边形建模技术制作而成的，案例效果如图3-354所示。

图3-354

01 使用"长方体"工具 **长方体** 在视口中创建一个长方体模型，然后设置"长度"为2000mm，"宽度"为2300mm，"高度"为400mm，如图3-355所示。

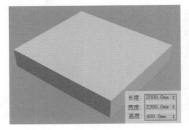
图3-355

02 选中上一步创建的长方体模型,单击鼠标右键,在弹出的菜单中选择"转换为">"转换为可编辑多边形"命令,如图3-356所示。

03 进入"边"层级 ,选中图3-357所示的边,单击"连接"按钮 连接 添加一条循环边,并将其移动到图3-358所示的位置。

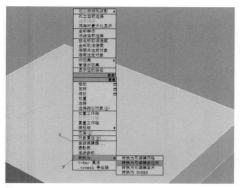

图3-356

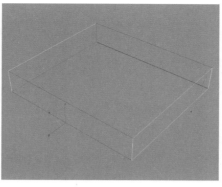

图3-357

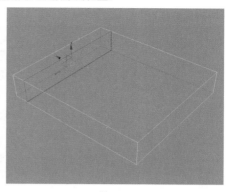

图3-358

> ① **技巧提示**
>
> 选中边后单击鼠标右键,在弹出的菜单中选择"连接"命令也可以实现相同的效果。

04 切换到"多边形"层级 ,选中图3-359所示的面,单击"挤出"工具 挤出 右侧的"设置"按钮 ,将其向上挤出600mm,如图3-360所示。

05 选中图3-361所示的面,单击"插入"按钮 插入 右侧的"设置"按钮 ,将其向内插入50mm,如图3-362所示。

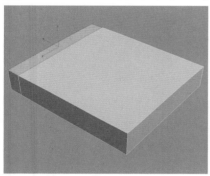

图3-359

图3-360

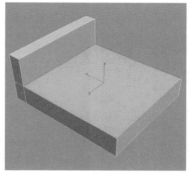

图3-361

图3-362

06 保持选中的面不变,使用"挤出"工具 连接 将其向下挤压100mm,如图3-363所示。

07 切换到"边"层级 ,选中图3-364所示的边,使用"连接"工具 连接 添加两条循环边,如图3-365所示。

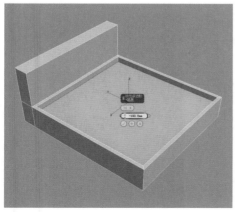

图3-363

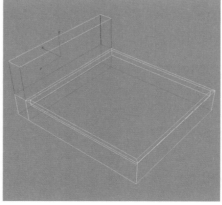

图3-364

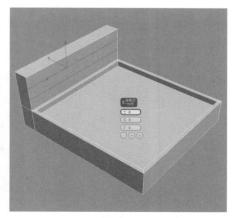

图3-365

> ① **技巧提示**
>
> 单击"连接"按钮 连接 后默认只添加一条循环边,单击旁边的"设置"按钮 可以输入边的数量。

08 调整床头靠背，形成上小下大的造型，如图3-366所示。

09 布艺床的边缘会较为圆滑，没有尖锐的棱角。选中模型边缘的边，如图3-367所示，单击"切角"按钮 切角 右侧的"设置"按钮□，设置"边切角量"为20mm，"连接边-分段"为2，如图3-368所示。

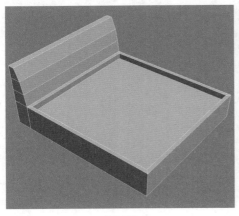
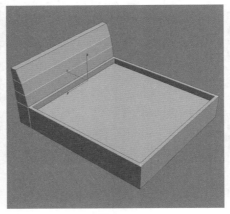
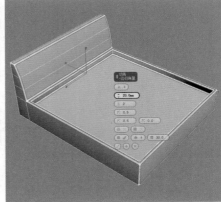

图3-366   图3-367   图3-368

10 新建一个切角长方体模型，设置"长度"为1900mm，"宽度"为1950mm，"高度"为300mm，"圆角"为60mm，"圆角分段"为3，如图3-369所示。

11 新建一个平面模型，设置"长度"为2300mm，"宽度"为650mm，"长度分段"为10，如图3-370所示。

12 将平面模型转换为可编辑多边形，在"点"层级 中调整其造型，效果如图3-371所示。

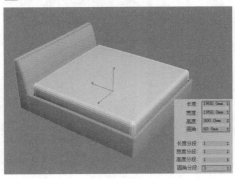
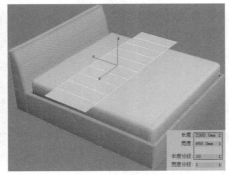
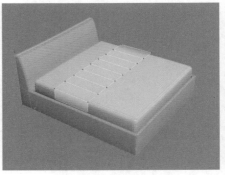

图3-369   图3-370   图3-371

13 为平面模型添加"壳"修改器，设置"外部量"为10mm，"分段"为2，如图3-372所示。这样平面模型就有了厚度，更接近实际的布料。

14 在平面模型的"边"层级 < 中选中横向的边，使用"连接"工具 连接 添加4条边，如图3-373所示。

15 在平面模型上继续添加"网格平滑"修改器，并将修改器放置在"壳"修改器的下方，如图3-374所示。此时平面模型的边缘会变得平滑，呈现出类似于柔软布料的效果，如图3-375所示。

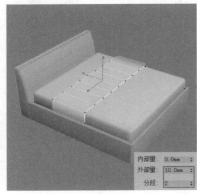
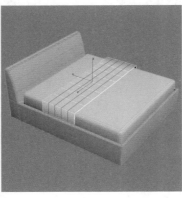

图3-372   图3-373   图3-374   图3-375

疑难问答：为何要将"网格平滑"修改器放在"壳"修改器下方？

如果将"网格平滑"修改器放在"壳"修改器的上方，模型的边缘会变形，如图3-376所示。为了得到更好的效果，这一步灵活调整了修改器的顺序。

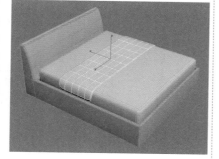

图3-376

16 将布料模型复制一份，移动到床尾，并在"可编辑多边形"中调整模型的长度和宽度，效果如图3-377所示。

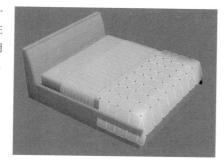

图3-377

17 观察模型会发现边缘转折位置的线不够，不能制作出更加真实的布料效果。使用"连接"工具 连接 在转折位置添加新的边并调整造型，效果如图3-378所示。

图3-378

18 返回"壳"修改器，查看模型细分并加厚的效果，如图3-379所示。

图3-379

疑难问答：有没有更加简便的制作布料的方法？

运用"第10章 动画技术"中的mCloth修改器就能更加简便地生成更真实的布料模型。比起多边形建模，动力学碰撞生成的布料会更加自然。除了mCloth修改器，3ds Max还有丰富的插件，读者利用网上查找到的布料类的插件也可以快速生成布料。

重点

案例训练：护肤品组合

案例文件	案例文件>CH03>案例训练：护肤品组合
技术掌握	可编辑多边形
难易程度	★★★☆☆

本案例中的3个护肤品模型可以通过圆柱体和长方体进行制作，案例效果如图3-380所示。

图3-380

01 使用"长方体"工具 长方体 在场景中创建一个长方体模型，然后设置"长度"和"宽度"为60mm，"高度"为150mm，"长度分段"和"宽度分段"都为2，如图3-381所示。

02 将上一步创建的模型转换为可编辑多边形，然后进入"顶点"层级，选中底部的点，如图3-382所示，使用"选择并均匀缩放"工具 将其缩小，形成八边形，如图3-383所示。

图3-381　　　　　　图3-382　　　　　　图3-383

技巧提示

洁面乳瓶底部是圆形，顶部是方形，长方体模型通过点的缩放形成八边形底部后就能形成大致的洁面乳瓶模型形态。在Cinema 4D和Blender中有能一步将方形变成圆形的工具，读者可以在网络上查找3ds Max的类似插件。

03 选中模型顶部的点将其缩小，形成压扁的形态，如图3-384所示。

04 选中模型底部的所有点，将其整体缩小，模型的整体形态就更接近洁面乳瓶，如图3-385所示。

图3-384　　　　　　图3-385

05 在"多边形"层级 ■ 中选中顶部的面,如图3-386所示,使用"挤出"工具 挤出 将其向外挤出10mm,如图3-387所示。

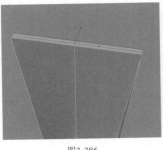
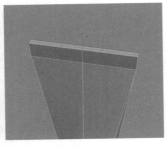

图3-386　　　　　　　　　图3-387

06 在"边"层级 ◿ 中使用"连接"工具 连接 为模型添加两条循环边,然后调整模型的形态,使其边缘略带弧度,如图3-388和图3-389所示。

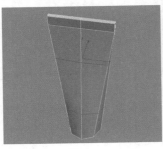
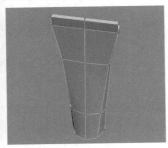

图3-388　　　　　　　　　图3-389

07 在"多边形"层级 ■ 中选中图3-390所示的面,使用"插入"工具 插入 将其向内插入2mm,如图3-391所示。

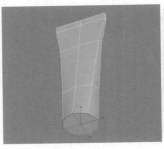

图3-390　　　　　　　　　图3-391

08 保持选中的面不变,使用"挤出"工具 挤出 将其向下挤出20mm,如图3-392所示。

09 保持选中的面不变,继续使用"挤出"工具 挤出 将其向下挤出5mm,如图3-393所示。

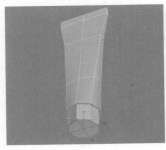

图3-392　　　　　　　　　图3-393

10 选中图3-394所示的边,使用"切角"工具 切角 切角0.5mm,如图3-395所示。

图3-394　　　　　　　　　图3-395

11 选中切角后生成的边将其向内缩小形成缝隙,如图3-396所示。

12 选中模型拐角处的边进行倒角,效果如图3-397所示。

图3-396　　　　　　　　　图3-397

> ① **技巧提示**
> 具体操作过程请读者观看教学视频。

13 在模型上添加"网格平滑"修改器,平滑后的模型就会变得圆润,如图3-398所示。上一步在拐角处的边切角是为了加固模型,使其不会产生过大的形变。

14 现有的模型有些高,不太符合真实比例。在"选择"卷展栏中选择"顶点"层级 ∴,调整模型的高度,效果如图3-399所示。

图3-398　　　　　　　　　图3-399

15 制作爽肤水瓶。新建一个圆柱体模型,具体参数设置如图3-400所示。

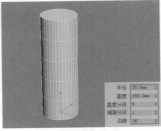

图3-400

16 将圆柱体模型转换为可编辑多边形，然后选中图3-401所示的边，使用"切角"工具 切角 切角1.5mm，如图3-402所示。

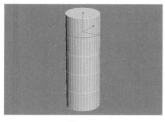 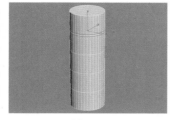

图3-401 　　　　　　　　 图3-402

17 选中图3-403所示的面，使用"挤出"工具 挤出 将其向内挤出2mm，如图3-404所示。

 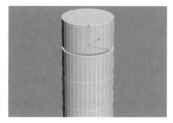

图3-403 　　　　　　　　 图3-404

> ① **技巧提示**
>
> 　　向内挤出模型时需要选择"局部法线"模式，以默认的模式挤出会出现问题。

18 调整挤出后形成凹槽的边的位置，形成带有坡度的效果，如图3-405所示。

19 选中模型顶部和底部的边，使用"切角"工具 切角 切角1.5mm，效果如图3-406所示。

图3-405 　　　　　　　　 图3-406

20 选中凹槽处的边，使用"切角"工具 切角 切角0.5mm，如图3-407所示。爽肤水瓶的模型创建完成。

21 面霜瓶模型的做法非常简单。将爽肤水瓶模型复制一份，然后在"顶点"层级 中调整模型的高度，效果如图3-408所示。

图3-407 　　　　　　　　 图3-408

22 使用"选择并均匀缩放"工具 将面霜瓶模型沿着xy平面放大，使其半径比爽肤水瓶大一些，如图3-409所示。

23 将洁面乳模型与其他两个模型摆在一起，并适当调整3个模型的比例，案例最终效果如图3-410所示。

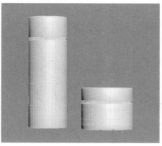 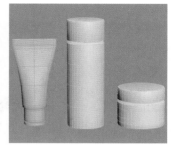

图3-409 　　　　　　　　 图3-410

👑 重点

✋ **案例训练：卡通兔子**

案例文件	案例文件>CH03>案例训练：卡通兔子
技术掌握	可编辑多边形
难易程度	★★★☆☆

本案例的卡通兔子模型是由可编辑多边形制作而成的，案例效果如图3-411所示。

图3-411

01 使用"长方体"工具 长方体 在场景中新建一个长方体模型，然后设置"长度""宽度""高度"都为100mm，如图3-412所示。

02 在长方体模型上添加"网格平滑"修改器，设置"迭代次数"为2，长方体就会变成球体，如图3-413所示。

 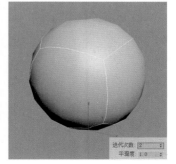

图3-412 　　　　　　　　 图3-413

03 选中球体模型，将其转换为可编辑多边形，如图3-414所示。与默认创建的球体模型不同，用长方体模型转换而成的球体模型布线都为四边面，方便后续制作。

04 使用"选择并均匀缩放"工具🔲将球体模型沿着z轴缩小，如图3-415所示，然后删除一半模型，如图3-416所示。

图3-414　　　　　　图3-415　　　　　　图3-416

① **技巧提示**

兔子模型是对称的，只需要做一半，另一半可通过"对称"修改器复制得到。

05 选中图3-417所示的多边形，使用"插入"工具 插入 将其向内插入5mm，如图3-418所示。

 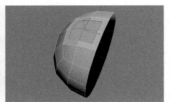

图3-417　　　　　　　　　图3-418

06 保持选中的多边形不变，使用"挤出"工具 挤出 将其向上挤出50mm作为兔子模型的耳朵部分，如图3-419所示。

07 选中耳朵部分顶部和底部的边，沿着y轴将其压扁一些，如图3-420所示。

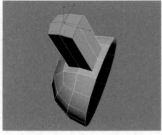 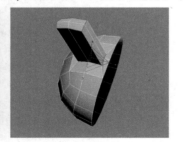

图3-419　　　　　　　　　图3-420

08 选中图3-421所示的多边形，使用"插入"工具 插入 将其向内插入3mm，如图3-422所示。

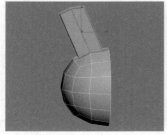 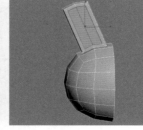

图3-421　　　　　　　　　图3-422

09 保持选中的多边形不变，使用"挤出"工具 挤出 将其向内挤压3mm，如图3-423所示。

10 在"顶点"层级🔳中调整耳朵部分点的位置，形成上大下小的样式，如图3-424所示。

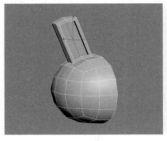 

图3-423　　　　　　　　　图3-424

11 选中头部底部的多边形，如图3-425所示，使用"挤出"工具 挤出 将其向下挤出5mm，如图3-426所示。

12 保持挤出面的选中状态，使用"选择并均匀缩放"工具🔳将其缩小压平，如图3-427所示。

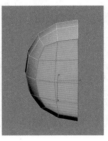  

图3-425　　　　　　图3-426　　　　　　图3-427

① **技巧提示**

压平这些多边形后，需要将内侧多余的面删掉，如图3-428所示。不删除这些多余的面，后续制作会产生问题。

图3-428

13 在挤出的部分添加一条分段线，并将其压平为直线，如图3-429所示。

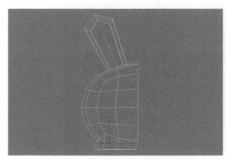

图3-429

14 选中图3-430所示的多边形，使用"挤出"工具 挤出 将其向外挤出5mm，效果如图3-431所示。

图3-430　　　　　　　　　图3-431

> ① **技巧提示**
>
> 挤出多边形时，模式要选择"局部法线"。

15 选中图3-432所示的多边形，使用"挤出"工具 挤出 将其向下挤出80mm，如图3-433所示。

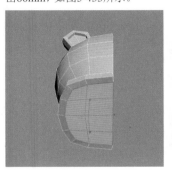

图3-432　　　　　　　　　图3-433

16 将挤出模型底部的点放大，形成兔子模型的身体部位，如图3-434所示。

17 在"边"层级 ◁ 中使用"连接"工具 连接 在身体部位添加4条循环边，如图3-435所示。这4条循环边代表胳膊和腿的位置。

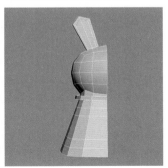

图3-434　　　　　　　　　图3-435

> ① **技巧提示**
>
> 放大底部的点后，需要保证中间的点呈一条直线。

18 选中图3-436所示的多边形，使用"插入"工具 插入 将其向内插入1mm，如图3-437所示。

图3-436

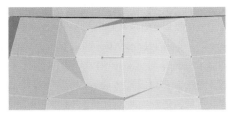

图3-437

19 选中插入多边形4个角上的点，将其向内收缩形成八边形，如图3-438所示。

图3-438

> ① **技巧提示**
>
> 调整为八边形是为了让后面挤出的胳膊模型更加均匀，添加"网格平滑"修改器后能形成圆柱形效果。

20 选中图3-439所示的多边形，使用"挤出"工具 挤出 将其向外挤出60mm并向下移动，如图3-440所示。

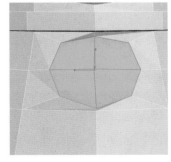
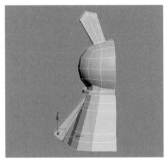

图3-439　　　　　　　　　图3-440

21 在挤出的胳膊模型上添加3条循环边，然后调整边的位置，使胳膊模型变得粗细均匀，如图3-441所示。

22 选中胳膊模型底部中心的点向下移动，使模型底部呈圆弧状，如图3-442所示。

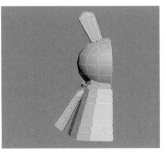
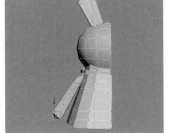

图3-441　　　　　　　　　图3-442

23 选中图3-443所示的多边形，使用"插入"工具 插入 将其向内插入1mm，如图3-444所示。插入的多边形将作为腿的位置。

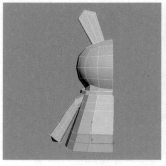
图3-443

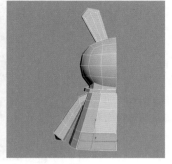
图3-444

24 按照制作胳膊的思路，将腿部位置的多边形调整为八边形，如图3-445所示。

25 选中腿部位置的多边形，将其向外挤出20mm，并向下移动一些，旋转挤出多边形，如图3-446所示。

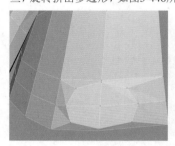
图3-445

图3-446

26 保持挤出多边形的选中状态，继续使用"挤出"工具 挤出 将其向下挤出30mm，如图3-447所示。

27 选中腿部底部中心的点向下移动，使模型底部呈圆弧状，如图3-448所示。

图3-447

图3-448

28 兔子模型的一半做完了，选中中心位置的所有点，将其调整在一条直线上，如图3-449所示。

> ① 技巧提示
>
> 　　如果对称位置的内部还有多余的面，需要将其删除。

图3-449

29 在模型上添加"对称"修改器，设置"镜像轴"为X，并勾选"翻转"选项，就能制作出模型另一半，如图3-450所示。

30 现有模型还很粗糙，继续添加"网格平滑"修改器，生成圆润的模型效果，如图3-451所示。

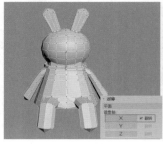
图3-450

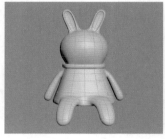
图3-451

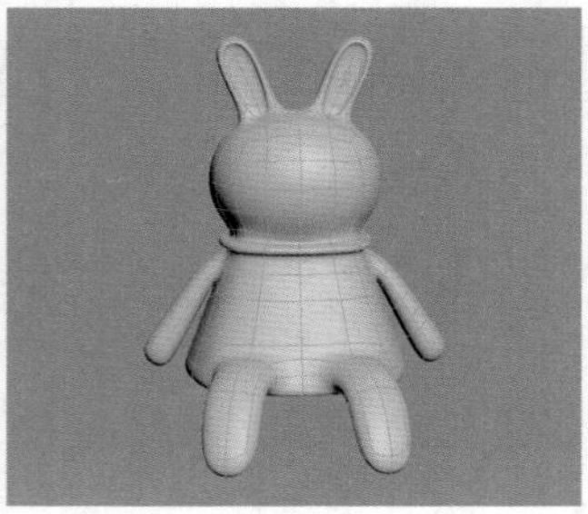

31 根据平滑后的模型效果调整模型局部的细节，使其更加自然，如图3-452所示。

32 创建两个"半径"为4.5mm的球体模型作为兔子模型的眼睛，如图3-453所示。

图3-452

图3-453

33 使用"线"工具 线 绘制兔子模型的嘴巴，如图3-454所示。

34 在"渲染"卷展栏中勾选"在视口中启用"和"在渲染中启用"选项，并设置"厚度"为0.5mm，样条线变成有厚度的实体模型，如图3-455所示。

图3-454

图3-455

35 调整模型的整体细节，案例最终效果如图3-456所示。

> ① 技巧提示
>
> 　　读者可以在现有模型的基础上添加其他装饰元素，也可以制作一个小场景。

图3-456

学后训练：游戏公告牌

案例文件	案例文件>CH03>学后训练：游戏公告牌
技术掌握	可编辑多边形
难易程度	★★★☆☆

公告牌是游戏场景中常见的道具，本案例需要用多边形建模的方法制作一个公告牌模型，案例效果如图3-457所示。

图3-457

3.7 综合训练营

我们已经学习了常用的基础建模工具和多边形建模，下面将这些技能应用在实际的建模中。日常工作中的建模大致可以分成3种类型，分别是产品建模、室内场景建模和室外建筑建模。下面通过4个案例介绍建模的不同思路和技巧。

综合训练：小风扇模型

案例文件	案例文件>CH03>综合训练：小风扇模型
技术掌握	多边形建模；修改器建模
难易程度	★★★★☆

手持小风扇是日常常见的小电器，本案例根据参考图制作风扇模型。模型由前后盖、扇叶、手柄和底座4个部分组成，案例效果如图3-458所示。

图3-458

1.前后盖

01 使用"圆柱体"工具 圆柱体 在前视图中创建一个圆柱体模型，具体参数如图3-459所示。

02 使用"长方体"工具 长方体 创建一个长方体模型作为前后盖上的栅格，具体参数如图3-460所示。

图3-459 　　　　　　　图3-460

03 在长方体模型上添加"弯曲"修改器，将弯曲的中心移动到长方体模型与圆柱体模型相接的位置，如图3-461所示。

04 在长方体模型上继续添加"网格平滑"修改器，使模型边缘变得圆滑，如图3-462所示。

05 在"层次"面板中使用"仅影响轴"工具 仅影响轴 将弯曲的立方体模型坐标中心移动到圆柱体模型的中心位置，如图3-463所示。

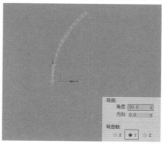  

图3-461 　　　　图3-462 　　　　图3-463

06 在长方体模型上添加Array修改器，形成围绕圆柱体模型旋转一圈的效果，如图3-464所示。

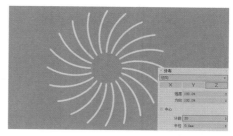

图3-464

07 使用"管状体"工具 管状体 在外侧创建一个管状体模型作为外框，具体参数如图3-465所示。

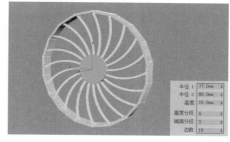

图3-465

08 在管状体模型上添加"网格平滑"修改器，使模型的边角变得圆滑，如图3-466所示。

09 将所有模型整体复制一份，镜像到后方形成后盖，如图3-467所示。

10 缩短后盖外框"高度"为8mm，效果如图3-468所示。

图3-466　　　　　图3-467　　　　　图3-468

11 修改后方栅格模型的"长度"为75mm，"弯曲"修改器的"角度"为62，"方向"为90，形成向内弯曲的效果，为内部扇叶留出空间，如图3-469所示。

12 移动后盖中心的圆柱体模型到栅格模型底部的位置，如图3-470所示。

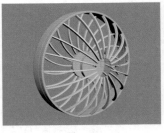
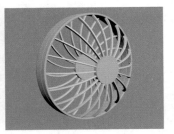

图3-469　　　　　　　　图3-470

2.扇叶

01 选中后盖上的圆柱体模型，将其转换为可编辑多边形，然后选中图3-471所示的多边形，使用"插入"工具 插入 将其向内插入2mm，如图3-472所示。

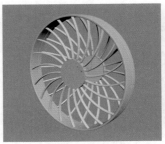
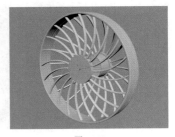

图3-471　　　　　　　　图3-472

02 保持选中的多边形不变，使用"挤出"工具 挤出 将其向外挤出20mm，如图3-473所示。

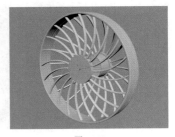

图3-473

03 保持选中的多边形不变，继续使用"挤出"工具 挤出 将其向外挤出5mm，如图3-474所示。

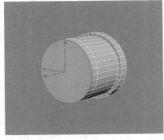

> ① **技巧提示**
> 按快捷键Alt+Q可以孤立显示模型，方便观察、制作细节。

图3-474

04 选中图3-475所示的多边形，使用"挤出"工具 挤出 将其向外挤出3mm，如图3-476所示。

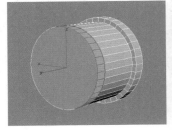
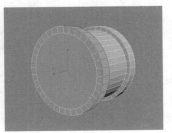

图3-475　　　　　　　　图3-476

05 选中图3-477所示的边，使用"切角"工具 切角 切角1mm，如图3-478所示。

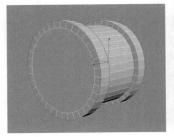
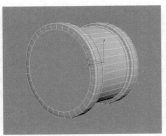

图3-477　　　　　　　　图3-478

06 在模型上添加"网格平滑"修改器，原本还有些棱角的模型变得圆滑，如图3-479所示。

07 使用"长方体"工具 长方体 在场景中创建一个长方体模型作为扇叶的雏形，具体参数如图3-480所示。

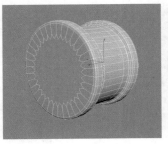
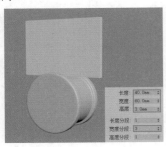

图3-479　　　　　　　　图3-480

> ? **疑难问答**：添加"网格平滑"修改器前为何还要切角？
> 步骤05中的切角操作是为了在转角周围添加足够的边，以免平滑后模型出现较大的形变。

08 将上一步创建的长方体模型转换为可编辑多边形，调整为扇叶的形状，如图3-481所示。

09 在模型上添加"弯曲"修改器，设置"角度"为25，"弯曲轴"为X，使其呈现稍微向中间弯曲的效果，使形状更接近扇叶，如图3-482所示。

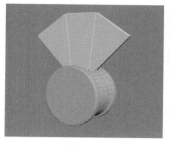 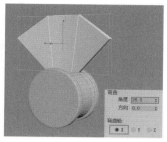

图3-481   图3-482

10 在模型上添加"网格平滑"修改器，扇叶模型的边缘会被平滑，效果如图3-483所示。

11 观察平滑后的模型，会发现模型的边缘呈现显著的变形效果。返回"编辑边"层级，在侧面添加一条循环边，如图3-484所示。平滑后的效果如图3-485所示。

图3-483   图3-484   图3-485

12 将扇叶模型向一侧旋转10°，如图3-486所示，然后将扇叶模型的轴点中心移动到圆柱体模型的中心，旋转复制出另外3个扇叶模型，如图3-487所示。

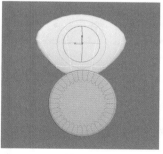 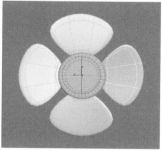

图3-486   图3-487

13 取消隐藏，显示所有模型，观察到扇叶的模型有些偏小，如图3-488所示。选中4个扇叶模型将其整体放大，效果如图3-489所示。

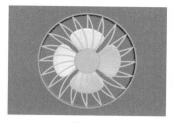 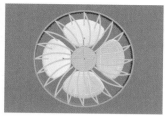

图3-488   图3-489

14 观察模型侧面会发现放大后的扇叶会穿过后盖。调整后盖的宽度，使其包裹扇叶，效果如图3-490所示。

15 选中后盖的栅格模型，单击鼠标右键，在弹出的菜单中选择"转换为可编辑多边形"命令，此时模型上加载的修改器将全部消失，如图3-491所示。

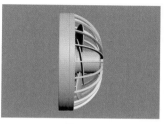 

图3-490   图3-491

16 选中后盖底部3个栅格模型将其删除，如图3-492所示，然后新建一个长方体模型放在删除后留下的空隙位置，如图3-493所示。

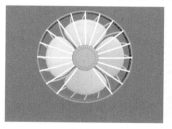 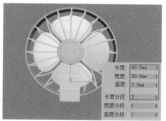

图3-492   图3-493

17 将上一步创建的模型转换为可编辑多边形，调整模型正面的形状，如图3-494所示。

18 在侧面调整模型，形成弯曲效果，如图3-495所示。

19 在模型中心添加一条边，然后按照后盖的弧度调整模型边缘的形状，如图3-496所示。

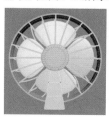  

图3-494   图3-495   图3-496

20 选中模型边缘的边，使用"切角"工具 切角 切角1mm，如图3-497所示。

21 在模型上添加"网格平滑"修改器，让存在棱角的模型变得平滑，如图3-498所示。

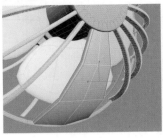

图3-497　　　　　　　　图3-498

3.手柄

01 手柄模型呈圆柱体形态。新建一个圆柱体模型，具体参数设置如图3-499所示。

> ① **技巧提示**
>
> 　　将圆柱体模型"边数"设置为8是为了后面在进行多边形建模时，模型更加简化，操作也会更加容易。

图3-499

02 将圆柱体模型转换为可编辑多边形，在"边"层级 中添加两条循环边，如图3-500所示。

03 选中图3-501所示的面，使用"插入"工具 插入 将其向内插入10mm，如图3-502所示。

图3-500　　　　　　图3-501　　　　　　图3-502

04 在"顶点"层级 中调整插入的面边缘点的位置，使其成为圆形，如图3-503所示。

05 选中图3-504所示的面，使用"插入"工具 插入 将其向内两次插入1mm，如图3-505所示。

图3-503　　　　　　图3-504　　　　　　图3-505

06 选中图3-506所示的面，使用"挤出"工具 挤出 将其向内挤出1mm，如图3-507所示。

07 选中图3-508所示的点，将其向外移动一些，形成弧面效果。

图3-506　　　　　　图3-507　　　　　　图3-508

08 现有的缝隙有些宽，选中图3-509所示的边，将其向外放大一些，如图3-510所示。

09 选中边缘的边进行切角，设置切角量为0.1mm，如图3-511所示。这样手柄上的按钮就制作完成了。

图3-509　　　　　　图3-510　　　　　　图3-511

> ② **疑难问答：现有模型的按钮部分不够圆滑怎么办？**
>
> 　　在建模的最后添加"网格平滑"修改器平滑棱角，按钮部分会变成圆形。

10 从侧面观察模型，会看到手柄模型与后盖之间还存在很大的空隙，如图3-512所示。选中手柄模型顶部的点，向上移动，与后盖相接，如图3-513所示。

图3-512　　　　　　图3-513

11 选中顶部的边，如图3-514所示，使用"切角"工具 切角 切角0.5mm，如图3-515所示。

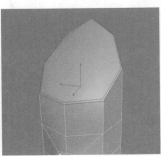

图3-514　　　　　　　　　图3-515

12 在手柄模型上添加"网格平滑"修改器，模型整体变得平滑，如图3-516所示。观察模型会发现，手柄模型的底部过于圆滑。

13 返回"边"层级，选中手柄模型底部的边，使用"切角"工具 切角 切角0.5mm，如图3-517所示。平滑后的效果如图3-518所示。

图3-516 　　　　　　　图3-517 　　　　　　　图3-518

4.底座

01 新建圆柱体模型，设置"半径"为45mm，"高度"为-30mm，"边数"为8，将其放在手柄模型的下方，如图3-519所示。

02 将圆柱体模型转换为可编辑多边形，选中顶部的面，如图3-520所示，使用"插入"工具 插入 将其向内插入20mm，如图3-521所示。

图3-519 　　　　　　　图3-520 　　　　　　　图3-521

> ① **技巧提示**
>
> 插入后形成的面只要比手柄模型底部的面略大即可。

03 保持选中的面不变，使用"挤出"工具 挤出 将其向下挤出20mm，如图3-522所示。

04 选中圆柱体模型边缘的边，使用"切角"工具 切角 切角0.5mm，如图3-523所示。

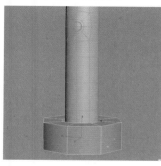 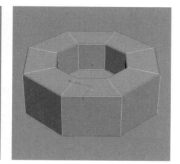

图3-522 　　　　　　　　　　　图3-523

05 在模型上添加"网格平滑"修改器，将模型平滑，效果如图3-524所示。

06 调整模型的整体细节，模型最终效果如图3-525所示。

图3-524 　　　　　　　　　　　图3-525

👑 重点

综合训练：房间框架模型

案例文件	案例文件>CH03>综合训练：房间框架模型
技术掌握	导入CAD文件；"挤出"修改器；多边形建模
难易程度	★★★★☆

本案例是在导入的CAD文件的基础上完成建模，案例效果如图3-526所示。

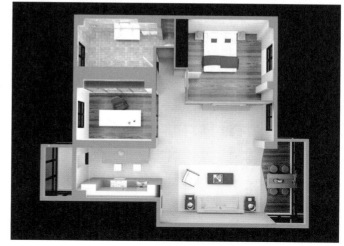

图3-526

1.导入CAD文件

01 执行"文件">"导入">"导入"命令，在弹出的"选择要导入的文件"对话框中导入本书学习资源"案例文件>CH03>综合训练：房间框架模型"文件夹中的01.dwg文件，如图3-527和图3-528所示。

图3-527 　　　　　　　　　　　图3-528

在导入CAD文件时，系统会弹出导入选项的对话框，勾选"焊接附近顶点"选项即可，如图3-529所示。

图3-529

02 全选导入的CAD文件中的图形，然后删除多余的节点，并使其成组，放置于坐标原点，如图3-530所示。

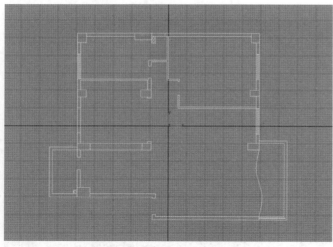

图3-530

对象还原坐标原点的方法很简单。鼠标右键单击"选择并移动"按钮 ✛，弹出"移动变换输入"窗口，如图3-531所示，将"绝对：世界"选项组中参数的数值全部设置为0，选择的对象就会自动还原到坐标原点。

还有一种快速的方法。在弹出的窗口中，鼠标右键单击输入框右边的箭头，数值会自动设置为0，如图3-532所示。

图3-531

图3-532

03 选中CAD图形，单击鼠标右键，在弹出的菜单中选择"冻结当前选择"命令，如图3-533所示，将CAD图形冻结。

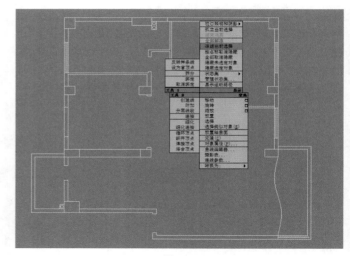

图3-533

冻结的CAD图形不会被选中，因此也不会因其他操作而出现移动、旋转和缩放等情况。只有解冻后，才能重新对其进行编辑。这样做是为了避免后期进行绘制墙体等步骤时误操作。

2.墙体和地面

01 使用"线"工具 线 绘制墙体轮廓，如图3-534所示，在绘制时要开启"捕捉开关" ⚏，并调整为2.5D模式。

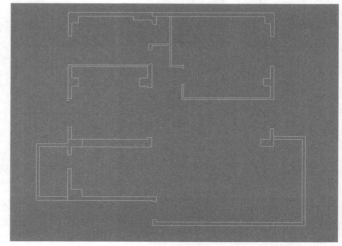

图3-534

如果开启"捕捉开关"后没有办法捕捉冻结的对象，则需要使用鼠标右键单击"捕捉开关"按钮 ⚏，在弹出的"栅格和捕捉设置"面板中切换到"选项"选项卡，勾选"捕捉到冻结对象"选项，如图3-535所示，这样就可以捕捉冻结的CAD图形。

图3-535

02 选中绘制的墙体样条线，为其加载"挤出"修改器，并向上挤出2800mm，如图3-536所示。

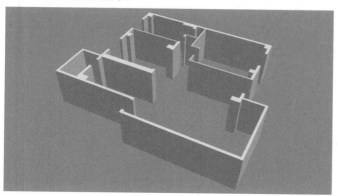

图3-536

> ① 技巧提示
>
> 图纸没有立面图，只有平面图，因此无法明确墙体的准确高度。根据日常生活中的墙体高度标准，家装墙体高度一般在2600mm~3000mm，这里取中间值2800mm。

03 按照平面图用"线"工具 线 绘制地面与地台的轮廓，如图3-537所示。

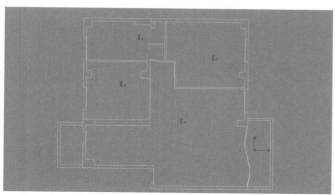

图3-537

04 选中地面样条线，将其转换为可编辑多边形，此时样条线就转换为多边形面片，如图3-538所示。

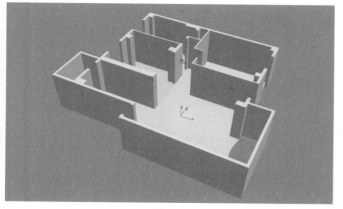

图3-538

05 选中地台的样条线，将其向上挤出220mm，如图3-539所示。

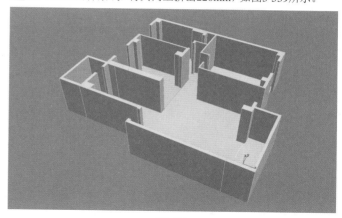

图3-539

> ① 技巧提示
>
> 常见的地台高度在100mm~300mm。

3.窗洞和门洞

01 用"矩形"工具 矩形 沿着平面图绘制出窗洞的轮廓，如图3-540所示。

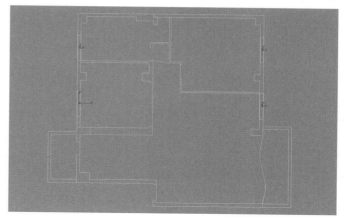

图3-540

02 将绘制的窗洞轮廓向上挤出800mm制作出窗台，如图3-541所示。

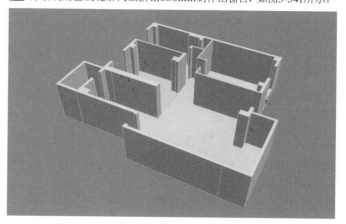

图3-541

03 将制作的窗台模型向上复制，并调整挤出的高度为300mm，如图3-542所示。

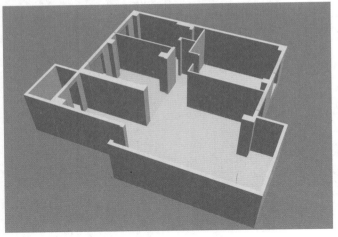

图3-542

04 按照制作窗洞的方法制作出门洞，如图3-543所示。

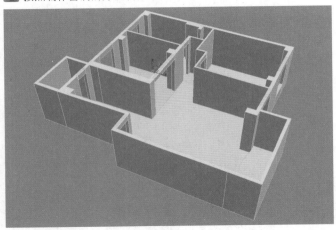

图3-543

05 阳台和地台边的窗户是整体的落地窗，现有的模型是按照墙体进行制作的。将阳台和地台边的窗户高度设置为300mm，如图3-544所示。

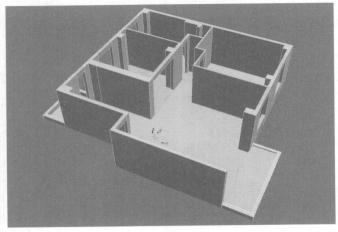

图3-544

06 将修改后的墙体向上复制，与屋顶齐平，如图3-545所示。

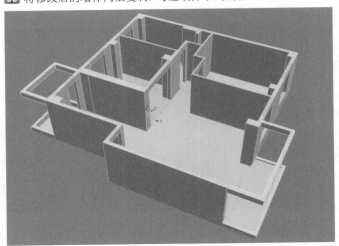

图3-545

ⓘ 技巧提示

　　窗洞的另一种做法是将原有的墙体转换为可编辑多边形后进行编辑，留出窗户的大小。

07 使用"平面"工具 平面 创建一个平面作为屋顶，房间框架模型最终效果如图3-546所示。

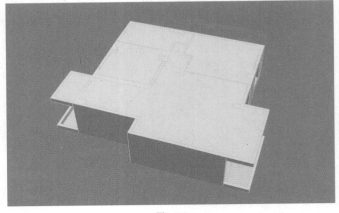

图3-546

🔗 知识链接

　　常见的室内模型尺寸请参阅"附录B 常用模型尺寸表"。

👑 重点

⊗ 综合训练：别墅模型

案例文件	案例文件>CH03>综合训练：别墅模型
技术掌握	图片建模；"挤出"修改器；多边形建模
难易程度	★★★★☆

　　图片建模对制作者的要求比较高，是快速提高建模水平的有效方法。制作者需要对一张图片中的物体结构进行分析，制作出相对符合比例的模型。这不仅是对制作者观察力的考验，还是对场景制作手法的锻炼，案例效果如图3-547所示。

图3-547

1.观察参考图

01 打开本书学习资源"案例文件>CH03>综合训练：别墅模型"文件夹中的1.jpg文件，如图3-548所示，这是要建模的别墅的正面图片。通过观察参考图得知，别墅由两部分组成，一部分是左侧的白色房子，即别墅的主楼，可以由长方体模型编辑得到。另一部分是右侧黄色房子，即别墅的门厅，也可以由长方体模型编辑得到。

图3-548

02 打开本书学习资源中的2.jpg文件，如图3-549所示，这是别墅的侧面图。侧面图能印证我们对正面参考图的猜测，还能让我们观察到主楼顶部的窗户结构。有了这些信息之后，我们就能按照参考图进行建模。

图3-549

2.别墅主楼

01 通过对参考图的分析，我们知道别墅主楼模型可以由长方体模型变形得到。新建一个长方体模型，具体参数如图3-550所示。

> ① **技巧提示**
>
> 因为没有精确的CAD图纸，这里的模型参数仅供参考，读者也可以按照个人理解自定义参数。

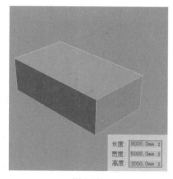

图3-550

02 将上一步创建的长方体模型转换为可编辑多边形，选中顶部的面，使用"挤出"工具 挤出 将其向上挤出3000mm，如图3-551所示。

> ① **技巧提示**
>
> 一般楼层的层高为3000mm，从参考图中可以预估主楼大概为两层。通过挤出操作能确定两层楼的分布。

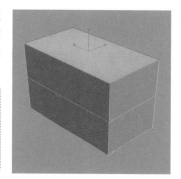

图3-551

03 切换到"边"层级 ，在顶部添加一条边，如图3-552所示，然后将其向上移动，形成房顶，如图3-553所示。

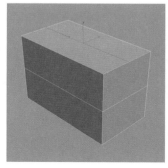

图3-552

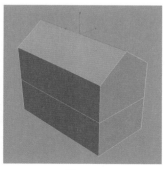

图3-553

04 在房顶的左侧添加一条边，如图3-554所示，然后在模型左侧添加6条边，分割出侧面窗户的区域，如图3-555所示。

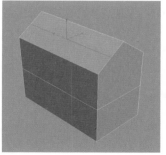

图3-554

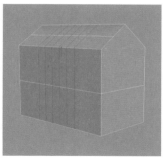

图3-555

05 使用"连接"工具 连接 在第二层的位置添加一条循环边，分割出正面窗户的底部，如图3-556所示。

06 选中图3-557所示的面，使用"插入"工具 插入 将其向内插入500mm，如图3-558所示。这样就分割出了正面窗户的区域。

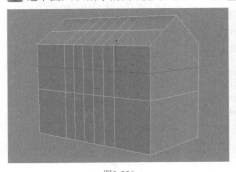
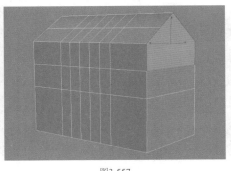
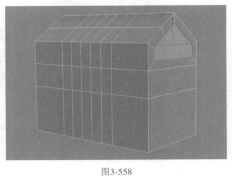

图3-556 　　　　　　　　　　　　　图3-557 　　　　　　　　　　　　　图3-558

07 保持选中的面不变，使用"挤出"工具 挤出 将其向内挤出150mm，如图3-559所示。

08 选中图3-560所示的面，同样将其向内挤出150mm，如图3-561所示。

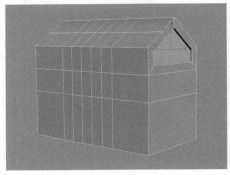
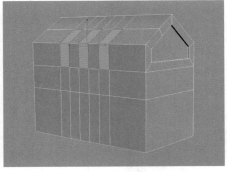
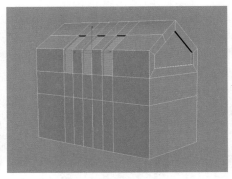

图3-559 　　　　　　　　　　　　　图3-560 　　　　　　　　　　　　　图3-561

09 使用"连接"工具 连接 在第一层的位置分别添加两条横向和竖向的边，如图3-562和图3-563所示，分割出正面窗户的区域。

10 选中图3-564所示的面，使用"挤出"工具 挤出 将其向内挤出150mm，如图3-565所示。这样第一层正面的窗子就完成了。

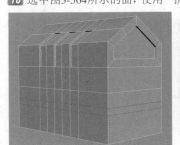
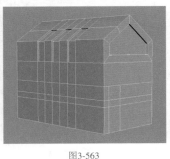
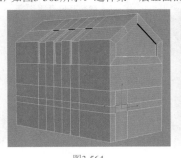
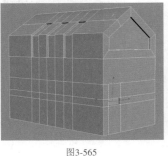

图3-562 　　　　　　　图3-563 　　　　　　　图3-564 　　　　　　　图3-565

11 观察侧面的参考图，发现在主楼底部有黑色向内凹陷的地基部分，如图3-566所示。选中主楼底面，如图3-567所示，使用"插入"工具 插入

将其向内插入300mm，然后使用
"挤出"工具 挤出 将其向下挤出
300mm，如图3-568所示。

> ① **技巧提示**
>
> 地基的高度是由旁边的台阶高度确定的。台阶的高度一般在200mm~300mm，读者按照这个范围取值即可。

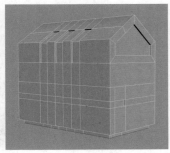

图3-566 　　　　　　　图3-567 　　　　　　　图3-568

12 别墅主楼大致完成，还剩下窗框部分没有制作。选中正面的大窗户的面，使用"插入"工具 插入 将其向内插入50mm，如图3-569所示。

13 选中图3-570所示的面，将其向内挤出50mm，如图3-571所示。

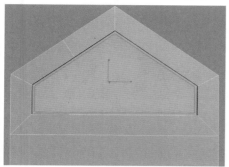

图3-569

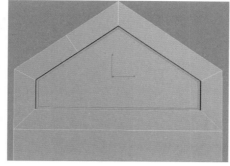

图3-570

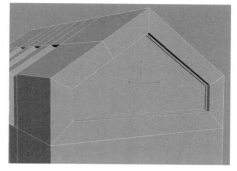

图3-571

14 创建5个高度不等的长方体模型放在窗户的外侧，如图3-572所示。

15 按照步骤12和步骤13的方法，制作出其他窗户的窗框，如图3-573和图3-574所示。

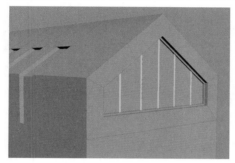

图3-572

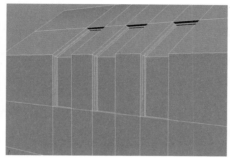

图3-573

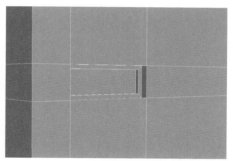

图3-574

16 观察正面的参考图，会发现房顶的另一侧也有相同样式的窗户，如图3-575所示。按照相同的方法制作出另一侧的窗户，如图3-576所示。

图3-575

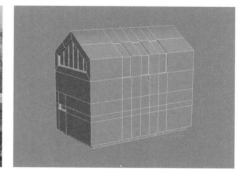

图3-576

3.门厅

01 观察正面参考图，大致可以确定门厅是一个L形的长方体模型。新建一个长方体模型，具体参数如图3-577所示。

02 对比参考图会发现主楼模型第二层要高一些，需要将第二层的高度降低，同时增加主楼模型的宽度，使其右侧边缘与长方体模型中线对齐，如图3-578所示。

> ① **技巧提示**
>
> 图片建模时模型比例与真实比例有差异是很正常的，根据参考图一边建模一边调整，就能使模型比例更接近真实比例。

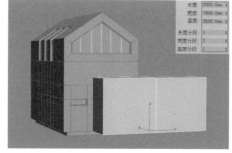

图3-577

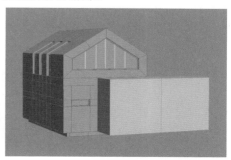

图3-578

03 将创建的长方体模型转换为可编辑多边形，选中图3-579所示的面，使用"挤出"工具 挤出 将其向后挤出6500mm，如图3-580所示。

> **① 技巧提示**
>
> 没有背面的参考图，挤出的长度可以较为随意。读者也可以将挤出的长度设置为与主楼的长度一致。

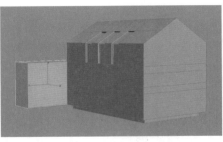
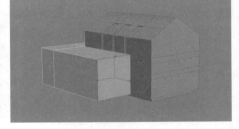

图3-579　　　　　　　　　　　　　　图3-580

04 在正面添加一条边，确定门洞的高度，如图3-581所示，然后添加4条竖向的边，确定门洞的宽度，如图3-582所示。

05 选中门洞的面，使用"挤出"工具 挤出 将其向内挤出50mm，如图3-583所示。

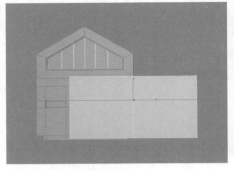
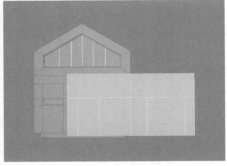
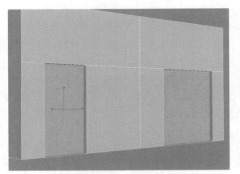

图3-581　　　　　　　　　图3-582　　　　　　　　　图3-583

06 将挤出的面删除，并删除地面多余的面，如图3-584所示。

07 删除后会发现模型内部显示为黑色。选中除侧面墙体外的面，单击"多边形"层级 ■ 中的"翻转"按钮 翻转 ，将法线翻转，如图3-585所示。

> **① 技巧提示**
>
> 现有的模型都是单面，没有厚度。通过翻转面的法线达到视觉上正取的效果，被遮挡的面法线相反也不影响后续制作。

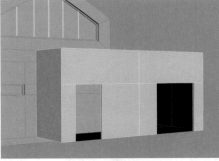
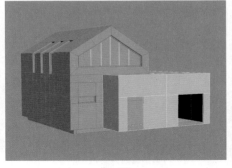

图3-584　　　　　　　　　　　　　图3-585

08 使用"矩形"工具 矩形 沿着门洞绘制一个矩形样条线作为门框，勾选"在渲染中启用"和"在视口中启用"两个选项，并设置"长度"和"宽度"都为50mm，如图3-586所示。

09 将门框模型复制一份移动到前方，缩小宽度为原来的一半，效果如图3-587所示。

10 使用"平面"工具 平面 创建两个大小不等的平面模型作为玻璃，如图3-588所示。

11 按照相同的方法制作另一侧的门框和窗户，如图3-589所示。

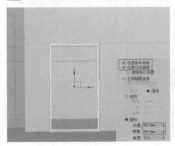
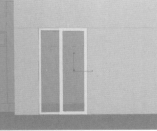

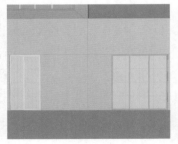

图3-586　　　　　　图3-587　　　　　　图3-588　　　　　　图3-589

12 新建一个长方体模型，放置在门厅模型的前方，具体参数如图3-590所示。

13 将长方体模型转换为可编辑多边形，在右侧边缘添加一条循环边，如图3-591所示。

14 选中长方体模型右侧底部的面，使用"挤出"工具 挤出 将其向下挤出，与门厅的地面齐平，如图3-592所示。

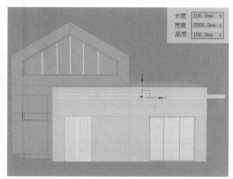

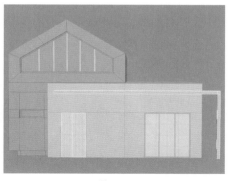

| 图3-590 | 图3-591 | 图3-592 |

15 将制作好的模型向前复制9个，中间留有一定的空隙，如图3-593所示。根据正面的参考图，调整模型右侧的边缘与门厅右侧边缘齐平。

16 创建一个长方体模型，放在栅格模型的下方，如图3-594所示。

17 将长方体模型复制5个，均匀摆放在栅格模型下方，如图3-595所示。

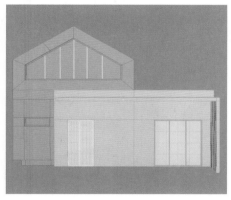

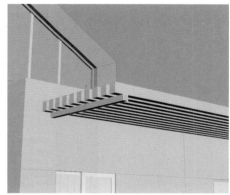

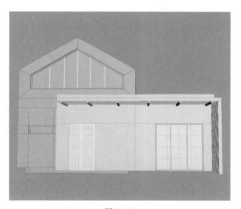

| 图3-593 | 图3-594 | 图3-595 |

> ⚠ 技巧提示
>
> 在复制时选择"实例"选项可以统一调整模型的宽度。

18 新建一个长方体模型，放在门厅模型下方作为台阶，如图3-596所示。

19 将长方体模型转换为可编辑多边形，在侧面添加一条循环边，如图3-597所示。

20 选中长方体模型正面下半部分，使用"挤出"工具 挤出 将其向外挤出500mm，如图3-598所示。至此，别墅模型创建完成。

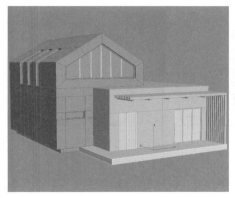

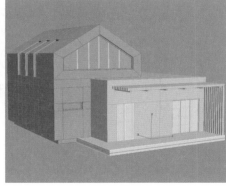

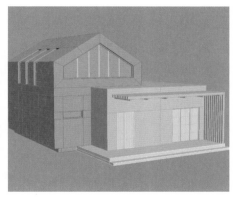

| 图3-596 | 图3-597 | 图3-598 |

👑 重点

综合训练：制作可乐罐模型

案例文件	案例文件>CH03>综合训练：制作可乐罐模型
技术掌握	导入参考图；多边形建模
难易程度	★★★★☆

本案例中的可乐罐模型是通过视口中导入的参考图制作的，案例效果如图3-599所示。

图3-599

1.导入参考图

01 打开一个空白场景，然后切换到顶视图，并按快捷键Alt+B打开"视口配置"对话框，如图3-600所示。

图3-600

02 在"视口配置"对话框中选择"使用文件"选项，然后在下方选择"匹配渲染输出"选项，加载本书学习资源中的01.jpg文件，如图3-601所示，视口效果如图3-602所示。

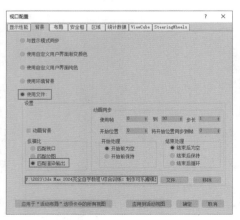

图3-601

图3-602

03 按照相同的方法在前视图中加载本书学习资源中的02.jpg文件，视口效果如图3-603所示。

图3-603

04 按快捷键Alt+B打开"视口设置"对话框，将"纵横比"设置为"匹配视口"或"匹配位图"，效果如图3-604和图3-605所示。

图3-604　　　　　　　图3-605

05 无论选择哪种模式，可乐罐的贴图都不能准确显示。遇到这种情况，需要按照参考图的像素比例建立一个平面模型，然后将参考图赋予模型，如图3-606所示。

06 将前视图切换为底视图，然后导入本书学习资源中的03.jpg文件，视口效果如图3-607所示。

图3-606

图3-607

> ① **技巧提示**
>
> 底视图中的参考图略带透视，建模时不必完全按照图片大小建模。

2.罐身

01 参考图导入后，下面进行罐身建模。在前视图中使用"线"工具 线 绘制可乐罐的剖面，如图3-608所示。

图3-608

02 选中上一步绘制的剖面，加载"车削"修改器，效果如图3-609所示，透视视图中的效果如图3-610所示。

图3-609 图3-610

03 将生成的可乐罐模型转换为可编辑多边形，然后根据底视图中的参考图选中图3-611所示的多边形。

图3-611

04 保持选中的多边形不变，使用"挤出"工具 挤出 将其向内挤出一定距离，如图3-612所示。将挤出的多边形缩小，如图3-613所示。

图3-612 图3-613

05 按照相同的方法继续挤出并缩小多边形，如图3-614所示。

图3-614

06 切换到顶视图，按照参考图选中图3-615所示的多边形，并使用"挤出"工具 挤出 将其向内挤出一定距离，如图3-616所示。

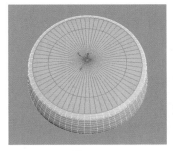
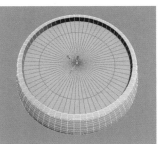

图3-615 图3-616

3.拉环

01 进入"边"层级 ，使用"连接"工具 连接 在模型顶部添加一圈分段线，如图3-617和图3-618所示。

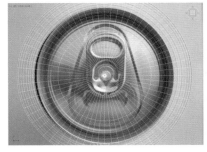

图3-617 图3-618

02 进入"多边形"层级 ，选中图3-619所示的多边形，使用"挤出"工具 挤出 将其向上挤出一定距离，如图3-620所示。

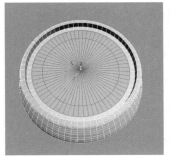
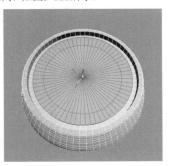

图3-619 图3-620

03 进入"顶点"层级，根据顶视图的参考图调整模型布线，如图3-621和图3-622所示。

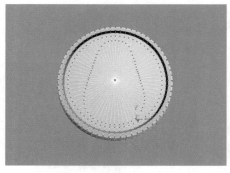
图3-621　　　　　　　　　图3-622

04 选中调整好造型的多边形，使用"挤出"工具 挤出 将其向下挤出一定距离，如图3-624所示。

05 保持选中的多边形不变，使用"选择并均匀缩放"工具 将其向内缩小一点，如图3-625所示。

06 使用"圆柱体"工具 圆柱体 创建一个"边数"为10的圆柱体模型，如图3-626所示。

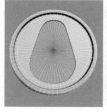
图3-624
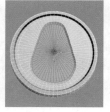
图3-625
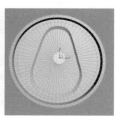
图3-626

07 将上一步创建的模型转换为可编辑多边形，然后按照顶视图中的参考图调整模型造型，如图3-627和图3-628所示。

图3-627
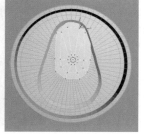
图3-628

08 调整拉环模型的布线，形成带空隙的效果，如图3-629所示。

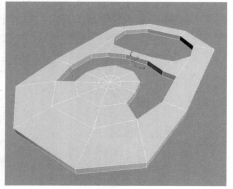
图3-629

09 选中拉环边缘的边，如图3-630所示，使用"切角"工具 切角 切角，如图3-631所示。

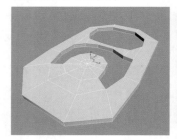
图3-630
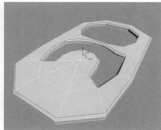
图3-631

10 为制作好的拉环模型添加"网格平滑"修改器，然后设置"迭代次数"为2，如图3-632所示。

11 为罐身模型也加载"网格平滑"修改器，将拉环模型和罐身模型拼合，最终效果如图3-633所示。

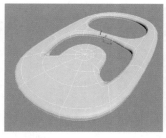
图3-632

图3-633

① 技巧提示

② 疑难问答

◎ 知识课堂

✎ 知识链接

第4章 摄影机技术

📷 基础视频：14集　　📷 案例视频：13集　　🕐 视频时长：84分钟

　　摄影机可以从搭建好的场景中取景，通过呈现不同的视角来表现创作者的用意。摄影机除了可以取景，还可以呈现景深、运动模糊等特殊镜头效果，以满足不同的画面需求。

学习重点 🔍

学完本章能做什么

　　学完本章之后，读者可以掌握常用摄影机的创建和使用方法，熟悉场景的构图以及一些特殊镜头效果的制作方法。

4.1 常用的摄影机工具

3ds Max的摄影机工具由内置的标准摄影机和VRay渲染器的摄影机组成，如图4-1所示。

常用的摄影机工具

物理摄影机	目标摄影机	VRay 物理摄影机
模拟单反相机效果（3ds Max 内置摄影机）	操作简单（3ds Max 内置摄影机）	模拟单反相机效果（VRay 渲染器自带摄影机）

图4-1

👑 重点

4.1.1 物理摄影机

物理摄影机是模拟单反相机效果的摄影机，操作相对复杂，但能模拟较为真实的镜头效果，效果和参数如图4-2和图4-3所示。摄影机由摄影机和目标点两部分组成。目标点是确定景深和运动模糊效果的关键点。

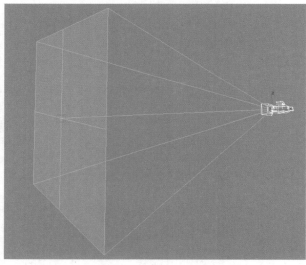

图4-2

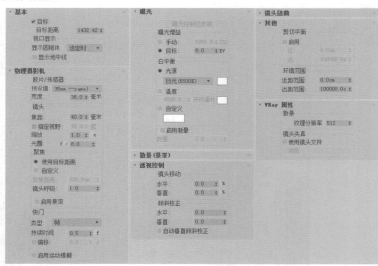

图4-3

摄影机呈现的效果由"焦距""光圈""快门""曝光"共同决定。

焦距 决定了画面的大小。数值越小，画面包含的内容越多，也就是广角效果；数值越大，画面包含的内容就越少，如图4-4所示。

焦距:30毫米

焦距:40毫米

图4-4

光圈 决定画面亮度的因素之一，同时也是影响景深强弱的重要因素。"光圈"的数值越大，画面亮度越低，图4-5所示是光圈分别为4和8时的效果。勾选"启用景深"选项后，画面会根据目标点的位置形成模糊效果，图4-6所示是"光圈"分别为2和8时的景深效果。可以明显观察到，"光圈"的数值越小，景深的模糊效果越明显。

图4-5

图4-6

快门 是决定画面亮度的因素之一，同时也是影响运动模糊效果的重要因素。在相同的"光圈"数值下，"快门"的数值越大，代表进光量越多，画面也就越亮，图4-7所示是"快门"为0.1f和1f时的对比效果。

图4-7

曝光 有两种曝光增益方式，一种是ISO，另一种是EV。ISO是胶片或传感器的敏感度，数值越大，画面越亮，图4-8所示是ISO为600和1200时的对比效果。EV曝光方式则相反，图4-9所示是EV为8和9时的对比效果，可以明显观察到数值越大，画面越暗。

图4-8

图4-9

启用渐晕 如果想模拟暗角效果，需要勾选该选项，效果如图4-10所示。下方的"数量"设置得越大，暗角效果会越明显。

图4-10

在一些广角效果的场景中，会观察到画面边缘的对象出现变形，这时候只需要勾选"自动垂直倾斜校正"选项，就可以将变形校正。

🖐 重点

🖐 案例训练：创建物理摄影机

案例文件	案例文件>CH04>案例训练：创建物理摄影机
技术掌握	物理摄影机
难易程度	★★☆☆☆

本案例用洗手台测试物理摄影机的效果，案例效果如图4-11所示。

01 打开本书学习资源"案例文件>CH04>案例训练：创建物理摄影机"文件夹中的"练习.max"文件，如图4-12所示。

02 在"创建"面板中选中"摄影机"，然后单击"物理"按钮 物理 在顶视图中拖曳出一台摄影机，如图4-13所示。

图4-11

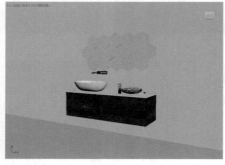

图4-12

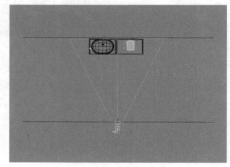

图4-13

03 切换到前视图，调整摄影机的高度，如图4-14所示。

04 按C键切换到摄影机视图，效果如图4-15所示。

① 技巧提示

在左视图中同样可以确定摄影机的高度。

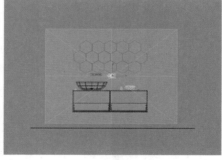

图4-14

图4-15

05 选中摄影机，然后在"修改"面板中设置"焦距"为36毫米，"光圈"为4，"曝光增益"为800 ISO，如图4-16所示。

06 在主工具栏上单击"渲染产品"按钮 ，场景渲染效果如图4-17所示。

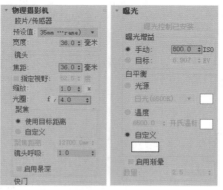

图4-16

图4-17

🖐 重点

4.1.2 目标摄影机

目标摄影机可以查看目标点周围的区域，它比自由摄影机更容易定向，因为目标摄影机只需将目标对象定位在所需位置的中心，效果和参数如图4-18和图4-19所示。

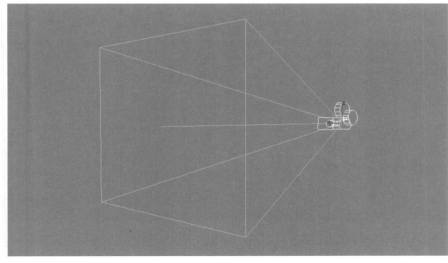

图4-18

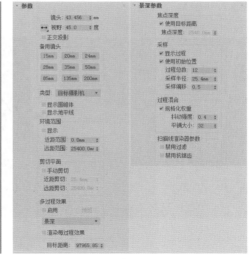

图4-19

目标摄影机的操作与物理摄影机相比要简单得多，很适合新手使用。一般来说，只需要设置"镜头"的数值即可使用。"镜头"即摄影机的焦距，单位是mm。

目标摄影机还有一个常用的功能，即"剪切平面"。当摄影机的前方有物体遮挡，且画面镜头合适时，就需要用"剪切平面"功能将遮挡在镜头前的物体剪切掉。

勾选"手动剪切"选项后，会激活"近距剪切"和"远距剪切"选项，如图4-20所示。此时从顶视图看摄影机，会看见摄影机上显示两条红色的线，从摄影机到第1根红线是"近距剪切"的距离，从摄影机到第2根红线是"远距剪切"的距离，如图4-21所示。只有处于两根红线间的对象才会被摄影机捕捉和渲染。

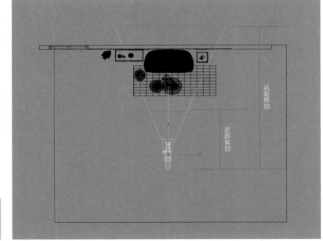

图4-20

图4-21

♛ 重点

🖱 案例训练：创建目标摄影机

案例文件	案例文件>CH04>案例训练：创建目标摄影机
技术掌握	目标摄影机
难易程度	★★☆☆☆

本案例用北欧风格的浴室测试目标摄影机的效果，案例效果如图4-22所示。

图4-22

01 打开本书学习资源"案例文件>CH04>案例训练：创建目标摄影机"文件夹中的"练习.max"文件，如图4-23所示。

图4-23

02 场景中浴缸是需要重点展示的主体，摄影机需要朝向浴缸一侧。在"摄影机"选项卡中单击"目标"按钮 目标 ，然后在顶视图中拖曳出一台目标摄影机，如图4-24所示。

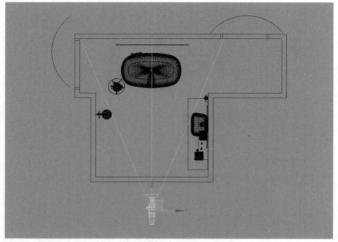

图4-24

03 切换到前视图，调整摄影机的高度，如图4-25所示。

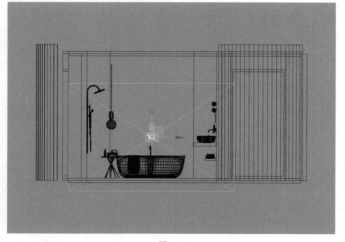

图4-25

04 按C键切换到摄影机视图，效果如图4-26所示。画面中房间的墙体遮挡了摄影机，因此无法看到房间内的模型。

图4-26

05 选中摄影机，在"修改"面板中勾选"手动剪切"选项，设置"近距剪切"为1000mm，"远距剪切"为10000mm，如图4-27所示，此时画面中显示出房间内的浴缸等模型，如图4-28所示。

图4-27

图4-28

06 观察摄影机的画面，会发现镜头内的模型很少。修改"镜头"为28mm，效果如图4-29所示。

图4-29

07 按F9键渲染场景，案例效果如图4-30所示。

图4-30

4.1.3 VRay物理摄影机

VRay物理摄影机是VRay渲染器携带的摄影机，其功能与3ds Max的物理摄影机类似，效果和参数如图4-31和图4-32所示。

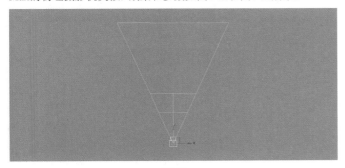

图4-31

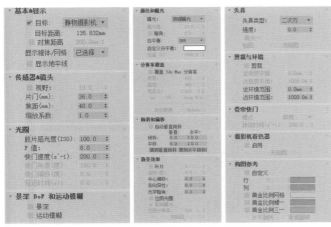

图4-32

焦距（mm）设置摄影机的取景范围，如图4-33所示。数值越大，画面包含的对象越少。

图4-33

缩放系数 可以在不移动摄影机的情况下控制摄影机中画面的大小，当数值增大时，画面会局部放大，默认值为1，如图4-34所示。

图4-34

胶片感光度（ISO）控制渲染画面的曝光的时长，数值越大，画面越亮，如图4-35所示。

图4-35

F值 控制摄影机的曝光和景深。数值越大，亮度越低，景深效果也越弱，如图4-36所示。只有勾选了"景深"选项后才能渲染带景深效果的画面。

图4-36

快门速度（s^-1）控制摄影机的快门速度，数值越大，亮度越低，如图4-37所示。勾选"运动模糊"选项，且场景中有运动的对象才能渲染出运动模糊效果。

图4-37

曝光 默认情况下是"物理曝光"模式，在下拉列表中还可以选择"无曝光"和"曝光值（EV）"两个模式，如图4-38所示。切换到"曝光值（EV）"模式后，"胶片感光度（ISO）"参数将不可使用，代替的则是下方的"曝光值"参数，如图4-39所示。

自动垂直倾斜 勾选该选项后，会自动调整摄影机的垂直倾斜角度，以确保画面中的垂直线保持垂直，避免由于摄影机角度不当而产生的透视变形。

剪裁 勾选该选项后，会激活"近裁剪平面"和"远裁剪平面"两个选项，如图4-42所示。当镜头被模型遮挡时，通过设置裁剪的数值，就能将遮挡的物体从镜头里移除，从而只保留需要显示的物体，是一个非常实用的功能。

图4-38　　　　　　　图4-39

图4-42

> ① **技巧提示**
> 读者可以按照个人习惯选择摄影机的曝光模型。

白平衡 用于控制摄影机镜头的颜色。VRay物理摄影机默认的白平衡是D65，其渲染的图片色调偏暖。展开"白平衡"下拉列表，可以选择其他白平衡模式，如图4-40所示。渲染效果如图4-41所示。一般情况下选择"中性"模式，该模式下镜头是纯白色，渲染的图片不会有色差。

图4-40

构图参考 新加入的功能，可以帮助用户进行构图。勾选"自定义"选项后，可以在视口中观察到添加的4条紫色的参考线，如图4-43所示。参考线可以帮助用户快速确定画面构图。通过设置"行"和"列"的数值，可以控制画面中参考线的数量。勾选下方的其他选项，可以生成不同的构图参考，如图4-44所示。

图4-43

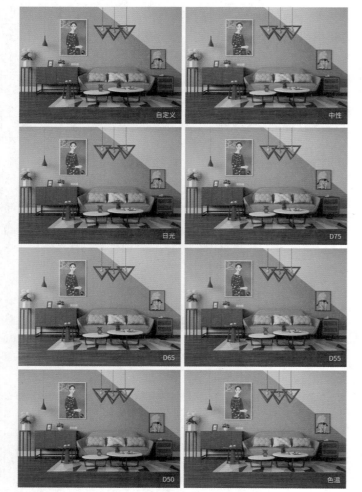

图4-41

图4-44

案例训练：创建VRay物理摄影机

案例文件	案例文件>CH04>案例训练：创建VRay物理摄影机
技术掌握	VRay物理摄影机
难易程度	★★☆☆☆

本案例用一个北欧风格的小场景测试VRay物理摄影机的效果，案例效果如图4-45所示。

图4-45

01 打开本书学习资源"案例文件>CH04>案例训练：创建VRay物理摄影机"文件夹中的"练习.max"文件，如图4-46所示。

图4-46

02 在"摄影机"选项卡中切换到VRay，然后单击"VRayPhysicalCamara"（VRay物理摄影机）按钮，如图4-47所示。

图4-47

① 技巧提示

为了方便读者识别，后面全部采用工具的中文名称。

03 在顶视图中调整摄影机的位置，如图4-48所示。

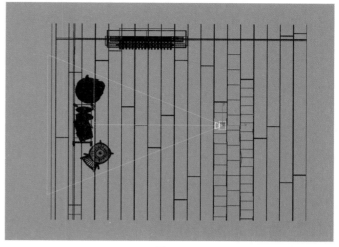

图4-48

04 切换到前视图，调整摄影机的高度和角度，如图4-49所示。

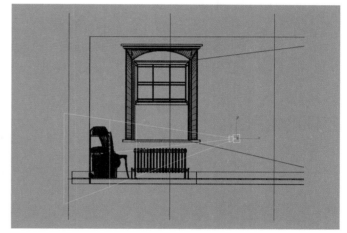

图4-49

05 按C键切换到摄影机视图，效果如图4-50所示。

图4-50

06 选中摄影机，然后在"修改"面板中设置"焦距（mm）"为44.087，"胶片感光度（ISO）"为100，"F值"为8，"快门速度（s^－1）"为6，如图4-51所示。

07 按F9键渲染场景，案例效果如图4-52所示。

图4-51　　　　　　　　　　　　　　图4-52

4.2 画面比例与构图

调整画面比例是指设置摄影机显示的画面长宽比和画面最终输出的大小，是设置摄影机关键的步骤之一，如图4-53所示。构图方式比较多，本节介绍横构图、竖构图、近焦构图和远焦构图等常见构图方式，如图4-54所示。

调整画面比例 ＞
调整图像的长宽	添加渲染安全框
设置输出图像的长宽	在视口中直接观察画面

图4-53

不同的构图方式 ＞
横构图	竖构图	近焦构图	远焦构图
最常用的构图方式之一	适合表现高度较高或者纵深较大的空间	画面的焦点在近处的主体对象上	画面的焦点在远处的主体对象上

图4-54

 重点

4.2.1 调整图像的长宽

调整图像的长宽是设置画面最终输出的大小，具体设置方法如图4-55所示。

第1步 按F10键打开"渲染设置"窗口。

第2步 在"公用"选项卡中找到"输出大小"选项组。

第3步 设置"宽度"和"高度"。

图4-55

除了直接设置画面的"宽度"和"高度"，还可以在"输出大小"下拉列表中选择预设的画面比例，如图4-56所示。这些预设可以快速设定固定的画面比例，方便用户确定画面构图。

图4-56

"图像纵横比"是"宽度"与"高度"的比例。当"宽度"与"高度"数值相同时，"图像纵横比"为1；当"宽度"大于"高度"呈现横构图时，"图像纵横比"大于1；当"宽度"小于"高度"呈现竖构图时，"图像纵横比"小于1。单击右边的"锁定"按钮 后，修改"宽度"或"高度"的数值，另一个数值会随着比例而改变。

> 🔗 知识链接
>
> 横构图和竖构图的相关知识点请参阅"4.2.3 横构图"和"4.2.4 竖构图"。

4.2.2 添加渲染安全框

调整了图像的长宽之后，并不能直观地在视口中观察摄影机的显示效果，此时就需要添加渲染安全框。渲染安全框类似于相框，不仅框内显示的对象最终都会在渲染的图像中呈现，而且能直接在视口中观察到图像的长宽比例，如图4-57和图4-58所示。

图4-57

图4-58

渲染安全框的添加方法有以下两种。

第1种 用鼠标右键单击视图左上角的摄影机名称，弹出菜单，勾选"显示安全框"选项，如图4-59所示。

图4-59

第2种 按快捷键Shift＋F可以直接添加。

用鼠标右键单击视图左上角视口类型名称，在弹出的菜单中选择"视口配置"命令，如图4-60所示，然后在弹出的对话框中选择"安全框"选项卡，可以对安全框进行设置，如图4-61所示。

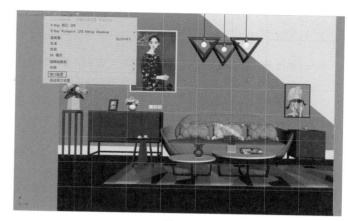

图4-60

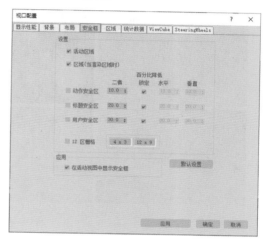

图4-61

勾选"动作安全区""标题安全区""用户安全区"3个选项后，单击"确定"按钮，会观察到视口中的安全框变成4条线，如图4-62所示。

图4-62

通常在制作效果图时不会勾选"动作安全区"和"标题安全区"这两个选项，用户可根据实际情况与自身习惯勾选需要的选项。

4.2.3 横构图

横构图是最常用的画面比例之一，包括4∶3、16∶9和16∶10等。横构图是摄影中常见的构图形式，通常用于表现开阔的风景或水平线条明显的景物。在横构图中，画面的水平线处于主要位置，垂直线则相对较少。这种构图形式符合人眼从左至右看事物的规律，能够容纳更多的环境元素，有利于表现景物的水平特征和广阔感。

横构图在拍摄连绵的山川、平静的海面、人物之间的交流等场景时较为常用。此外，横构图还适用于拍摄特写和半身人像，能够营造出画面的稳定感和空间感。在拍摄时，横构图可以利用水平线的造型力来强化景物的水平特征，同时可以利用留白来营造画面的空间感和深度感，如图4-63所示。

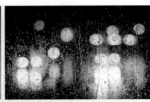

图4-63

🖐 案例训练：横构图画面

案例文件	案例文件>CH04>案例训练：横构图画面
技术掌握	调整画面比例；渲染安全框
难易程度	★★☆☆☆

本案例需要为场景创建摄影机，然后将画面比例设置为横构图比例，效果如图4-64所示。

图4-64

01 打开本书学习资源"案例文件>CH04>案例训练：横构图画面"文件夹中的"练习.max"文件，如图4-65所示。

图4-65

02 在顶视图中创建一台目标摄影机，然后在左视图中调整高度，如图4-66所示。

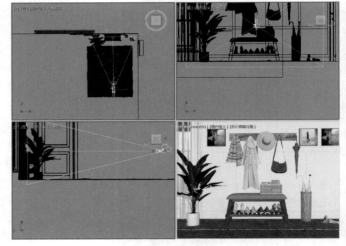

图4-66

> ① **技巧提示**
>
> 读者也可以创建物理摄影机或VRay物理摄影机，步骤是一样的。

03 按F10键打开"渲染设置"窗口，然后设置"宽度"为1280，"高度"为720，即常见的16∶9的画面比例，接着按快捷键Shift+F添加渲染安全框，效果如图4-67所示。

图4-67

04 此时很多对象在画面外，将摄影机向后拉，效果如图4-68所示。

图4-68

05 设置"宽度"为1000，"高度"为750，即常用的4：3的画面比例，效果如图4-69所示。

图4-69

06 此时画面边缘太空，推进摄影机，效果如图4-70所示。

图4-70

07 对比不同画面比例的效果，4：3的画面效果更好。按照此比例进行渲染，效果如图4-71所示。

图4-71

> ① 技巧提示
>
> 这里的画面比例仅供参考，读者也可以多多尝试横构图的其他画面比例。

🔶 重点

4.2.4 竖构图

竖构图也叫纵向构图，特点是以画面的垂直线为主导，强调景物的纵向延伸和高度。在竖构图中，画面的垂直线处于主要位置，水平线则相对较少。这种构图形式适合表现具有纵向延伸特征或者具有垂直线条的景物，如高大的树木、建筑、站立的人物等。

竖构图可以给观众带来昂扬向上、庄严挺拔的感觉，能够强调景物的垂直特征和高度。在拍摄时，竖构图可以利用景物的纵向线条和高度来营造画面的纵深感和立体感，同时可以利用画面的空白来突出主体和强调景物的特点，如图4-72所示。

图4-72

👑 重点

✋ 案例训练：竖构图画面

案例文件	案例文件>CH04>案例训练：竖构图画面
技术掌握	调整画面比例；渲染安全框
难易程度	★★☆☆☆

本案例需要为一个走廊场景添加摄影机并设置画面为竖构图，案例效果如图4-73所示。

图4-73

01 打开本书学习资源"案例文件>CH04>案例训练：竖构图画面"文件夹中的"练习.max"文件，如图4-74所示。

图4-74

02 在顶视图中创建一台物理摄影机，然后在左视图中调整高度，如图4-75所示。

图4-75

03 按F10键打开"渲染设置"窗口，然后设置"宽度"为1000，"高度"为1500，接着按快捷键Shift+F添加渲染安全框，效果如图4-76所示。

图4-76

> ① **技巧提示**
>
> 竖构图没有固定的画面比例，只需要设置"高度"的数值大于"宽度"的数值即可。

04 此时画面上方的吊顶和下方的地面占用的画面面积过大，需要减小。保持"宽度"数值不变，然后设置"高度"为1200，效果如图4-77所示。

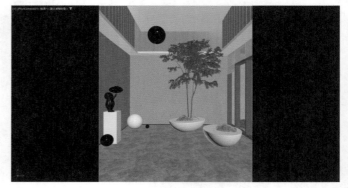

图4-77

05 按照此比例进行渲染，效果如图4-78所示。

> ① **技巧提示**
>
> 如果在3ds Max中设置的画面比例一直不能达到理想的效果，可以暂时设置为较为合适的数值，然后将渲染的图片放在Photoshop中进行裁剪。

图4-78

4.2.5 近焦构图

近焦构图是指画面的焦点在近处的主体对象上，超出目标对象前后的一定范围的对象都会被虚化，如图4-79所示。近焦构图适合特写类镜头，能着重表现焦点物体。在制作近焦构图的场景时，一定要开启景深效果，且摄影机的目标点要放在近处的物体上，这样远处的物体才能在渲染时表现出模糊的景深效果。

图4-79

4.2.6 远焦构图

远焦构图与近焦构图相反，是指画面的焦点在远处的主体对象上，近处的对象会被虚化，如图4-80所示。远焦构图让场景看起来更加开阔。远焦构图更有纵深感，摄影机距离目标物体较远，且必须开启景深效果。

图4-80

> ① 技巧提示
>
> 虽然景深效果在后期软件中也可以模拟，但效果与渲染的效果相比要逊色一些。

4.2.7 其他方式构图

除了以上4种常见的构图方式，还有一些其他的构图方式。

全景构图 将场景360°的内容完全展示在画面中。全景构图可以方便后期制作三维的VR视觉世界，如图4-81所示。

图4-81

黄金分割构图 在画面中画两条间距相等的竖线，将画面纵向分割成3部分，另两条横线将画面横向分割成间距相等的3部分，这4条线为黄金分割线，4个交点就是黄金分割点。将视觉中心或主体放在黄金分割线上或附近，特别是黄金分割点上，会得到很好的构图效果，如图4-82所示。

三角构图 画面中的主体在三角形中或景物本身形成三角形的布局，产生稳定感，如图4-83所示。

图4-82　　　　　　　　　　图4-83

S形构图 物体以S形从前景向中景和后景延伸，画面表现出纵深方向的视觉感，一般河流、道路、铁轨等物体常用此构图，如图4-84所示。

图4-84

4.3 摄影机的特殊镜头效果

摄影机除了简单地拍摄画面，还可以产生一些特殊的镜头效果，让画面有不一样的感觉，如图4-85所示。

摄影机的特殊镜头效果

∨

景深	散景	运动模糊
远离目标点的对象呈现模糊效果	灯光在景深位置呈现的特殊效果	摄影机拍摄运动的物体，画面会出现模糊效果

图4-85

 重点

4.3.1 画面的景深效果

在近焦构图和远焦构图中，有部分画面产生了模糊效果，这就是画面的景深效果。要使用近焦构图和远焦构图的镜头，就必须开启景深效果。

景深是指在摄影机镜头或其他成像器前沿能够取得清晰图像的成像所测定的被摄物体前后距离的范围。聚焦完成后，焦点前后一定范围内呈现的图像清晰，这个范围叫作景深。

光圈、镜头和拍摄物的距离是影响景深的重要因素。光圈数值越大景深越浅，光圈数值越小景深越深。镜头焦距越长景深越浅，反之景深越深。主体越近,景深越浅,主体越远,景深越深。效果如图4-86所示。

图4-86

在3ds Max中,不同的摄影机设置景深的方法也不同。

目标摄影机需要在"渲染设置"窗口中的"摄影机"卷栅栏中勾选"景深"选项,如图4-87所示。"光圈"参数控制景深的强弱,数值越大景深效果越强。勾选"从摄影机获得焦点距离"选项后,摄影机的目标点所在的位置将作为镜头的焦点,渲染的对象是最清晰的,如果不勾选该选项,焦点的位置则由"焦点距离"决定。

物理摄影机则需要在"物理摄影机"卷展栏中勾选"启用景深"选项,如图4-88所示。景深效果的强弱由"光圈"参数决定,数值越小,景深效果越强,画面也越亮。镜头焦点的位置默认为目标点的位置。

图4-87　　　　　　图4-88

VRay物理摄影机与物理摄影机的操作类似,需要在"景深和运动模糊"卷展栏中勾选"景深"选项,如图4-89所示。

图4-89

◎ 知识课堂:景深形成的原理

景深形成的原理有两点。

第1点 焦点。与光轴平行的光线射入凸透镜时,理想的镜头应该是所有的光线聚集在一点后,再以锥状扩散开,这个聚集所有光线的点就称为"焦点",如图4-90所示。

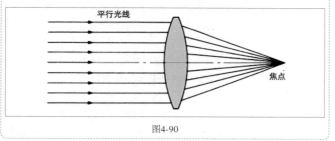

平行光线

焦点

图4-90

第2点 弥散圆。在焦点前后,光线开始聚集和扩散,点的影像会变得模糊,从而形成一个扩大的圆,这个圆就称为"弥散圆",如图4-91所示。

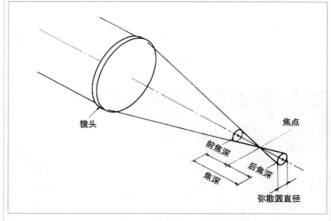

镜头　焦点　前焦深　后焦深　焦深　弥散圆直径

图4-91

每张图片都有主题和背景之分,景深与摄影机的距离、焦距和光圈之间存在着以下3种关系(这3种关系可以用图4-92来表示)。

第1种 光圈越大,景深越小;光圈越小,景深越大。

第2种 镜头焦距越长,景深越小;焦距越短,景深越大。

第3种 距离越远,景深越大;距离越近,景深越小。

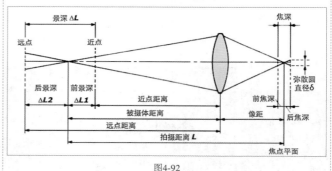

图4-92

🖐 案例训练:静物景深效果

案例文件	案例文件>CH04>案例训练:静物景深效果
技术掌握	物理摄影机的景深
难易程度	★★★☆☆

本案例的静物景深效果由物理摄影机进行制作,无景深和有景深的对比效果如图4-93所示。

图4-93

01 打开本书学习资源"案例文件>CH04>案例训练:静物景深效果"文件夹中的"练习.max"文件,如图4-94所示。

图4-94

02 本案例着重表现前方的笔筒和书本，后方的模型均是配景，因此将创建的物理摄影机的目标点放置于笔筒的位置上，如图4-95所示。

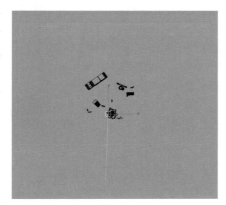

图4-95

03 按F10键打开"渲染设置"窗口，设置画面的"宽度"为1280，"高度"为720，接着调整摄影机的高度，效果如图4-96所示。

图4-96

04 选中摄影机，设置"焦距"为50毫米，"光圈"为4，"手动"为6000 ISO，如图4-97所示。

图4-97

05 按F9键渲染当前视图，效果如图4-98所示。这是没有开启景深时的效果。

图4-98

06 在"物理摄影机"卷展栏中勾选"启用景深"选项，如图4-99所示，渲染效果如图4-100所示。

图4-99

图4-100

07 虽然开启了景深，但背景部分的模糊效果不强，需要加强景深效果。将"光圈"设置为0.5，按F9键进行渲染，效果如图4-101所示。由于缩小了"光圈"数值，画面曝光过度。

图4-101

08 设置"手动"为100 ISO，然后进行渲染，景深效果如图4-102所示。

图4-102

🔒 学后训练：走廊景深效果

案例文件	案例文件>CH04>学后训练：走廊景深效果
技术掌握	目标摄影机的景深
难易程度	★★★☆☆

本案例的走廊景深效果由目标摄影机进行制作，无景深和有景深的对比效果如图4-103所示。

图4-103

✦重点
4.3.2 灯光散景效果

散景是指在景深较浅的摄影成像中，落在景深以外的画面会逐渐产生松散、模糊的效果。散景效果会因为光圈孔形状的不同出现变化，如图4-104所示。

图4-104

散景效果是在景深效果的基础上呈现的，因此需要按照设置景深的方法进行设置。散景效果需要镜头中出现灯光，且灯光需要在焦距以外。

✦重点
🖐 案例训练：夜晚灯光散景效果

案例文件	案例文件>CH04>案例训练：夜晚灯光散景效果
技术掌握	VRay物理摄影机的散景
难易程度	★★★☆☆

本案例的散景效果由VRay物理摄影机进行制作，无散景和有散景的对比效果如图4-105所示。

图4-105

01 打开本书学习资源"案例文件>CH04>案例训练：夜晚灯光散景效果"文件夹中的"练习.max"文件，如图4-106所示。

图4-106

02 在顶视图中创建一台VRay物理摄影机，将目标点设置在座椅位置，如图4-107所示。

图4-107

03 切换到摄影机视图，然后调整摄影机的高度，如图4-108所示。

04 按F10键打开"渲染设置"窗口，设置画面的"宽度"为1500，"高度"为2000，接着添加渲染安全框并进行渲染，效果如图4-109所示。

图4-108　　　　　图4-109

05 勾选"景深"选项，设置"胶片感光度（ISO）"为100，"F值"为1，如图4-110所示。

图4-110

06 按F9键渲染场景，效果如图4-111所示。可以看到后方灯罩上的光斑呈现散景效果。

图4-111

学后训练：装饰灯散景效果

案例文件	案例文件>CH04>学后训练：装饰灯散景效果
技术掌握	VRay物理摄影机的散景
难易程度	★★★☆☆

本案例的散景效果由VRay物理摄影机进行制作，无散景和有散景的对比效果如图4-112所示。

图4-112

4.3.3 运动模糊效果

相机在拍下高速运动的物体时，画面会出现模糊，这种现象被称为运动模糊，如图4-113所示。运动模糊与物体运动的速度和摄影机的快门速度有关，当我们想拍出运动物体的静止状态时，就需要将快门速度设置得比物体运动的速度快得多，这样就能出现图4-113中奔跑的小鹿被清晰地定格而周围模糊的效果。

当我们想要运动的物体产生模糊的效果时，就要将快门速度设置得比物体运动的速度慢一些，这样就能出现图4-113中奔跑的小女孩这样的模糊效果。

图4-113

案例训练：落地扇运动模糊效果

案例文件	案例文件>CH04>案例训练：落地扇运动模糊效果
技术掌握	目标摄影机的运动模糊
难易程度	★★★☆☆

本案例的运动模糊效果由目标摄影机进行制作，案例效果如图4-114所示。

图4-114

01 打开本书学习资源"案例文件>CH04>案例训练：落地扇运动模糊效果"文件夹中的"练习.max"文件，如图4-115所示。

02 在顶视图创建一台目标摄影机，如图4-116所示。

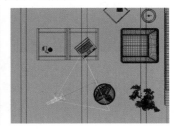

图4-115　　　　　　图4-116

03 切换到摄影机视图，然后调整摄影机的高度，如图4-117所示。

04 单击操作界面底部的"自动关键点"按钮，然后将时间滑块移动到第50帧的位置，如图4-118所示。

图4-117

图4-118

05 选中风扇模型，然后使用"选择并旋转"工具 🔄 将扇叶沿着z轴旋转-1500°，如图4-119所示。

06 再次单击"自动关键点"按钮 自动关键点，然后单击"播放动画"按钮 ▶ 播放动画，此时风扇沿着设定的方向进行旋转，如图4-120所示。

图4-119   图4-120

> 🔗 **知识链接**
> 动画制作的相关内容请参阅"第10章 动画技术"。

07 按F10键打开"渲染设置"窗口，然后设置画面的"宽度"为1000，"高度"为750，接着添加渲染安全框渲染场景，如图4-121所示，这是没有开启运动模糊的效果。

08 在"渲染设置"窗口的"摄影机"卷展栏中勾选"运动模糊"选项，如图4-122所示。

图4-121   图4-122

09 将时间滑块移动到第30帧，然后进行渲染，效果如图4-123所示，此时风扇出现了模糊，这就是运动模糊效果。

10 因为没有设置风扇运动的动画曲线，所以在播放动画时风扇呈现非匀速旋转的状态。将时间滑块移动到第40帧，然后进行渲染，效果如图4-124所示，此时由于旋转速度减慢，风扇的模糊程度减弱。

图4-123   图4-124

> 🔗 **知识链接**
> 动画曲线的设置方法会在"第10章 动画技术"中详细讲解，这里不进行设置。

随意选取几帧，落地扇的运动模糊效果如图4-125所示。

图4-125

4.3.4 360°全景效果

360°全景是近年来流行的一种镜头效果，对应的效果图经过专业插件的处理可以生成全景效果图。

与其他类型的效果图不同，360°全景的效果图有固定的输出比例。360°全景的"图像纵横比"必须为2，即"宽度"的数值为"高度"的两倍，如图4-126所示。

图4-126

360°全景的摄影机镜头类型是球形，与其他效果的镜头类型有所区别。在"渲染设置"窗口中展开"摄影机"卷展栏，设置"类型"为"球形"，然后设置"覆盖视野"为360，如图4-127所示。

图4-127

进行渲染，得到呈现全景的效果图，如图4-128所示。将渲染的图片导入一些专门制作全景效果图的插件中就可以制作出可旋转的效果图。

图4-128

> ⓘ **技巧提示**
> 如果想制作更为复杂的交互式场景，需要借助Unreal Engine 5等引擎进行开发。

✋ 案例训练：大堂全景效果

案例文件	案例文件>CH04>案例训练：大堂全景效果
技术掌握	目标摄影机的运动模糊
难易程度	★★★☆☆

本案例制作一个大堂场景全景效果，如图4-129所示。

图4-129

01 打开本书学习资源"案例文件>CH04>案例训练：大堂全景效果"文件夹中的"练习.max"文件，如图4-130所示，这是一个酒店大堂场景。

02 使用"目标"摄影机工具 目标 在场景的中心创建一台摄影机，顶视图如图4-131所示。

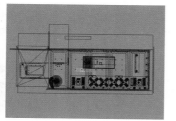

图4-130   图4-131

> ⓘ **技巧提示**
>
> 为了更好地展示全景效果，摄影机一般位于场景的中央。

03 在摄影机视图中调整摄影机高度，使其与人眼的高度差不多，效果如图4-132所示。

04 按F10键打开"渲染设置"窗口，然后设置画面的"宽度"为1000，"高度"为500，如图4-133所示。

图4-132   图4-133

> ⓘ **技巧提示**
>
> 在日常制作全景效果图时，渲染的尺寸会设置在10000×5000左右，这是因为制作全景效果图的插件会降低部分画面的精度，尺寸太小会造成画面模糊不清晰。

05 按快捷键Shift+F添加渲染安全框，如图4-134所示。

06 在"渲染设置"窗口中展开"摄影机"卷展栏，然后设置"类型"为"球形"，"覆盖视野"为360，如图4-135所示。

图4-134   图4-135

07 按F9键进行渲染，效果如图4-136所示。

图4-136

4.4 综合训练营

通过以上内容的学习，相信读者已经能灵活运用3ds Max中的摄影机，下面通过两个综合训练复习、巩固所学的知识点。

👑 重点

◈ 综合训练：服装店景深效果

案例文件	案例文件>CH04>综合训练：服装店景深效果
技术掌握	创建VRay物理摄影机；VRay物理摄影机的景深
难易程度	★★★☆☆

本案例是为一个服装店场景制作景深效果，案例效果如图4-137所示。

图4-137

01 打开本书学习资源"案例文件>CH04>综合训练：服装店景深效果"文件夹中的"练习.max"文件，如图4-138所示。

02 使用"VRay物理摄影机"工具 VRayPhysicalCamera 在顶视图中拖曳，创建一台摄影机，位置如图4-139所示。需要注意，摄影机的目标点要放在橱窗模特的位置附近。

03 切换到左视图，然后调整摄影机的高度，位置如图4-140所示。

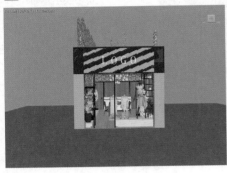

图4-138

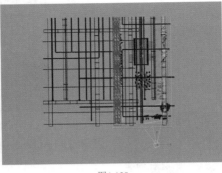

图4-139

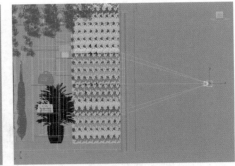

图4-140

04 按C键切换到摄影机视图，效果如图4-141所示。这时可以明显观察到镜头距离橱窗的模特太近。

05 在"修改"面板中设置"焦距（mm）"为24，镜头效果如图4-142所示。

06 在主工具栏中单击"渲染产品"按钮 ，场景渲染效果如图4-143所示。此时场景的亮度很低，需要提高亮度。

图4-141

图4-142

图4-143

07 在"修改"面板中设置"胶片感光度（ISO）"为200，"F值"为2，如图4-144所示。场景的渲染效果如图4-145所示。

08 在"景深和运动模糊"卷展栏中勾选"景深"选项，然后再次渲染场景，效果如图4-146所示。此时画面中除了近处橱窗的模特外，景物都出现了模糊的噪点，但此时的景深效果还没有达到预想的状态。

图4-144   图4-145

图4-146

> **⑦ 疑难问答：为何渲染的图片不清晰？**
>
> 在日常制作案例的过程中都使用较低的渲染参数进行渲染，这样可以在较短的时间内观察到渲染图片的大致效果，方便后续调整。如果在制作过程中就使用成图的渲染参数进行渲染，就会花费很多时间，降低制作效率。关于渲染参数的具体内容，请读者参阅"第7章 渲染技术"。

09 在"光圈"卷展栏中设置"胶片感光度（ISO）"为50，"F值"为1，如图4-147所示。

10 按F9键渲染场景，案例最终效果如图4-148所示。

图4-147　　　　　　　　图4-148

♔ 重点

◈ 综合训练：高速运动的自行车

案例文件	案例文件>CH04>综合训练：高速运动的自行车
技术掌握	创建VRay物理摄影机；VRay物理摄影机的运动模糊
难易程度	★★★☆☆

本案例制作高速运动自行车的运动模糊效果，案例效果如图4-149所示。

01 打开本书学习资源"案例文件>CH04>综合训练：高速运动的自行车"文件夹中的"练习.max"文件，如图4-150所示。一个科幻风格的走廊场景中有一辆自行车。

图4-149　　　　　　　　图4-150

02 切换到顶视图，然后使用"VRay物理摄影机"工具 VRayPhysicalCamera 在场景中创建一台摄影机，位置如图4-151所示。

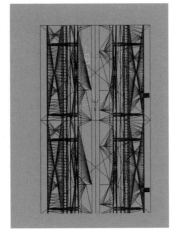

图4-151

03 切换到左视图，然后调整摄影机的高度，位置如图4-152所示。

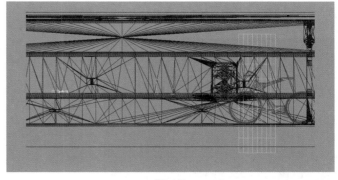

图4-152

04 按C键切换到摄影机视图，设置"焦距（mm）"为36，如图4-153所示。

05 此时观察摄影机视图，发现摄影机距离自行车模型较远。单击"推拉摄影机"按钮 ，将摄影机向自行车方向推进，效果如图4-154所示。

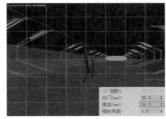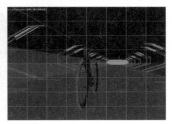

图4-153　　　　　　　　图4-154

06 单击"环游摄影机"按钮 ，然后旋转摄影机的角度，效果如图4-155所示。

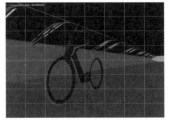

图4-155

07 选中摄影机和自行车，然后单击"自动关键点"按钮 自动关键点 ，在第0帧移动自行车和摄影机到图4-156所示的位置，接着在第20帧移动自行车和摄影机到图4-157所示的位置。

> ① 技巧提示
>
> 选择摄影机时一定要将目标点也一同选中，否则摄影机无法与自行车同步移动。

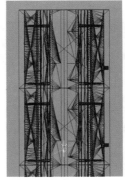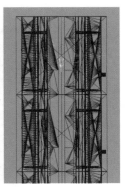

图4-156　　　　　　　　图4-157

08 按C键切换到摄影机视图，然后将时间滑块移动到第10帧的位置，效果如图4-158所示。

09 选中摄影机，在"修改"面板中设置"F值"为2，"快门速度（s^−1）"为20，然后勾选"运动模糊"选项，如图4-159所示。

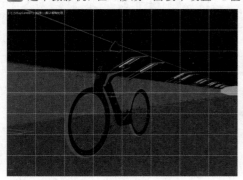

图4-158　　　　　　　图4-159

10 按F9键渲染当前场景，效果如图4-160所示。可以看到除了自行车，周围的物体都呈现模糊的效果。

图4-160

疑难问答：单击"渲染产品"按钮后渲染的不是摄影机视图怎么办？

有时候单击"渲染产品"按钮后渲染的视图并不是摄影机视图，这就需要进行以下操作。

第1步 确认切换到摄影机视图后再进行渲染。

第2步 若切换到摄影机视图后，单击"渲染产品"按钮或是按F9键渲染的仍然不是摄影机视图，需要按快捷键Shift+Q进行渲染。

第3步 检查"渲染设置"窗口中"查看到渲染"的视图是否被锁定，如图4-161所示。如果被锁定，需要取消锁定，或者切换到摄影机视图。

图4-161

11 将"快门速度（s^−1）"设置为10，重新渲染场景，效果如图4-162所示。可以看到周围场景的模糊效果增强，且画面的亮度增大。

图4-162

12 设置"F值"为5，"快门速度（s^−1）"为3，如图4-163所示。按F9键进行渲染，案例最终效果如图4-164所示。

图4-163　　　　　　　图4-164

知识课堂：摄影机的校正

在创建摄影机时大多数情况是三点透视（即垂直线看上去是在顶点汇聚），会造成一些场景中垂直的墙体看起来有倾斜的效果，这时就需要进行摄影机校正，使其变成两点透视（即垂直线保持垂直）。

图4-165所示是创建了摄影机后的视口，可以明显看出墙体不是垂直的，再加上广角的作用，书柜也产生了倾斜。渲染效果同样产生了倾斜，如图4-166所示。

图4-165　　　　　　　图4-166

不同的摄影机校正的方法也不同。物理摄影机是在"修改"面板的"透视控制"卷展栏中勾选"自动垂直倾斜校正"选项，如图4-167所示。此时倾斜的书柜和墙体得到校正，渲染效果如图4-168所示。

图4-167　　　　　　　图4-168

目标摄影机是选中摄影机后，单击鼠标右键，在弹出的菜单中选择"应用摄影机校正修改器"命令，如图4-169所示，此时摄影机就会校正到正确的视角。

VRay物理摄影机是在"修改"面板的"倾斜和偏移"卷展栏中勾选"自动垂直倾斜"选项，如图4-170所示。

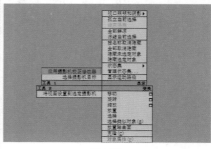

图4-169　　　　　　　图4-170

第5章 灯光技术

基础视频：14集　　案例视频：21集　　视频时长：199分钟

　　建立了场景模型，添加了摄影机后，就需要为场景添加灯光。拥有灯光，场景才能表现不同的氛围。同样的场景，不同的灯光颜色和强度会为用户带来不同的视觉感受。这种感受可以是时间的变化，也可以是环境的气氛。灯光技术是渲染师必须掌握的技能之一。

学习重点 🔍

学完本章能做什么

　　学完本章之后，读者可以掌握3ds Max内置灯光和VRay光源的用法，熟悉场景打光的一些技巧，以及不同类型场景打光的方法。

5.1 3ds Max的内置灯光

3ds Max系统内置了不同的灯光系统,包括"光度学"灯光、"标准"灯光和Arnold灯光3种类型。Arnold灯光需要与Arnold渲染器配套使用,本书不做讲解。本节将讲解"光度学"灯光和"标准"灯光中常用的内置灯光,如图5-1所示。

图5-1

♛重点

5.1.1 目标灯光

目标灯光通过其目标点将灯光投射到被照明物体上,常用于模拟现实生活中的筒灯、射灯和壁灯等,模型如图5-2所示,参数如图5-3所示。

图5-2

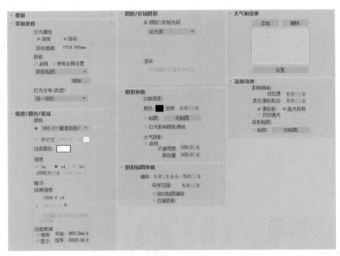
图5-3

灯光属性启用 勾选该选项,可以在场景中渲染灯光效果,不勾选就代表不启用灯光,自然也不会渲染相应的灯光效果。

目标 目标灯光都带有目标点,如图5-4所示。如果不勾选"目标"选项,灯光的下方就不会出现目标点,而只保留灯光部分,如图5-5所示。

图5-4

图5-5

阴影启用 默认情况下灯光会产生阴影,如果不勾选该选项则不会产生阴影,如图5-6所示。

图5-6

阴影类型 目标灯光提供了多种阴影类型,如图5-7所示。不同的类型产生的阴影效果也不太一样,如果使用VRay渲染器渲染场景,最好选择"VRayShadow"(VRay阴影)选项。

图5-7

> ① **技巧提示**
>
> 由于版本原因,VRay的相关参数可能显示为中文,也可能显示为英文。读者可以根据所安装版本实际显示的内容进行选择。

排除 若是不想让灯光照射某些对象,就可以使用灯光排除功能。单击"排除"按钮 排除___ ,在弹出的对话框中可以选择需要排除的对象,将其添加到右侧,如图5-8所示。

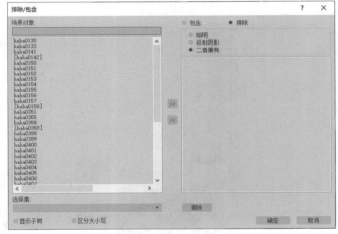
图5-8

灯光分布(类型) 目标灯光一般情况下会加载光度学文件,因此在设置"灯光分布(类型)"时,选择"光度学Web"选项,如图5-9所示。切换到"光度学Web"模式后,会在下方自动增加"分布(光度学Web)"卷展栏,如图5-10所示。在卷展栏内可以添加光度学文件。

图5-9   图5-10

开尔文/过滤颜色 灯光的颜色可以通过"开尔文"设置,也可以通过"过滤颜色"设置。"开尔文"会通过色温模拟灯光的颜色,如图5-11所示。"过滤颜色"则需要通过颜色过滤器模拟置于光源上的过滤色效果,如图5-12所示。

图5-11

图5-12

👑重点

✋**案例训练:客厅射灯**

案例文件	案例文件>CH05>案例训练:客厅射灯
技术掌握	目标灯光
难易程度	★★☆☆☆

本案例在一个客厅空间添加射灯,案例效果和灯光效果如图5-13所示。

图5-13

01 打开本书学习资源"案例文件>CH05>案例训练:客厅射灯"文件夹中的"练习.max"文件,如图5-14所示。

图5-14

02 使用"目标灯光"工具 目标灯光 在沙发上方创建一个灯光,位置如图5-15所示。

图5-15

03 选中创建的灯光,然后在"修改"面板中设置参数,如图5-16所示。

设置步骤

① 在"常规参数"卷展栏中启用"阴影",设置阴影类型为VRayShadow,"灯光分布(类型)"为"光度学Web"。

② 在"分布(光度学Web)"卷展栏中加载本书学习资源中的3.ies文件。

③ 在"强度/颜色/衰减"卷展栏中设置"开尔文"为4500,"强度"为2000。

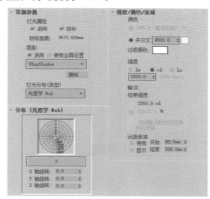

图5-16

04 将设置好的目标灯光进行复制,放在边桌模型、茶几模型和椅子模型的上方,如图5-17所示。

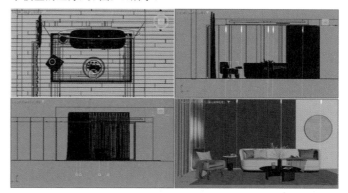

图5-17

ⓘ **技巧提示**

因为复制的目标灯光参数完全一致,所以在复制时选择"实例"复制模式。

05 在摄影机视图中按F9键进行渲染，案例效果如图5-18所示。

图5-18

学后训练：浴室筒灯

案例文件	案例文件>CH05>学后训练：浴室筒灯
技术掌握	目标灯光
难易程度	★★☆☆☆

本案例用一个浴室场景测试目标灯光的效果，案例效果和灯光效果如图5-19所示。

图5-19

② 疑难问答：创建的灯光无法渲染怎么解决？

创建的灯光无法渲染是多种原因造成的，需要逐一进行排查。

第1种 没有启用灯光，需要勾选该选项，如图5-20所示。

第2种 有物体遮挡了灯光。这种情况一般是赋予了外景贴图的模型，或是目标灯光与射灯模型有穿插。如果是赋予了外景贴图的模型，需要选中该模型，然后单击鼠标右键，在弹出的菜单中选择"对象属性"命令，如图5-21所示，接着在弹出的"对象属性"对话框中取消勾选"接收阴影""投射阴影""应用大气"选项，如图5-21和图5-22所示。

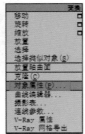

图5-20　　　　图5-21

图5-22

第3种 未勾选"隐藏灯光"选项。有时候为了制作方便，需要按快捷键Shift+L隐藏场景内的灯光。如果取消勾选"渲染设置"窗口中的"隐藏灯光"选项，如图5-23所示，隐藏的灯光就不能被渲染出来。

图5-23

5.1.2 目标聚光灯

目标聚光灯可以产生一个锥形的照射区域，区域以外的对象不会受到灯光的影响，主要用来模拟吊灯、手电筒等发出的灯光，模型如图5-24所示，参数如图5-25所示。

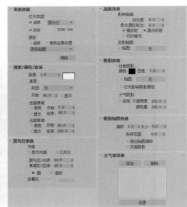

图5-24　　　　　　　　图5-25

灯光类型 在"常规参数"卷展栏中可以切换灯光的类型，包括"聚光灯""平行光""泛光"3种，如图5-26所示。

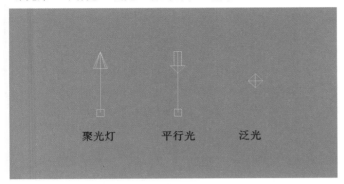

图5-26

倍增 控制灯光的强度，默认值为1。灯光的倍增数值越大，灯光越亮，如图5-27所示。

图5-27

衰退 真实的灯光会有衰减效果，系统提供了"无""倒数""平方反比"3种衰减类型，如图5-28所示。

图5-28

> ① **技巧提示**
>
> 现实生活中的灯光都存在衰减效果，随着灯光距离加大，衰减的程度也加大。"平方反比"是最接近现实灯光效果的衰减类型，但是在平常的制作中为了方便，都使用"无"衰减类型。读者可以根据需要选择衰减类型。

聚光区/光束 设置灯光圆锥体的角度。

衰减区/区域 设置灯光衰减区的角度，不同数值的效果如图5-29所示。

图5-29

> ① **技巧提示**
>
> "衰减区/区域"的数值越大，灯光照射的范围越大。"聚光区/光束"与"衰减区/区域"之间的差值越小，灯光的边缘越锐利。

案例训练：舞台照明灯光

案例文件	案例文件>CH05>案例训练：舞台照明灯光
技术掌握	目标聚光灯
难易程度	★★☆☆☆

本案例用一个舞台场景测试目标聚光灯的效果，案例效果和灯光效果如图5-30所示。

图5-30

01 打开本书学习资源"案例文件>CH05>案例训练：舞台照明灯光"文件夹中的"练习.max"文件，如图5-31所示。

图5-31

02 使用"目标聚光灯"工具 目标聚光灯 在场景中创建一个目标聚光灯,位置如图5-32所示。

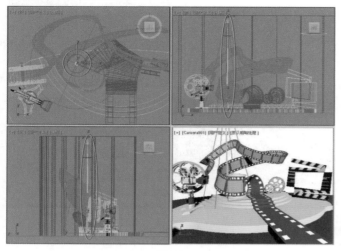

图5-32

03 选中创建的目标聚光灯,然后在"修改"面板中设置参数,如图5-33所示。

设置步骤

① 在"常规参数"卷展栏中设置阴影类型为VRayShadow。

② 在"强度/颜色/衰减"卷展栏中设置"倍增"为0.5,"颜色"为蓝色,然后勾选"远距衰减"选项组中的"显示"选项,设置"结束"为2431.67mm。

③ 在"聚光灯参数"卷展栏中设置"聚光区/光束"为1,"衰减区/区域"为30。

图5-33

04 将设置好的聚光灯进行实例复制,位置如图5-34所示。

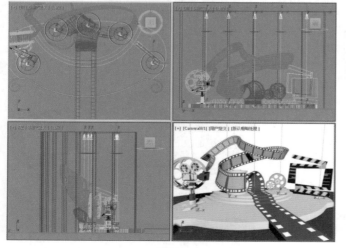

图5-34

05 选中一个目标聚光灯,将其复制到舞台上,这里选择"复制"模式,如图5-35所示。

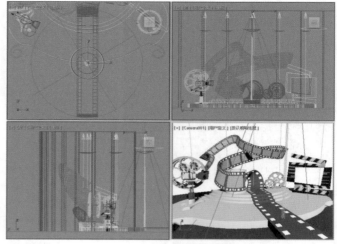

图5-35

06 选中单独复制的灯光,然后在"修改"面板设置参数,如图5-36所示。

设置步骤

① 在"常规参数"卷展栏中设置阴影类型为VRayShadow。

② 在"强度/颜色/衰减"卷展栏中设置"倍增"为1,"颜色"为黄色,然后勾选"远距衰减"选项组中的"显示"选项,设置"结束"为2431.67mm。

③ 在"聚光灯参数"卷展栏中设置"聚光区/光束"为1,"衰减区/区域"为50。

图5-36

07 切换到摄影机视图,按F9键渲染场景,案例最终效果如图5-37所示。

图5-37

🔐 学后训练：落地灯灯光

案例文件	案例文件>CH05>学后训练：落地灯灯光
技术掌握	目标聚光灯
难易程度	★★☆☆☆

本案例用落地灯测试目标聚光灯的效果，案例效果和灯光效果如图5-38所示。

图5-38

🔹重点
5.1.3 目标平行光

目标平行光可以产生一个照射区域，主要用来模拟自然光线的照射效果，如图5-39所示。

> ① 技巧提示
>
> 目标平行光与目标聚光灯的参数一致，这里不再赘述。

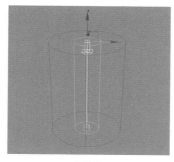

图5-39

🔹重点
🖐 案例训练：阳光休闲室

案例文件	案例文件>CH05>案例训练：阳光休闲室
技术掌握	目标平行光
难易程度	★★☆☆☆

本案例用一个简单的场景测试目标平行光的效果，案例效果和灯光效果如图5-40所示。

图5-40

01 打开本书学习资源"案例文件>CH05>案例训练：阳光休闲室"文件夹中的"练习.max"文件，如图5-41所示。

图5-41

02 使用"目标平行光"工具 目标平行光 在场景左侧的窗外创建一个灯光，位置如图5-42所示。

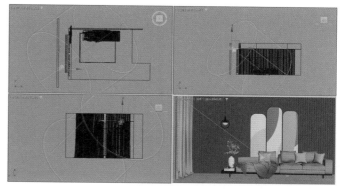

图5-42

03 选中创建的灯光，在"修改"面板中设置参数，如图5-43所示。

设置步骤

① 在"常规参数"卷展栏中设置阴影类型为VRayShadow。

② 在"强度/颜色/衰减"卷展栏中设置"倍增"为2，"颜色"为黄色。

③ 在"平行光参数"卷展栏中设置"聚光区/光束"为3130mm，"衰减区/区域"为3212mm。

> ① 技巧提示
>
> "聚光区/光束"的范围最好覆盖整个场景的模型，这样画面中就不会出现部分模型因照射不到灯光而发黑的现象。

图5-43

04 切换到摄影机视图，然后按F9键进行渲染，效果如图5-44所示。可以看到场景中的阴影边缘是清晰的，与现实中阳光照射产生的阴影边缘有差异。

图5-44

05 在"VRayShadows参数"卷展栏中勾选"区域阴影"选项，设置"U尺寸""V尺寸""W尺寸"都为50mm，如图5-45所示。按F9键渲染场景，效果如图5-46所示。可以看到阴影边缘产生了模糊效果，这样更接近真实的阴影。

图5-45　　　　　　　　图5-46

06 此时场景中阳光照射的范围外亮度很低。在场景资源管理器中找到"VR-灯光01"，可以在左侧的窗外观察到一个没有开启的VRay灯光，如图5-47和图5-48所示。

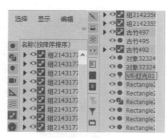

图5-47

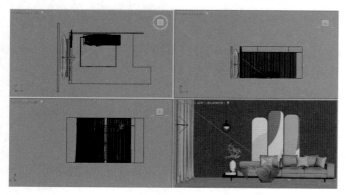

图5-48

> ① 技巧提示
>
> 没有开启的灯光会显示为黑色。

07 选中VRay灯光，勾选"启用"选项即可启用灯光照明效果，如图5-49所示。按F9键渲染场景，最终效果如图5-50所示。

图5-49

图5-50

> ◎ 知识链接
>
> VRay灯光的创建和调整方法请读者参阅"5.2.1 VRay灯光"的相关内容。

🔓 学后训练：月光走廊

案例文件	案例文件>CH05>学后训练：月光走廊
技术掌握	目标平行光
难易程度	★★☆☆☆

本案例用一个走廊场景测试目标平行光的效果，案例效果和灯光效果如图5-51所示。

图5-51

5.1.4 泛光

泛光可以向周围发散光线，其光线可以到达场景中无限远的地方，如图5-52所示。

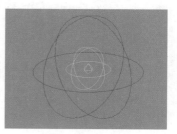

图5-52

5.2 VRay光源

安装好VRay渲染器后，在"灯光"创建面板中就可以选择VRay光源。VRay光源包含4种类型，分别是"VRayLight"（VRay灯光）、"VRayIES"（VRay光域网）、"VRayAmbientLight"（VRay环境灯光）"和"VRaySun"（VRay太阳），如图5-53所示。除了单纯的灯光工具，在VRay自带的纹理贴图中，"VRayBitmap"（VRay位图）也可以加载HDR贴图作为光源使用。本书为了方便识别，一律采用中文名称讲解。

图5-53

5.2.1 VRay灯光

VRay灯光是日常制作中使用频率非常高的一种灯光，它可以模拟室内光源，也可作为辅助光使用，如图5-54所示，其参数如图5-55所示。

图5-54

图5-55

类型 除了默认的"平面"灯光，在"类型"列表中还内置了"穹顶""球体""网格""圆盘"4种类型的灯光，如图5-56所示。

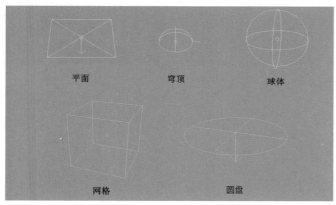

图5-56

目标 勾选该选项后，灯光照射方向会出现一个目标点，与目标平行光比较相似。

长度/宽度 控制灯光的大小，如果是"球体"或"圆盘"类型的灯光，则自动转换为"半径"。

倍增值 控制灯光的强度，一般来说相同的倍增值下平面灯光的强度会比球体灯光要强一些。

模式 灯光的颜色可以通过"颜色"或"色温"决定。用户可以通过"颜色"的颜色选择器设置任意颜色为灯光的颜色，如图5-57所示。"色温"则代表灯光的开尔文温度。如果在"贴图"通道中加载贴图，就能通过贴图的颜色控制灯光的颜色。

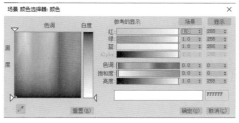

图5-57

方向性 使用"平面"和"圆盘"类型的灯光时，会出现"矩形/圆盘灯"卷展栏。在卷展栏中可以设置灯光的照射方向，类似于聚光灯的效果。"方向性"为0时，呈现180°的照射效果；"方向性"为1时，以光源本身大小进行照射，如图5-58所示。

图5-58

投射阴影 灯光如果不产生投影，对象会有种悬浮的感觉。勾选"投射阴影"选项后，灯光会产生自然的阴影效果，对比效果如图5-59所示。

图5-59

> 🔗 **知识链接**
> 阴影边缘的软硬与光源的大小有关，在"5.5 阴影的硬与柔"中会详细讲解。

双面 默认情况下，平面灯光和圆盘灯光都是单向（箭头指向的方向）产生光。如果勾选"双面"选项，光源的两个面会产生大小相同的灯光，对比效果如图5-60所示。

图5-60

不可见 如果不勾选"不可见"选项，灯光不仅会在渲染时显示出来，还会遮挡后方的其他灯光。勾选"不可见"选项后，灯光就不会被渲染，也不会遮挡后方的其他灯光，对比效果如图5-61所示。大多数情况下都会勾选"不可见"选项。如果是制作一些可见的发光灯片，则不用勾选。

图5-61

影响漫反射/影响高光/影响反射 分别控制灯光产生的照射效果，如图5-62所示。

图5-62

衰减 VRay灯光默认情况下自带衰减效果。勾选"启用近端"和"启用远端"选项后，就会在视口中显示灯光衰减的范围，如图5-63所示。通过设置衰减范围，就能得到局部照射的效果，如图5-64所示。

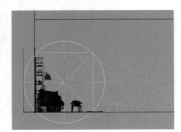

图5-63

图5-64

👑 重点

🖐 案例训练：浴室灯光

案例文件	案例文件>CH05>案例训练：浴室灯光
技术掌握	VRay灯光
难易程度	★★☆☆☆

本案例用浴室场景测试VRay灯光的效果，案例效果和灯光效果如图5-65所示。

图5-65

01 打开本书学习资源"案例文件>CH05>案例训练：浴室灯光"文件夹中的"练习.max"文件，如图5-66所示。

图5-66

02 使用"VRay灯光"工具 VRayLight 在房间顶部的筒灯模型下创建一个灯光，位置如图5-67所示。

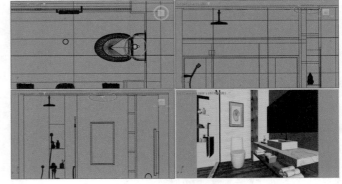

图5-67

03 选中创建的灯光，在"修改"面板中设置参数，如图5-68所示。

设置步骤

① 展开"常规"卷展栏，设置灯光"类型"为"圆盘"，"半径"为54.767mm，"倍增值"为200，"模式"为"色温"，"色温"为4000。

② 展开"选项"卷展栏，勾选"不可见"选项。

图5-68

04 将设置好的灯光以"实例"形式复制到靠近洗手台的筒灯模型下，如图5-69所示。

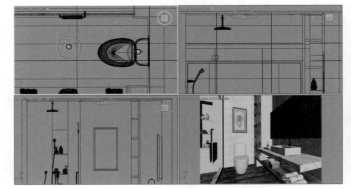

图5-69

05 按F9键渲染，效果如图5-70所示。

图5-70

06 将顶部的圆盘灯光复制到浴室的筒灯模型下方，并修改"倍增值"为50，如图5-71所示。渲染效果如图5-72所示。

图5-71   图5-72

07 在镜子后方使用"VRay灯光"工具 VRayLight 创建一个灯光，位置如图5-73所示。

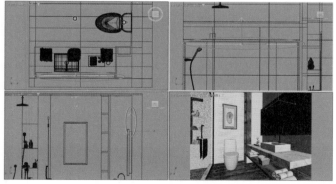

图5-73

08 选中创建的灯光，设置灯光"类型"为"平面"，"长度"为1491.31mm，"宽度"为30.491mm，"倍增值"为15，"模式"为"色温"，"色温"为5000，如图5-74所示。

图5-74

> ⚠ **技巧提示**
>
> 这个光源隐藏在镜子后面，摄影机视图中无法看到，因此"不可见"选项勾选与否不影响渲染效果。

09 将上一步创建的灯光以"实例"形式复制到镜子的下方，如图5-75所示。渲染效果如图5-76所示。

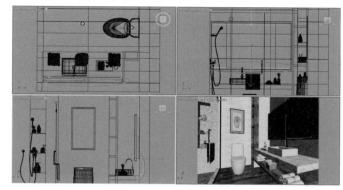

图5-75

图5-76

10 洗手台下方的柜子还很黑。使用"VRay灯光"工具 VRayLight 在柜子处创建一个平面灯光，位置如图5-77所示。

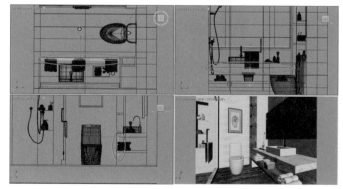

图5-77

11 选中创建的灯光，在"修改"面板中设置参数，如图5-78所示。

设置步骤

① 展开"常规"卷展栏，设置灯光"类型"为"平面"，"长度"为1491.31mm，"宽度"为30.491mm，"倍增值"为8，"模式"为"色温"，"色温"为3200。

② 展开"选项"卷展栏，勾选"不可见"选项。

图5-78

12 将设置好的灯光以"实例"形式复制到下一层柜体的下方，如图5-79所示。渲染效果如图5-80所示。

13 场景中绝大部分的物体都已经被照亮，只剩下洗手台的侧面还比较黑，如图5-81所示。在摄影机后方添加一个VRay灯光，位置如图5-82所示。

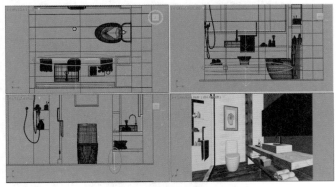

图5-79

图5-80

图5-81

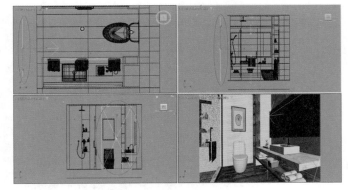

图5-82

14 选中创建的灯光，在"修改"面板中设置参数，如图5-83所示。

设置步骤

① 展开"常规"卷展栏，设置灯光"类型"为"平面"，"长度"为1166.95mm，"宽度"为2570.94mm，"倍增值"为0.3，"颜色"为白色。

② 展开"选项"卷展栏，勾选"不可见"选项。

> ① **技巧提示**
>
> 场景中的灯光都是暖色的，这一步创建的补光除了可以设置为白色，还可以设置为浅蓝色。

图5-83

15 按F9键渲染场景，案例最终效果如图5-84所示。

图5-84

👆 案例训练：台灯灯光

案例文件	案例文件>CH05>案例训练：台灯灯光
技术掌握	VRay灯光
难易程度	★★☆☆☆

本案例用一盏工业风格的台灯测试VRay灯光的效果，案例效果和灯光效果如图5-85所示。

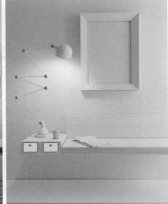

图5-85

01 打开本书学习资源"案例文件>CH05>案例训练：台灯灯光"文件夹中的"练习.max"文件，如图5-86所示。

图5-86

02 使用"VRay灯光"工具 VRayLight 在场景右侧的窗外创建一个灯光，位置如图5-87所示。

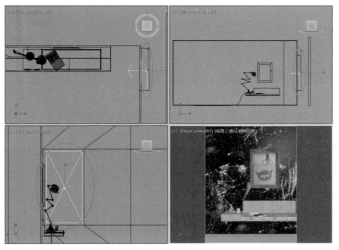

图5-87

03 选中创建的灯光，然后在"修改"面板中设置参数，如图5-88所示。

设置步骤

① 展开"常规"卷展栏，设置灯光"类型"为"平面"，"长度"为1008.05mm，"宽度"为1910.60mm，"倍增值"为3，"颜色"为白色。

② 展开"选项"卷展栏，勾选"不可见"选项。

图5-88

04 切换到摄影机视图，然后按F9键渲染场景，效果如图5-89所示。

图5-89

05 在台灯的灯罩模型内创建一个VRay灯光，位置如图5-90所示。

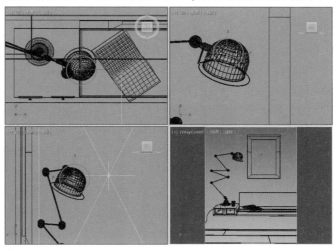

图5-90

06 选中创建的VRay灯光，然后在"修改"面板中设置参数，如图5-91所示。

设置步骤

① 展开"常规"卷展栏，设置灯光"类型"为"球体"，"半径"为41.142mm，"倍增值"为120，"色温"为4000。

② 展开"选项"卷展栏，勾选"不可见"选项。

图5-91

① 技巧提示

模拟室内人工光源时使用"色温"参数控制灯光颜色会使其更加接近现实生活中的灯光，当然也可以使用RGB的颜色数值控制灯光颜色。

07 切换到摄影机视图，按F9键渲染场景，效果如图5-92所示。

图5-92

🔒 学后训练：吊灯灯光

案例文件	案例文件>CH05>学后训练：吊灯灯光
技术掌握	VRay灯光
难易程度	★★☆☆☆

本案例用一组吊灯测试VRay灯光的效果，案例效果和灯光效果如图5-93所示。

图5-93

⭐ 重点

5.2.2 VRay太阳

VRay太阳常用于模拟真实的太阳光，模型如图5-94所示，参数较为简单，如图5-95所示。

图5-94

图5-95

> ⓘ 技巧提示
>
> 在创建VRay太阳时，系统会弹出对话框询问是否添加VRay天空贴图，如图5-96所示。单击"是"按钮 是(Y) 就会在"环境和效果"窗口中添加VRay天空贴图，这张贴图会与灯光相关联，产生不同的亮度和颜色。单击"否"按钮 否(N) 则不会添加贴图。
>
>
>
> 图5-96

灯光的颜色会随着灯光与地面的夹角不同而产生变化。当灯光与地面的夹角较小时，灯光颜色偏暖，效果类似于夕阳，如图5-97所示。当灯光与地面夹角较大时，灯光颜色偏白，效果类似于中午的阳光，如图5-98所示。

图5-97　　　　　　　　　图5-98

浑浊度 决定了加载的天空贴图的冷暖色调，当灯光夹角不变时，"浑浊度"数值越小，灯光越冷，如图5-99所示。

图5-99

臭氧 控制空气中臭氧的含量，当灯光夹角不变时，"臭氧"数值越小，灯光越黄，如图5-100所示。

图5-100

> ⓘ 技巧提示
>
> 在系统默认的"PRG晴天"模式下，"浑浊度"和"臭氧"两个参数无法设置。

强度倍增值 控制灯光的强度。

尺寸倍增值 控制灯光的大小，值越大，阴影的边缘越模糊，如图5-101所示。

图5-101

天空模型 VRay太阳提供了5种天空模型，每种模型产生的效果不同，其中"PRG晴天"是系统默认的天空模型，如图5-102所示。当"天空模型"设置为"CIE晴天"和"CIE阴天"时，"间接水平照明"参数会控制天空模型所产生的环境光的强度。

图5-102

地面反照率 通过颜色控制画面的反射颜色，不同颜色的对比效果如图5-103所示。

图5-103

👑 重点

案例训练：阳光儿童房

案例文件	案例文件>CH05>案例训练：阳光儿童房
技术掌握	VRay太阳
难易程度	★★☆☆☆

本案例用一个儿童房场景测试VRay太阳的效果，案例效果和灯光效果如图5-104所示。

图5-104

01 打开本书学习资源"案例文件>CH05>案例训练：阳光儿童房"中的"练习.max"文件，如图5-105所示。

图5-105

02 切换到顶视图，然后使用"VRay太阳"工具 VRaySun 在视口中创建一个灯光，如图5-106所示，在弹出的"V-Ray太阳"对话框中单击"是"按钮 是(Y)，如图5-107所示。

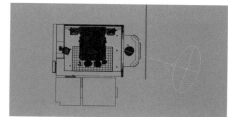

图5-106　　　　　　　　　图5-107

03 切换到前视图，然后调整灯光的高度，如图5-108所示。

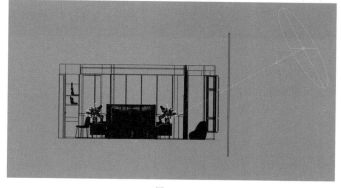

图5-108

ⓘ 技巧提示

在制作一般的日光场景时，灯光与地面的夹角在45°~60°时产生的光影效果比较漂亮。

04 选中创建的灯光，在"修改"面板中设置"强度倍增值"为0.03，"尺寸倍增值"为5，"天空模型"为"PRG晴天"，如图5-109所示。

图5-109

05 切换到摄影机视图，然后按F9键渲染场景，效果如图5-110所示。

图5-110

06 观察灯光的效果。图5-110中阳光的亮度合适，产生的投影方向和形状也较为合适，只是画面左侧显得比较平淡。使用"VRay灯光"工具 VRayLight 在左侧柜子的隔板下方创建一个平面灯光，并按照隔板的角度进行旋转，位置如图5-111所示。

图5-111

07 选中创建的灯光，在"修改"面板中设置参数，如图5-112所示。

设置步骤

① 展开"常规"卷展栏，设置灯光"类型"为"平面"，"长度"为70mm，"宽度"为926.417mm，"倍增值"为1，"模式"为"色温"，"色温"为4000。

② 展开"选项"卷展栏，勾选"不可见"选项。

图5-112

08 将平面灯光复制3份，移动到其他隔板的下方，位置如图5-113所示。

图5-113

> ① **技巧提示**
>
> 灯光的长度会有所不同，因此这一步复制灯光时最好不要使用"实例"模式。

09 按F9键渲染场景，效果如图5-114所示。

图5-114

10 观察渲染的图片，床头位置还显得有些平淡。使用"VRay灯光"工具 VRayLight 在床头位置创建一个灯光，模拟灯带，如图5-115所示。

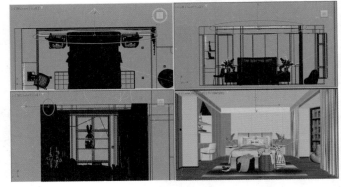

图5-115

11 选中创建的灯光，在"修改"面板中设置参数，如图5-116所示。

设置步骤

① 展开"常规"卷展栏，设置灯光"类型"为"平面"，"长度"为3980mm，"宽度"为60mm，"倍增值"为0.6，"模式"为"色温"，"色温"为5000。

② 展开"选项"卷展栏，勾选"不可见"选项。

图5-116

12 按F9键渲染场景，案例最终效果如图5-117所示。

图5-117

学后训练：夕阳图书室

案例文件	案例文件>CH05>学后训练：夕阳图书室
技术掌握	VRay太阳
难易程度	★ ★ ☆ ☆ ☆

本案例用一个图书室场景测试VRay太阳的效果，案例效果和灯光效果如图5-118所示。

图5-118

5.2.3 VRay位图

VRay位图是VRay自带的纹理贴图，本身不具有发光的属性，需要单独加载带有亮度信息的HDR贴图，从而形成环境贴图为整个场景提供光照和反射，如图5-119所示。相比普通图片格式的文件，.hdr格式的文件会包含更多的信息，其中就有亮度信息，因此常用作环境光。

图5-119

映射类型 .hdr文件需要加载在"位图"通道中，默认情况下，贴图以"3ds Max标准"类型显示，如图5-120所示。在"映射类型"下拉列表中，还可以选择其他的贴图显示类型，如图5-121所示。其中最常用的是"球形"，能360°环绕场景，形成球体的照明效果。

图5-120

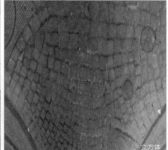

图5-121

> ① **技巧提示**
>
> 有些.hdr文件本身就是球形效果，如图5-122所示。遇到这种类型的文件，需要选用"3ds Max标准"类型。
>
>
>
> 图5-122

水平旋转/垂直旋转 加载的.hdr文件的亮部位置未必适配当前场景的布光方向，此时就需要使用"水平旋转"和"垂直旋转"参数调整文件在场景中的角度，使其适合场景。

整体倍增值/渲染倍增值 如果需要改变文件产生光照的强度，可以设置"整体倍增值"或"渲染倍增值"，二者都可以让光照发生改变。不同点在于，设置"整体倍增值"后能在视口中观察到变化，而设置"渲染倍增值"后不能在视口中观察到变化。图5-123所示是"整体倍增值"为1和5时的对比效果。

图5-123

① 技巧提示

　　.hdr文件本身是带有颜色的贴图，因此发出的光也与贴图的颜色有关。不同颜色的贴图会对场景产生不同颜色的照射效果，如图5-124所示。

图5-124

👑 重点

🖐 案例训练：自然照明灯光

案例文件	案例文件>CH05>案例训练：自然照明灯光
技术掌握	VRay位图
难易程度	★★☆☆☆

　　本案例用VRay位图模拟环境光，制作出自然光照效果，案例效果和灯光效果如图5-125所示。

图5-125

01 打开本书学习资源"案例文件>CH05>案例训练：自然照明灯光"文件夹中的"练习.max"文件，如图5-126所示。

图5-126

02 按8键打开"环境和效果"窗口，单击"环境贴图"通道，在弹出的"材质/贴图浏览器"对话框中选择"VRayBitmap"（VRay位图）选项，如图5-127所示。

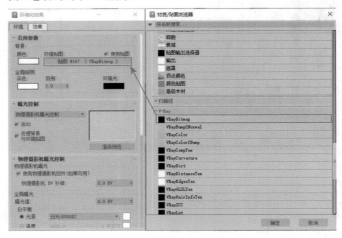

图5-127

① 技巧提示

　　后文全部采用VRayBitmap的中文名称。

03 按M键打开材质编辑器，将"环境贴图"通道中加载的VRay位图以"实例"的方式复制到空白材质球上，如图5-128所示。

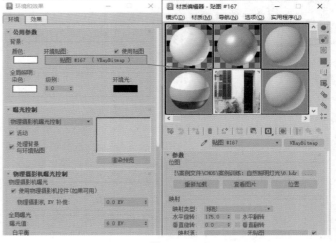

图5-128

04 选中VRay位图材质，然后在"位图"通道中加载学习资源中的8.hdr文件，设置"映射类型"为"球形"，"水平旋转"为175，"整体倍增值"为3，"渲染倍增值"为2，如图5-129所示。

图5-129

05 按F9键渲染场景，效果如图5-130所示。

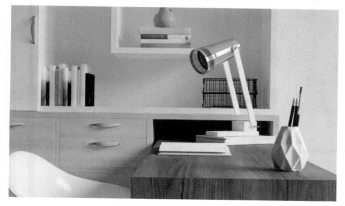

图5-130

◉ 知识课堂：快速确定HDR贴图的角度

加载的外部HDR贴图的内容各有不同，如何能快速确定贴图的光照角度使其恰好与场景相符合？下面为读者详细讲解。

第1步 加载完HDR贴图后，按快捷键Alt+B打开"视口配置"对话框，如图5-131所示。

第2步 在"视口配置"对话框中选择"使用环境背景"选项，如图5-132所示，并单击"确定"按钮 确定 。

第3步 切换到透视视图，可以看到原本灰色的背景变成加载的.hdr文件，如图5-133所示。

第4步 将视角转向窗口位置，然后在VRay位图材质的"参数"卷展栏中调整"水平旋转"参数，使高光区域朝向窗口位置，如图5-134所示。

图5-131

图5-132

图5-133

图5-134

通过这种方法可以快速确定HDR贴图的角度，再也不用一边调整"水平旋转"参数，一边渲染场景去找合适的角度了。

5.3 灯光的氛围

灯光的颜色可以为场景营造不同的氛围，不同的颜色可以体现不同的时间，表现不同的空间，如图5-135所示。本节通过同一个场景为读者讲解不同灯光颜色所体现的氛围。

灯光的氛围

清冷	温馨	阴暗
多出现在清晨时段，灯光颜色偏白色	多出现在中午或晚上，暖色光源为场景的主光源	多出现在阴天，主光源偏蓝灰色或绿色

图5-135

🔖 重点

5.3.1 清冷的灯光氛围

清冷的灯光氛围多出现在清晨时段，不论是环境光还是主光源，颜色都偏白，图5-136所示是清冷氛围的参考图。由Firefly生成的参考图可知，清晨时段的光线以白色、青色和浅黄色为主，因此整个画面呈现偏冷的色调。

图5-136

以测试场景为例，使用"VRay灯光"工具在场景右侧创建一个平面灯光，设置灯光的颜色为默认的白色，效果如图5-137所示。继续设置灯光的颜色为浅青色，效果如图5-138所示。相比于默认的白色，浅青色的灯光会显得画面更加清冷，这种色调就是清冷氛围的环境色。

图5-137

图5-138

当场景中加入人工光源时，灯光的颜色需要设置得浅一些。在落地灯的灯罩内创建一个灯光，颜色分别设置为橙色和浅黄色，效果如图5-139和图5-140所示。通过对比可以发现，浅黄色的灯光会更加适合营造清冷的氛围。

图5-139　　　　　　　　　图5-140

👑重点

🖐案例训练：清冷氛围的休闲室

案例文件	案例文件>CH05>案例训练：清冷氛围的休闲室
技术掌握	VRay灯光；VRay太阳；清冷灯光氛围
难易程度	★★★☆☆

本案例用一个休闲室场景测试清冷氛围灯光的效果，案例效果和灯光效果如图5-141所示。

01 打开本书学习资源"案例文件>CH05>案例训练：清冷氛围的休闲室"文件夹中的"练习.max"文件，如图5-142所示。

图5-141　　　　　　　　　　　　　　　图5-142

02 创建场景的环境光。在场景左侧的窗外创建一个VRay灯光作为场景的环境光，位置如图5-143所示。

03 选中上一步创建的灯光，然后在"修改"面板中设置参数，如图5-144所示。

设置步骤

① 展开"常规"卷展栏，设置灯光"类型"为"平面"，"长度"为2053.66mm，"宽度"为1927.07mm，"倍增值"为30，"颜色"为浅青色。

② 展开"选项"卷展栏，勾选"不可见"选项。

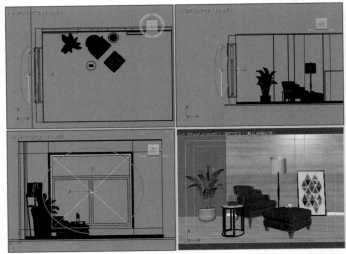

ⓘ **技巧提示**

根据参考图的提示，环境光的颜色偏白偏冷，因此设置灯光颜色为浅青色。

图5-143　　　　　　　　　　　　　　　图5-144

04 创建太阳光。在窗外创建一个VRay太阳作为太阳光，由于要表现清晨，因此VRay太阳与地面的夹角较小，如图5-145所示。

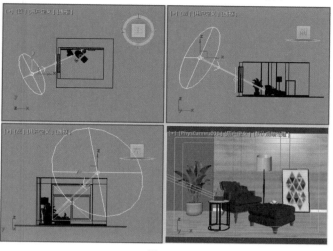

图5-145

05 选中上一步创建的太阳光，然后在"修改"面板中设置"强度倍增值"为0.15，"尺寸倍增值"为8，"天空模型"为Preetham et al.，如图5-146所示。

06 切换到摄影机视图，然后按F9键渲染场景，效果如图5-147所示。需要注意的是，太阳光的强度不要超过环境光的强度，这样才能更好地表现清冷的氛围。

图5-146

图5-147

★重点

5.3.2 温馨的灯光氛围

暖色的灯光给人的感觉比较温馨，因此要表现温馨的灯光氛围，就要将暖色光源作为场景的主光源。温馨的灯光氛围可以是白天，也可以是晚上。图5-148所示是Firefly生成的参考图。观察参考图可以总结出，温馨氛围的灯光多数采用暖黄色或橘色，冷色的灯光很少。

图5-148

以测试场景为例，使用"VRay太阳"工具在场景右侧创建一个太阳光，同时加载配套的VRay天空贴图，效果如图5-149所示。使用"VRay灯光"工具在场景右侧创建一个白色的平面灯光增加环

境光的亮度，效果如图5-150所示。通过对比可以发现，白天时段的场景中主光源为偏暖色的灯光时，呈现温馨的灯光氛围。当环境光的亮度增加后，会增加场景空间的通透感，让灯光氛围更加温馨。需要注意的是，环境光的亮度不要高于太阳光的亮度。

图5-149 　　　　　　　　　　　　图5-150

如果是表现夜晚的场景，环境光的颜色偏冷偏暗，大多数情况下会使用深蓝色或灰蓝色的灯光，如图5-151所示。

图5-151

室内的人工光源需要选用亮度较高且偏暖的灯光。图5-152所示的落地灯灯光颜色分别为浅黄色和橙色，可以明显地感受到橙色灯光让场景显得更加温馨。在夜晚场景中，人工光源和环境光的强度需要根据场景表现进行设置，没有固定值。

图5-152

★重点

🖐 案例训练：温馨氛围的卧室

案例文件	案例文件>CH05>案例训练：温馨氛围的卧室
技术掌握	VRay灯光；VRay太阳；温馨灯光氛围
难易程度	★★★☆☆

本案例用一个卧室场景测试白天温馨氛围灯光的效果，案例效果和灯光效果如图5-153所示。

图5-153

01 打开本书学习资源"案例文件>CH05>案例训练：温馨氛围的卧室"文件夹中的"练习.max"文件，如图5-154所示。

图5-154

02 创建主光源。在左侧窗外创建一个VRay灯光，位置如图5-155所示。

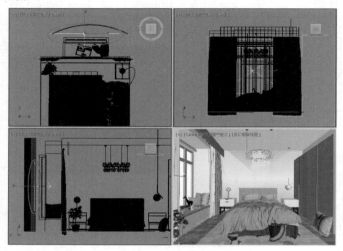

图5-155

03 选中上一步创建的灯光，然后在"修改"面板中设置参数，如图5-156所示。

设置步骤

① 展开"常规"卷展栏，设置灯光"类型"为"平面"，"长度"为1200.18mm，"宽度"为1609.59mm，"倍增值"为4，"颜色"为白色。

② 展开"选项"卷展栏，勾选"不可见"选项。

图5-156

04 在摄影机视图按F9键进行渲染，效果如图5-157所示。观察渲染的效果，飘窗部分亮度合适，室内较暗。

图5-157

05 在飘窗内部复制一个步骤02中创建的灯光，以补充环境光，缩小复制灯光的尺寸并修改"颜色"为浅黄色，如图5-158所示。

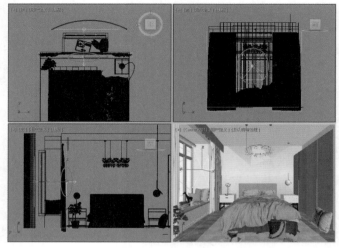

图5-158

06 在摄影机视图按F9键渲染，效果如图5-159所示。

图5-159

07 使用"VRay太阳"工具 VRaySun 在窗外创建一个太阳光，位置如图5-160所示。

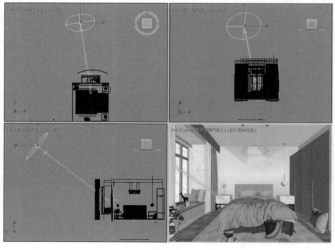

图5-160

08 选中上一步创建的太阳光，然后设置"强度倍增值"为0.08，"尺寸倍增值"为3，"天空模型"为"PRG晴天"，如图5-161所示。

09 在摄影机视图按F9键渲染，效果如图5-162所示。

图5-161　　　　　　　　图5-162

★重点
5.3.3 阴暗的灯光氛围

阴暗的灯光氛围常出现在CG场景中，偏灰的蓝色或绿色是场景的主色调，白色或其他浅色作为点缀，图5-163所示为Firefly生成的参考图。阴暗氛围的画面整体亮度不高，但会有少部分高亮区域，以保持画面的层次感。

图5-163

以测试场景为例，将场景的环境光设置为亮度不高的白色或偏灰的青色，效果如图5-164所示。整个场景给人一种压抑、阴郁的感觉，符合阴暗的灯光氛围。虽然阴暗氛围与清冷氛围的场景中都使用了青色，但偏灰的青色与纯青色相比，饱和度低，亮度也低，就给人压抑的感觉。

图5-164

如果要在场景中增加人工光源，其亮度不宜过高，且使用面积不能太大，如图5-165所示。不论使用浅色还是深色的暖色灯光，都能起到点缀画面的作用。

图5-165

阴暗的灯光氛围特别适合表现阴雨天等云层较多的场景。在日常制作商业效果图时，这种灯光氛围不是主流，它更多出现在一些展示个人技巧的效果图中。

★重点
👆 案例训练：阴暗氛围的过道

案例文件	案例文件>CH05>案例训练：阴暗氛围的过道
技术掌握	VRay灯光；阴暗灯光氛围
难易程度	★★★☆☆

本案例用一个过道场景测试阴暗氛围灯光的效果，案例效果和灯光效果如图5-166所示。

图5-166

01 打开本书学习资源"案例文件>CH05>案例训练：阴暗氛围的过道"文件夹中的"练习.max"文件，如图5-167所示。

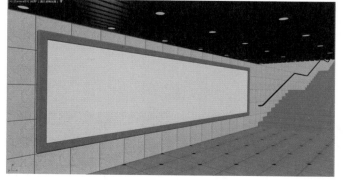

图5-167

02 确定环境光。使用"VRay灯光"工具 VRayLight 在楼梯上方创建一个灯光，位置如图5-168所示。

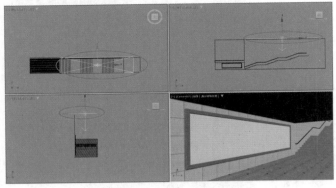

图5-168

03 选中上一步创建的灯光，然后在"修改"面板中设置参数，如图5-169所示。

设置步骤

① 展开"常规"卷展栏，设置灯光"类型"为"平面"，"长度"为332.469mm，"宽度"为112.507mm，"倍增值"为5，"颜色"为灰色。

② 展开"选项"卷展栏，勾选"不可见"选项。

图5-169

04 切换到摄影机视图进行渲染，效果如图5-170所示。灰色的环境色让整个画面显得阴冷压抑。

图5-170

05 画面的左侧很黑，需要在出口一侧创建一个VRay灯光，位置如图5-171所示。

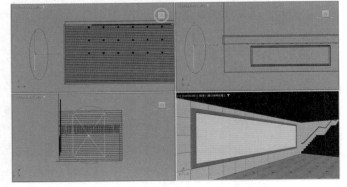

图5-171

06 选中上一步创建的灯光，然后在"修改"面板中设置参数，如图5-172所示。

设置步骤

① 展开"常规"卷展栏，设置灯光"类型"为"平面"，"长度"为55.446mm，"宽度"为55.816mm，"倍增值"为15，"颜色"为灰色。

② 展开"选项"卷展栏，勾选"不可见"选项。

图5-172

07 按F9键渲染场景，效果如图5-173所示。

图5-173

5.4 灯光的层次

层次感是设置灯光参数时很重要的考虑因素。好的层次感可以让画面显得更加立体，即使用很少的灯光也能实现不错的效果。要塑造灯光的层次感就一定要明确场景中不同层次灯光的作用，如图5-174所示。

灯光的层次 > | **亮度层次** 增加空间立体感 | **冷暖对比** 强调画面主体 |

图5-174

👑重点

5.4.1 亮度层次

改变灯光的亮度是塑造画面层次感最直接的方法。图5-175中只有一个光源，即室外的环境光。由于光的衰减，从窗外到室内形成了由亮到暗的渐变效果，如图5-176所示。

图5-175

图5-176

以测试场景为例，在场景右侧添加一个白色的灯光，效果如图5-177所示，灰度效果如图5-178所示。从灰度效果图中可以很明显地看到添加了灯光的场景右侧最亮，左侧最暗。整个场景从右往左出现亮度递减的效果，场景中的物体有亮面也有暗面，在人的视觉感受中就表现为场景中的物体呈现立体效果。

图5-177　　　　　　　　　　图5-178

如果在摄影机的方向添加一个亮度相同的白色灯光，灰度效果如图5-179所示。可以发现画面中亮面和暗面的区分不明显，整个画面没有图5-178表现出的强烈的立体效果。

如果需要在摄影机方向添加一个灯光，那么这个灯光的亮度一定要低于右侧的灯光，如图5-180所示。此时画面中仍然存在亮面和暗面，保留了画面的立体效果。

图5-179　　　　　　　　　　图5-180

★ 重点

5.4.2 冷暖对比

冷暖对比是通过灯光的颜色将画面进行层次划分。常见的冷暖对比色是蓝色和黄色，可以将其中一种颜色的灯光作为主光源，另一种颜色的灯光作为辅助光源。

图5-181是Firefly生成的参考图，其中主光源是偏青色的环境光，屋内橙色的人工光源则是辅助光源。虽然橙色的辅助光源亮度高于环境光，但其照射范围有限，只是起到点缀画面的作用，这样

在亮度上就起到区分画面层次的作用。偏青色的主光源和橙色的辅助光源又在灯光颜色上形成冷暖对比，进而塑造出画面层次感。

图5-181

以测试场景为例，右侧的环境光是天蓝色，落地灯的人工光源是浅黄色，如图5-182所示。画面中既有冷色的灯光，又有暖色的灯光，赋予了画面层次感。

灯光层次感的表现不仅需要亮度层次，也需要冷暖对比，两者缺一不可。

图5-182

★ 重点

🖱 案例训练：创建灯光层次

案例文件	案例文件>CH05>案例训练：创建灯光层次
技术掌握	VRay灯光；灯光的亮度层次和冷暖对比
难易程度	★★★☆☆

本案例用一个客厅场景创建灯光的层次，案例效果和灯光效果如图5-183所示。

图5-183

01 打开本书学习资源"案例文件>CH05>案例训练：创建灯光层次"文件夹中的"练习.max"文件，如图5-184所示。

图5-184

02 创建主光源。使用"VRay灯光"工具 VRayLight 在窗外创建一个灯光，位置如图5-185所示，灯光会照亮整个场景。

图5-185

03 选中上一步创建的灯光，在"修改"面板中设置灯光"类型"为"平面"，"长度"为2109.11mm，"宽度"为3702.73mm，"倍增值"为40，"颜色"为白色，然后勾选"不可见"选项，如图5-186所示。灯光设置为白色，整个画面会显得干净自然。

图5-186

04 在摄影机视图进行渲染，效果如图5-187所示。由于灯光在场景左侧，因此画面中从左到右形成了由亮到暗的层次感。灰度效果如图5-188所示。

图5-187

图5-188

05 现在画面整体为冷色，缺少暖色，为了让画面有冷暖对比，在场景的台灯模型中添加一个暖色的辅助光源。使用"VRay灯光"工具 VRayLight 在台灯灯罩内创建一个灯光，位置如图5-189所示。

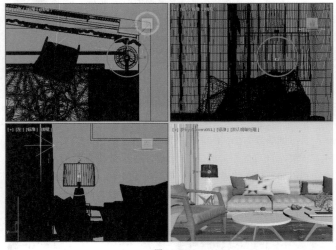

图5-189

06 选中上一步创建的灯光，在"修改"面板中设置灯光"类型"为"球体"，"半径"为8.662mm，"倍增值"为4000，"色温"为4000，然后勾选"不可见"选项，如图5-190所示。

图5-190

07 在摄影机视图中渲染场景，效果如图5-191所示，阴影部分被橙色的灯光照亮，画面中出现了暖色。此时画面中左边是暖色，右边是冷色，形成了冷暖对比。

图5-191

5.5 阴影的硬与柔

画面有了氛围和层次感，接下来关注阴影的细节部分。硬与柔的阴影能增加画面的细节，让画面显得更加真实，如图5-192所示。

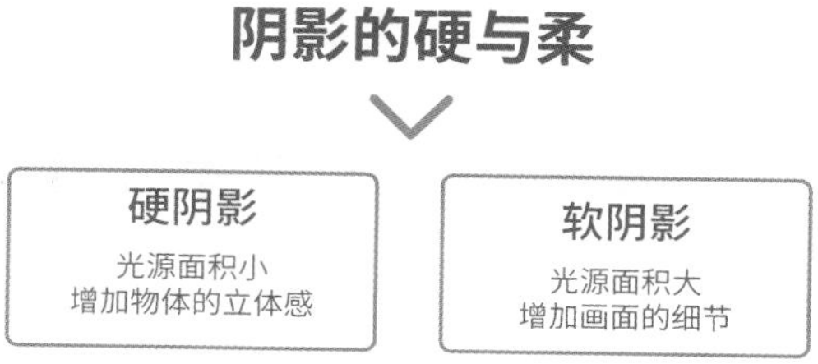

阴影的硬与柔

硬阴影	软阴影
光源面积小 增加物体的立体感	光源面积大 增加画面的细节

图5-192

5.5.1 硬阴影

硬阴影由小面积的光源产生，面积越小的光源，所产生的阴影边缘越清晰。硬阴影可以增加物体的立体感，让画面看起来更加真实。

图5-193中，阳光照射产生的阴影边缘清晰，这就是硬阴影。

以测试场景为例，在场景上方创建目标灯光模拟射灯，灯光面积很小，所产生的阴影边缘就显得清晰，如图5-194所示。硬阴影可以强调画面中的明暗对比，增加灯光的亮度层次。

图5-193　　　　　　　　　　图5-194

除了使用目标灯光，还可以使用面积很小的VRay灯光模拟硬阴影。一般情况下，灯光的"长度"和"宽度"为50mm~100mm时呈现的阴影就是硬阴影。

5.5.2 软阴影

与硬阴影相对的是软阴影，它由大面积的光源产生，面积越大的光源，所产生的阴影边缘越模糊。软阴影可以增加画面的细节，与硬阴影形成对比。

图5-195中没有明显的硬阴影，只在桌椅的下方有天空产生的环境光形成的边缘模糊的阴影，这就是软阴影。由于天空是一个巨大的光源，且没有明确的照射方向，因此产生的阴影边缘非常模糊。

以测试场景为例，场景右侧的VRay灯光是一个大尺寸的平面灯

光，渲染的画面效果如图5-196所示。此时在茶几下方的阴影边缘就呈现模糊的效果，与图5-194中目标灯光所产生的阴影边缘完全不同。

图5-195　　　　　　　　　　图5-196

案例训练：创建阴影层次

案例文件	案例文件>CH05>案例训练：创建阴影层次
技术掌握	VRay灯光；目标灯光；硬阴影和软阴影
难易程度	★★★☆☆

本案例用一个浴室场景创建阴影的层次，案例效果和灯光效果如图5-197所示。

图5-197

01 打开本书学习资源"案例文件>CH05>案例训练：创建阴影层次"文件夹中的"练习.max"文件，如图5-198所示。

图5-198

02 创建环境光。使用"VRay灯光"工具 VRayLight 在右侧窗外创建一个灯光，位置如图5-199所示。

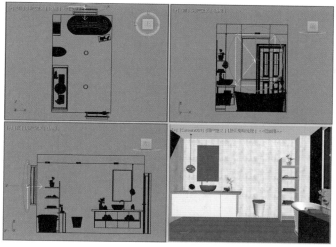

图5-199

03 选中上一步创建的灯光，在"修改"面板中设置"类型"为"平面"，"长度"为1230.19mm，"宽度"为1654.78mm，"倍增值"为5，"颜色"为浅蓝色，然后勾选"不可见"选项，如图5-200所示。

图5-200

04 在摄影机视图渲染场景，效果如图5-201所示。在窗外创建的灯光面积较大，所产生的阴影边缘相对模糊，几乎没有硬阴影。

图5-201

05 创建筒灯灯光。使用"目标灯光"工具 目标灯光 在筒灯模型下方创建一个灯光，然后以"实例"形式复制到另外两个筒灯模型下方，位置如图5-202所示。

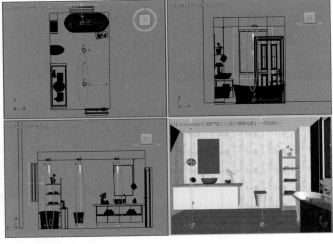

图5-202

06 选中上一步创建的目标灯光，在"修改"面板中设置参数，如图5-203所示。

设置步骤

① 在"常规参数"卷展栏中设置阴影类型为VRayShadow，"灯光分布（类型）"为"光度学Web"。

② 在"分布（光度学Web）"卷展栏中加载学习资源中的15.ies文件。

③ 在"强度/颜色/衰减"卷展栏中设置"过滤颜色"为黄色，"强度"为10000。

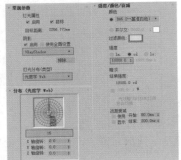

图5-203

07 在摄影机视图中渲染场景，效果如图5-204所示。筒灯灯光面积小，所产生的阴影边缘较硬，这样场景中的阴影就有了锐利与模糊的对比效果，从而产生了层次感。

图5-204

5.6 线性工作流与OCIO颜色模式

3ds Max 2024中新加入了OCIO颜色模式，相比于默认的线性工作流，其色彩会更加还原，且不会偏灰。

5.6.1 线性工作流

线性工作流是写实渲染的理论基础，是通过调整图像Gamma值使得图像线性化显示的技术流程。由于显示器不能准确地显示图片实际的亮度，因此需要设置Gamma值以得到正确的亮度和颜色显示效果。

图5-205所示为传统显示Gamma值为1.0时的效果，此时图片颜色较暗，如果要增加亮度，就需要增大灯光的亮度或加大进光口的面积。

图5-206所示为开启线性工作流后的效果，即Gamma值为2.2时的效果，此时图片亮度合适。在3ds Max 2024中，默认显示的就是图5-206的效果。

图5-205   图5-206

线性工作流不仅会影响灯光的显示亮度，也会影响HDR贴图的显示亮度。图5-207所示是在同一张HDR贴图的作用下不同Gamma值的效果，左边是Gamma值为1.0的效果，右边是Gamma值为2.2的效果，显然右边的亮度和颜色看起来更加舒服。

图5-207

开启线性工作流之后，材质面板中的材质球显示颜色也会发生改变，如图5-208所示。

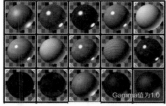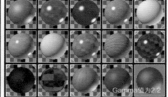

图5-208

5.6.2 OCIO颜色模式

OCIO（OpenColorIO，开放色彩基础设施）颜色模式支持从OCIO配置文件转换颜色空间。在渲染色彩空间支持方面，它涵盖ACEScg显示/查看视口、渲染帧窗口、材质编辑器、拾色器、色板、图像文件查看器和Arnold渲染视图等组件。

相比于线性工作流，OCIO颜色模式下显示的颜色会更接近原本设置的颜色，尤其是在贴图显示上。线性工作流会让材质贴图的颜色变亮变灰，因此在场景中看到的颜色和渲染出来的颜色会有一些区别，OCIO就很好地解决了这一问题。

线性工作流还有一个缺点，即渲染的效果图会发灰，如图5-209所示。相同的参数转换为OCIO颜色模式后，画面对比度会增加，且没有原来那么灰，降低了后期调整的难度，如图5-210所示。

图5-209　　　　　　图5-210

5.6.3 切换OCIO颜色模式

默认情况下，3ds Max 2024为线性工作流，需要手动切换到OCIO颜色模式。下面介绍具体方法。

第1步 执行"渲染">"颜色管理"命令打开"首选项设置"对话框，在"颜色管理"选项卡中设置"颜色管理模式"为"OCIO（技术预览）-3ds Max默认"，如图5-211所示。剩余的参数不需要调整，使用系统提供的值即可。单击"确定"按钮 确定 确定修改。

图5-211

第2步 按F9键渲染场景时，在渲染窗口的右侧选中"显示色彩校正"图层，在下方选择OCIO选项，就能在左侧渲染的画面中观察到校正后的颜色效果，如图5-212所示。

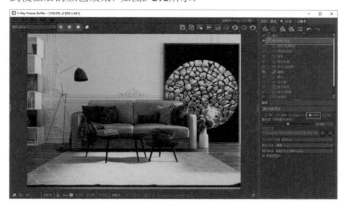

图5-212

> ① **技巧提示**
>
> 勾选下方的"保存进图片"选项后，校正了颜色的渲染图才能被正确保存，如图5-213所示。
>
>
>
> 图5-213

5.7 综合训练营

通过之前的学习，相信读者已经掌握了灯光工具的用法。下面通过4个综合训练案例为读者讲解灯光工具在实际工作中的运用。需要读者注意的是，本节案例中的灯光参数仅供参考，读者在实际制作时可按照喜好进行修改。

👑 重点

◈ 综合训练：化妆品展示灯光

案例文件	案例文件>CH05>综合训练：化妆品展示灯光
技术掌握	产品布光
难易程度	★★★★☆

本案例为一组化妆品布置展示灯光，案例效果和灯光效果如图5-214所示。

图5-214

01 打开本书学习资源"案例文件>CH05>综合训练：化妆品展示灯光"文件夹中的"练习.max"文件，如图5-215所示。

图5-215

02 制作无缝背景板。使用"线"工具 线 在左视图绘制样条线，然后使用"挤压"修改器挤压出宽度，如图5-216所示。

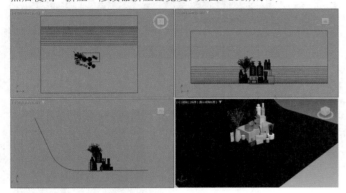

图5-216

◎ 知识课堂：产品布光中使用的工具

产品布光中使用的工具大致分为灯具、反光板和背景板3类。

灯具：由闪光灯组成，配合柔光箱、雷达罩、蜂窝、滤片、四页遮光板、反光伞和柔光伞等配件形成多种样式的灯光效果。

反光板：从背光面进行补光，有时候可以充当闪光灯使用。

背景板：各种纯色的无纺布，通常为U形，放置于地上形成无缝背景效果，如图5-217所示。小型的柔光棚也适合拍摄产品，如图5-218所示。

图5-217　　　　　　图5-218

03 按照图5-219所示的摄影棚参考图布置灯光，首先布置主灯。使用"VRay灯光"工具 VRayLight 在摄影机左侧创建一个灯光，模拟柔光箱的光线效果，位置如图5-220所示。

图5-219

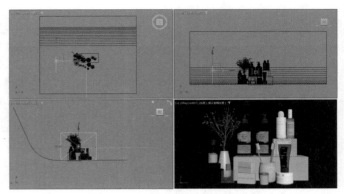

图5-220

04 选中上一步创建的灯光，在"修改"面板中设置灯光"类型"为"平面"，"长度"为61.759mm，"宽度"为48.482mm，"倍增值"为30，"颜色"为白色，如图5-221所示。

① 技巧提示

VRay平面灯光形状与柔光箱类似，且灯光所产生的阴影不会特别锐利。

图5-221

05 在摄影机视图中渲染场景，效果如图5-222所示。此时背景板部分会显示为黑色，这是模型的法线方向反向造成的。

06 选中背景板模型，添加"壳"修改器，显示正确的渲染效果，如图5-223所示。

图5-222　　　　　　　　图5-223

? 疑难问答：还有其他的方式可以解决模型法线反向问题吗？

除了添加"壳"修改器，还有一种方法可以解决法线反向问题。

将背景板模型转换为可编辑多边形，在"元素"层级中选中整个模型，然后单击"修改"面板中的"翻转"按钮 翻转 ，场景中选中的背景板模型就会从原来的暗红色变成鲜红色，这样就代表法线方向正确，如图5-224~图5-226所示。

图5-224

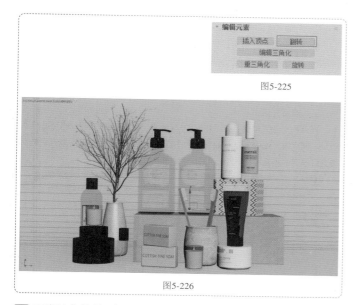

图5-225

图5-226

图5-229

07 观察渲染效果，摄影机右侧很暗，需要添加灯光照亮。将左侧的灯光复制一个移动到右侧，位置如图5-227所示。

10 选中上一步创建的灯光，在"修改"面板中勾选"不可见"选项，如图5-230所示。

11 在摄影机视图渲染场景，效果如图5-231所示。在前方添加了灯光后，画面整体就亮起来了。

图5-227

08 在摄影机视图渲染场景，效果如图5-228所示。右侧添加了灯光后，可以看到画面中产品的左右两侧轮廓上都有高光，产品的边缘看着很清晰，但是整体画面还是偏暗。

图5-230

图5-231

12 仔细观察画面，虽然整体亮度合适，但顶部还是感觉亮度不够。复制一个灯光，移动到产品的顶部，位置如图5-232所示。

图5-232

图5-228

09 将灯光复制一份，移动到摄影机前方，位置如图5-229所示。

13 在摄影机视图渲染场景，效果如图5-233所示。可以看到顶部的灯光不仅照亮了产品的顶部，还将后方的背景板也一同照亮了，整个画面看起来更加协调。

图5-233

167

14 在产品的背后添加轮廓光。复制一个灯光放在产品的背后,位置如图5-234所示。

图5-234

① **技巧提示**

这一步在复制灯光时,一定要选择"复制",不要选择"实例"。

15 选中上一步复制的灯光,适当增加其"宽度",并降低"倍增值"为5,如图5-235所示。

16 在摄影机视图渲染场景,案例最终效果如图5-236所示。

图5-235

图5-236

◎ **知识课堂:产品灯光的布置方法**

1.三点布光法

了解摄影棚中常见的布光方法可以让我们在3ds Max中更好地模拟摄影棚的灯光效果。三点布光法是摄影棚中常见的布光方法之一。三点布光法主要使用主灯、辅助灯和背灯,如图5-237所示。

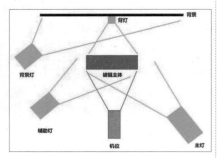

图5-237

主灯 照亮场景中的主体对象与其周围区域,并为主体对象投影。画面的主要明暗关系和投影的方向由主灯决定。主灯与被摄主体夹角为15°到30°时被称为顺光,夹角为45°到90°时称为侧光,夹角为90°到120°时被称为侧逆光。

辅助灯 又称补光,是用一个聚光灯照射扇形反射面形成的一种均匀的、非直射性的柔和光源。它可以用来填充阴影区和被主灯遗漏的场景区域、调和明暗区域之间的反差,同时能形成景深与层次,而且这种广泛均匀布光的特性使它能为场景打一层底色,定义场景的基调。由于要达到柔和明明的效果,

通常辅助灯的亮度只有主灯的50%~80%。

背灯 又称背光。背灯的作用是将主体与背景分离,帮助凸显空间的形状和深度。背灯通常是硬光,以便强调主体轮廓。背景灯与背灯的作用相似,也是将背景与主体进行分离,只是照射对象是背景。一般来说,背灯和背景灯选择一种即可。

2.两点布光法

两点布光法只用到了主灯和辅助灯,省去了背灯,如图5-238和图5-239所示。两点布光法中辅助灯的亮度为主灯的一半甚至更低,起到填充阴影和被主灯遗漏的场景区域、调和明暗区域之间的反差的作用。

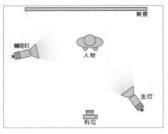
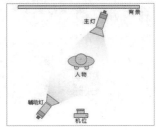

图5-238   图5-239

3.环境布光法

环境布光法是一种简单、快速、高效的产品布光方法,在背景为白底和黑底时具有优势。环境布光法的核心工具是.hdr格式的环境贴图。与案例中的灯光不同,环境贴图所产生的光更加柔和,同时产品会带有贴图的反射,可以自由控制高光产品的反射效果。

👑 重点

◈ 综合训练:夜晚别墅

案例文件	案例文件>CH05>综合训练:夜晚别墅
技术掌握	开放空间布光
难易程度	★★★★☆

本案例为别墅创建夜晚灯光,案例效果和灯光效果如图5-240所示。

图5-240

01 打开本书学习资源"案例文件>CH05>综合训练:夜晚别墅"文件夹中的"练习.max"文件,如图5-241所示。

图5-241

02 别墅模型处于室外，是一个开放空间。本案例要制作别墅的夜晚灯光，别墅的主光源是室外的环境光。使用"VRay灯光"工具 `VRayLight` 在模型边缘创建一个穹顶灯光模拟室外均匀的环境光，位置如图5-242所示。穹顶灯光没有固定的位置，可以在场景中随意摆放。

图5-242

03 选中上一步创建的灯光，然后在"修改"面板中设置参数，如图5-246所示。

设置步骤

① 展开"常规"卷展栏，设置灯光"类型"为"穹顶"，"倍增值"为3，"颜色"为深蓝色或灰蓝色。

② 展开"选项"卷展栏，勾选"不可见"选项。

图5-246

04 在摄影机视图渲染场景，效果如图5-247所示。VRay穹顶灯光将整个场景照亮，但穹顶灯光产生的阴影是软阴影，需要创建一个有方向的光源为场景添加硬阴影。

图5-247

05 在夜晚场景中创建一个模拟月光的灯光便可产生硬阴影，如果使用VRay太阳，会不方便模拟月光的颜色，所以这里使用目标平行光进行模拟。使用"目标平行光"工具 `目标平行光` 在场景右侧创建一个灯光，位置如图5-248所示。

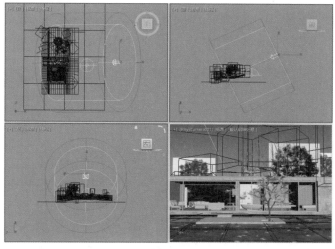

图5-248

① **技巧提示**

根据灯光与摄影机之间的夹角可以预判阴影的方向，从而快速确定灯光的最佳位置。

06 选中上一步创建的灯光，然后在"修改"面板中设置其参数，具体参数设置如图5-249所示。

设置步骤

① 展开"常规参数"卷展栏，设置阴影类型为VRayShadow。

② 展开"强度/颜色/衰减"卷展栏，设置"倍增"为0.6，"颜色"为浅蓝色或银色。

③ 展开"平行光参数"卷展栏，设置"聚光区/光束"为1666.24cm，"衰减区/区域"为2169.16cm。

④ 展开"VRayShadows参数"卷展栏，勾选"区域阴影"选项，然后设置"U尺寸""V尺寸""W尺寸"都为25cm。

> ① **技巧提示**
>
> "聚光区/光束"和"衰减区/区域"的数值并不是定值，只要"聚光区/光束"的范围能包裹住场景，"衰减区/区域"范围比"聚光区/光束"稍大即可。

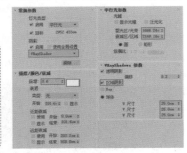

图5-249

07 在摄影机视图中渲染场景，效果如图5-250所示。月光不会像阳光那样强烈，灯光强度较弱显得更加柔和，只要能在场景中显示主光方向并产生硬阴影即可。

图5-250

08 此时的场景整体为冷色调，没有冷暖对比效果，画面的氛围也没有体现。观察场景中的模型，在屋内有灯具模型，可以为其添加暖色的灯光点缀场景，并形成冷暖对比，使画面有温馨的氛围。首先创建客厅的灯光，使用"VRay灯光"工具 VRayLight 在客厅的落地灯灯罩内创建一个灯光，然后以"实例"形式复制到另一盏落地灯中，位置如图5-251所示。

图5-251

09 选中上一步创建的灯光，然后在"修改"面板中设置参数，如图5-252所示。

设置步骤

① 展开"常规"卷展栏，设置灯光"类型"为"球体"，然后设置灯光与灯泡模型差不多大即可，接着设置"倍增值"为1000，"色温"为4000。

② 展开"选项"卷展栏，勾选"不可见"选项。

图5-252

10 在摄影机视图中渲染场景，效果如图5-253所示。室内的灯光只是起到点缀作用，不需要太亮，以免打乱画面的灯光层次。

图5-253

11 创建浴室的灯光。使用"VRay灯光"工具 VRayLight 在浴室的灯具上创建一个灯光，位置如图5-254所示。

图5-254

12 选中上一步创建的灯光，然后在"修改"面板中设置参数，如图5-255所示。

设置步骤

① 展开"常规"卷展栏，设置灯光"类型"为"球体"，然后设置灯光的大小与灯泡模型大小接近即可，接着设置"倍增值"为1000，"色温"为4000。颜色要比客厅的灯光颜色浅一些，这样能形成颜色上的层次感。

② 展开"选项"卷展栏，勾选"不可见"选项。

图5-255

13 在摄影机视图中渲染场景，效果如图5-256所示。

① 技巧提示

浴室的墙体是白色，会显得空间更亮。

图5-256

14 创建卧室的灯光。使用"VRay灯光"工具 VRayLight 在卧室的灯具上创建灯光，位置如图5-257所示。

图5-257

① 技巧提示

虽然最右侧的卧室没有灯具模型，但还是可以创建一个灯光，让画面看起来更加好看。

15 选中上一步创建的灯光，然后在"修改"面板中设置参数，如图5-258所示。

设置步骤

① 展开"常规"卷展栏，设置灯光"类型"为"球体"，灯光的大小与灯泡模型大小相近即可，设置"倍增值"为200，"色温"为3200。卧室的灯光是颜色最深、强度最弱的，以便与另外两种暖色灯光进行区分。

② 展开"选项"卷展栏，勾选"不可见"选项。

图5-258

16 在摄影机视图中渲染场景，效果如图5-259所示。

图5-259

👑 重点

综合训练：日光客厅

案例文件	案例文件>CH05>综合训练：日光客厅
技术掌握	半封闭空间日景布光
难易程度	★★★★☆

本案例为北欧风格的客厅场景布置午间阳光，案例效果和灯光效果如图5-260所示。

图5-260

01 打开本书学习资源"案例文件>CH05>综合训练：日光客厅"文件夹中的"练习.max"文件，如图5-261所示。

图5-261

02 客厅拥有开窗，是一个半封闭空间。本案例制作客厅的日光效果，根据知识课堂中的内容可以确定太阳光和环境光是场景的主光源。使用"VRay太阳"工具 VRaySun 在窗外创建一个太阳光，位置如图5-262所示。

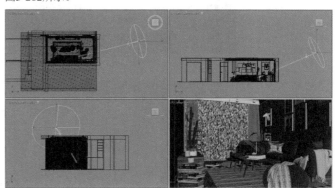

图5-262

◎ 知识课堂：半封闭空间的布光要素

半封闭空间是指被墙体包围，但拥有开窗的空间。半封闭空间在日常生活中占大多数，是经常见到的空间类型，例如客厅、卧室、大厅、店铺和办公室等，如图5-263所示。

图5-263

这类空间虽然被墙体包围，但拥有一定面积的开窗，自然光源和人工光源都能使用。5.4节中提到的灯光层次在半封闭空间中特别重要。相对于开放空间，半封闭空间的主光源不那么明确，自然光源和人工光源都可以成为主光源，因此在面对全新的场景时，就需要根据需求确定场景的主光源。若不分清灯光层次，渲染的画面就会没有立体感，有种"糊在一起"的感觉，这也是初学者在打光时最容易犯的错误。

相对于开放空间，半封闭空间布光时会创建更多的灯光，所以分清灯光层次尤为重要。半封闭空间布光一般会遵循"从外到内，从大到小"的原则。

"从外到内"是指先创建室外的自然光源，例如太阳光、环境光和月光等，再创建室内的人工光源，例如顶灯、台灯和射灯等。

"从大到小"是指先创建亮度最高的主光源，明确画面的亮度和整体阴影走势，再创建亮度低的辅助光源，增加暗部的亮度并添加软阴影。

无论是白天场景还是夜晚场景都会遵循这个原则，只不过夜晚场景是以人工光源为主光源，自然光源为辅助光源，如图5-264所示；白天场景则更加灵活，如图5-265所示。

图5-264

图5-265

03 选中上一步创建的太阳光，在"修改"面板中设置"强度倍增值"为8，"尺寸倍增值"为5，"天空模型"为"PRG晴天"，如图5-266所示。

04 在摄影机视图中渲染场景，效果如图5-267所示。通过太阳光，整个场景基本被照亮，但房间内部偏暗。

图5-266　　　　　　　　　　图5-267

05 使用"VRay灯光"工具 VRayLight 在窗外创建一个平面灯光，位置如图5-268所示。

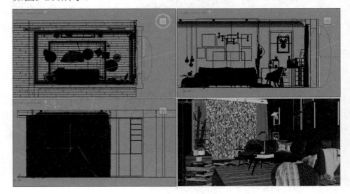

图5-268

06 选中上一步创建的灯光，然后在"修改"面板中设置参数，如图5-269所示。

设置步骤

① 展开"常规"卷展栏，设置灯光"类型"为"平面"，灯光的大小与窗户差不多即可，设置"倍增值"为60，"颜色"为白色。

② 展开"选项"卷展栏，勾选"不可见"选项。

① 技巧提示

读者也可以设置灯光的颜色为浅蓝色，模拟天空的颜色。

图5-269

07 在摄影机视图中渲染场景，效果如图5-270所示。窗外添加了灯光后，从图中就能明显观察到亮度的渐变效果。图5-271所示是转换为灰度显示的效果，亮度的层次感更加明显。

图5-270

图5-271

② 在"分布（光度学Web）"卷展栏中加载本书学习资源中的"冷风 斑点.ies"文件。

③ 在"强度/颜色/衰减"卷展栏中设置"开尔文"为4000，"强度"为200000。

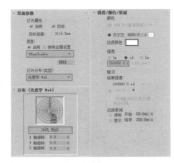

图5-274

08 自然光源让画面有了不错的效果，但还是缺少一些小细节。使用"目标灯光"工具 目标灯光 在场景中创建一个灯光，然后以"实例"的形式复制到其他筒灯模型下方，位置如图5-273所示。

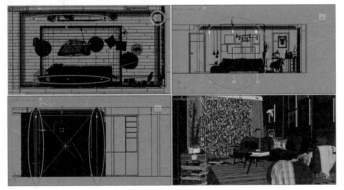

图5-273

09 选中上一步创建的灯光，然后在"修改"面板中设置参数，如图5-274所示。

设置步骤

① 在"常规参数"卷展栏中设置阴影类型为VRayShadow，"灯光分布（类型）"为"光度学Web"。

10 在摄影机视图进行渲染，效果如图5-277所示。添加了射灯后，画面增加了一些小细节，看起来更加丰富。由于射灯的强度不大且颜色偏浅，不会对原有的画面效果造成破坏，反而会在模型下方添加阴影，让画面看起来更加立体，富有层次感。

图5-277

◉ 知识课堂：材质场景和白模场景的灯光关系

在本章的所有案例中，除了场景自身的渲染效果，还展示了白模场景的灯光效果。相信有的读者会发现，同样的灯光参数下，两种场景渲染的效果会有一些差异，例如灯光的强度、整体的色调和氛围等，如图5-278所示。

图5-278

出现这种情况是正常的，读者不需要担心。白模场景不具有反射、折射和凹凸等属性，灯光效果能直接表现出来，且渲染速度很快。材质场景中灯光会因材质的反射、折射、凹凸和半透明等属性而产生一定的变化。因此在实际制作场景时，灯光和材质是相互关联的，需要同时考虑这两方面进行调整。

👑 重点

⬢ 综合训练：酒店走廊

案例文件	案例文件>CH05>综合训练：酒店走廊
技术掌握	封闭空间布光
难易程度	★★★★☆

本案例为现代风格的酒店走廊场景布置灯光，案例效果和灯光效果如图5-279所示。

图5-279

01 打开本书学习资源"案例文件>CH05>综合训练：酒店走廊"文件夹中的"练习.max"文件，如图5-280所示。

图5-280

◉ 知识课堂：封闭空间的布光要素

封闭空间是指没有开窗的、相对密闭的空间，例如电影院、视听室、仓库、走廊和KTV包房等，如图5-281所示。这类空间被建筑物完全遮挡，没有自然光源，只能依靠人工光源进行照明。

图5-281

封闭空间由于没有自然光源，因此只能依靠室内的人工光源进行照明，亮度层次就是布光的关键点。室内的人工光源要在亮度和颜色上进行一定的区分，从而形成层次感。阴影的硬与柔是另一个关键点，阴影能增强画面的冷色调和立体感，让画面看起来更有真实性。

封闭空间遵循"从大到小"的布光顺序，先确定主光源，明确画面的亮度和阴影方向，然后补充亮度稍弱的辅助光源。

02 场景中的蓝色灯带是用VRay灯光材质表现的，而不是灯光工具，渲染的效果如图5-282所示。在没有添加任何灯光工具时，画面中只有蓝色的灯带，整体呈冷色调。

🔗 知识链接

VRay灯光材质会在"第6章 材质与贴图技术"中详细讲解。

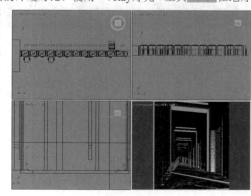

图5-282

03 在走廊的两侧有一排地灯模型，用暖色的灯光模拟出地灯的灯光可以增强画面的冷暖对比。使用"VRay灯光"工具 `VRayLight` 在地灯模型上创建一个灯光，然后以"实例"形式复制到其他地灯模型上方，位置如图5-283所示。

图5-283

04 选中上一步创建的灯光，然后在"修改"面板中设置参数，如图5-284所示。

设置步骤

① 展开"常规"卷展栏，设置灯光"类型"为"圆盘"，灯光与地灯大小差不多即可，"倍增值"为1000，"色温"为4000。

② 展开"选项"卷展栏，勾选"不可见"选项。

05 在摄影机视图渲染场景，效果如图5-285所示，此时画面有了冷暖对比。

图5-284　　　　　　　　图5-285

06 吊顶的灯槽中需要增加灯光，模拟灯带的效果，从而增强画面的立体感。使用"VRay灯光"工具 VRayLight 在吊顶的灯槽中创建灯光，然后以"实例"形式复制到其他灯槽中，位置如图5-286所示。

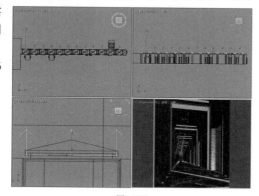

图5-286

07 选中上一步创建的灯光，然后在"修改"面板中设置参数，如图5-287所示。

设置步骤

① 展开"常规"卷展栏，设置灯光"类型"为"平面"，灯光与灯槽长度相同，不一样长的灯槽需要缩放灯光，然后设置"倍增值"为80，"色温"为4000。

② 展开"选项"卷展栏，勾选"不可见"选项。

图5-287

◎ 知识课堂：造型不规则的灯光的创建方法

在日常制作中经常会为一些不规则的模型创建灯光，如图5-288所示。如果用软件基础中所讲的灯光工具，似乎无法直接在异形模型的凹槽内创建出合适的灯光。若是用"VRay灯光"工具 VRayLight 中的平面灯光一点点地拼成灯槽的形状，不仅效率低，而且效果也未必会很好。

图5-288

遇到这种问题就需要使用VRay灯光中的网格灯光来解决。

第1步 使用"线"工具 线 在灯槽模型内创建样条线，然后为其添加半径并转换为可编辑网格，如图5-289所示。

第2步 使用"VRay灯光"工具 VRayLight 在场景中创建一个网格灯光，位置随意，如图5-290所示。

图5-289　　　　　　　　图5-290

第3步 选中创建的灯光，切换到"修改"面板，在"网格灯"卷展栏中单击"拾取网格"按钮 拾取网格，然后单击创建的网格模型，此时网格灯光就与网格模型关联起来了，如图5-291所示。

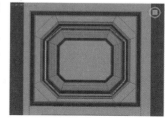

图5-291

第4步 按照设置VRay灯光的方法设置参数，效果如图5-292所示。

图5-292

除了使用VRay灯光中的网格灯光，还可以使用VRay灯光材质进行模拟。

08 在摄影机视图渲染场景，效果如图5-293所示。吊顶灯槽灯光的颜色与地灯颜色相同，画面的层次感没有达到理想效果。

09 将灯槽的灯光颜色设置为纯白色，效果如图5-294所示。纯白色的灯光让顶部显得更高，增强了画面的立体感，同时与地灯区分开，让画面看起来更加丰富，形成了不同的亮度层次。

10 画面右侧的区域有开放的空间，由于没有光照显得很暗，需要增加灯光。使用"VRay灯光"工具 VRayLight 在右侧的空间内创建一个灯光，然后以"实例"形式复制到其他开放的空间中，位置如图5-295所示。

图5-293

图5-294

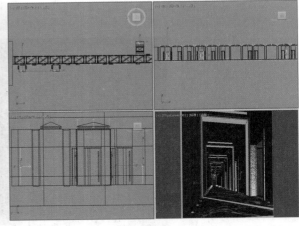

图5-295

11 选中上一步创建的灯光，然后在"修改"面板中设置参数，如图5-296所示。

设置步骤

① 展开"常规"卷展栏，设置灯光"类型"为"平面"，灯光与空间大小相近即可，设置"倍增值"为50，"色温"为3200。

② 展开"选项"卷展栏，勾选"不可见"选项。

12 在摄影机视图渲染场景，效果如图5-297所示。观察渲染画面，虽然灯光的颜色比地灯颜色深，但由于亮度过高，没有与地灯形成区分，需要降低灯光的倍增值。

图5-296

图5-297

3
MAX

3ds Max 2024

ⓘ 技巧提示

② 疑难问答

◎ 知识课堂

◈ 知识链接

第**6**章 材质与贴图技术

基础视频：16集　　案例视频：35集　　视频时长：228分钟

材质和贴图用来表现场景模型的颜色和特性，是渲染师必备的技能之一。白模添加了材质后，就能表现出颜色、质感、凹凸纹理和透明等属性，从而真实地模拟出现实世界中相应的对象。

学习重点

学完本章能做什么

学完本章之后，读者可以掌握常用材质和贴图的使用方法，以及一些常用材质的设置原理。

6.1 材质编辑器

图6-1所示是材质编辑器面板，具有赋予、重置、保存和展示材质球等功能。

图6-1

6.1.1 材质编辑器的版本

3ds Max 2024的材质编辑器有两种版本，一种是精简材质编辑器，另一种是Slate材质编辑器，如图6-2和图6-3所示。

精简材质编辑器是一种简化了界面的材质编辑器，在3ds Max 2011版本之前是唯一的材质编辑器。Slate材质编辑器是一个完整的材质编辑界面，在设计和编辑材质时使用节点和关联以图形方式显示材质的结构。

图6-2

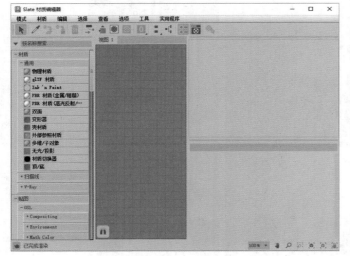

图6-3

① 技巧提示

3ds Max 2024对Slate材质编辑器做了优化，使其可以停靠在界面的任意位置，方便调整材质时观察视口中的效果。

6.1.2 材质球示例窗

材质球示例窗主要用来显示材质效果，通过它可以很直观地观察到材质的基本属性，如反光、纹理和凹凸等，如图6-4所示。

双击材质球会弹出一个独立的材质球显示窗口，将该窗口进行放大或缩小可以观察当前设置的材质效果，如图6-5所示。

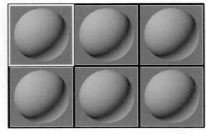
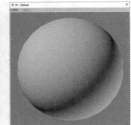

图6-4　　　　　　　图6-5

在默认情况下，材质球示例窗按照3×2的形式展示6个材质球，如果需要显示更多的材质球，执行"选项">"循环3×2、5×3、6×4示例窗"命令即可切换不同形式的材质球示例窗，如图6-6所示。

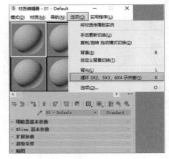

图6-6

◎ 知识课堂：材质球示例窗的操作

当材质球被赋予贴图后，按住鼠标中键拖曳可以旋转材质球，从而更好地观察贴图效果，如图6-7所示。

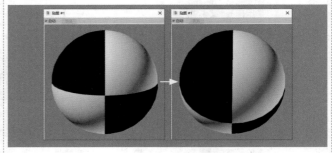

图6-7

使用鼠标左键可以将一个材质球拖曳到另一个材质球上，这样当前材质就会覆盖掉原有的材质，如图6-8所示。

图6-8

♠ 重点

6.1.3 重置材质球

当材质编辑器的示例窗中没有新的材质球可以使用时，就需要重置材质球。执行"实用程序">"重置材质编辑器窗口"命令就能将材质球全部重置，如图6-9和图6-10所示。

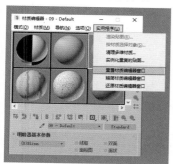

图6-9

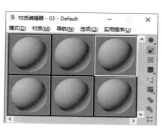

图6-10

6.1.4 保存材质

设置好的材质球可以保存成单独的文件，方便随时调取使用。选中需要保存的材质球，然后单击下方的"放入库"按钮，如图6-11所示。

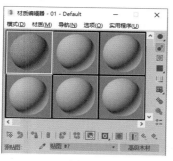

图6-11

此时系统会弹出"放置到库"对话框，如图6-12所示。在对话框中可以对保存的材质球进行命名，然后单击"确定"按钮保存。

图6-12

6.1.5 导入材质

当需要调用之前保存的材质时，就需要将其导入材质编辑器中。选中一个空白材质球，然后单击下方的"获取材质"按钮，如图6-13所示。

此时系统会弹出"材质/贴图浏览器"对话框，在"临时库"中能找到之前保存的材质，如图6-14所示。双击该材质就可以将其导入材质球示例窗中。

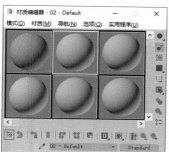

图6-13

图6-14

如果要导入外部的材质文件，就在"材质/贴图浏览器"对话框中单击三角形按钮，在弹出的下拉菜单中选择"打开材质库"命令，如图6-15所示。

此时系统会弹出"导入材质库"对话框，在对话框中选择.mat格式的材质文件，然后单击下方的"打开"按钮即可将其导入材质球示例窗中，如图6-16所示。

图6-15

图6-16

♠ 重点

6.1.6 赋予对象材质

设置好的材质球需要赋予相应的对象，赋予的方法有两种。

第1种 在视口中选中需要赋予材质的对象，然后在材质编辑器中选中相应的材质球，接着单击"将材质指定给选定对象"按钮，如图6-17所示。

图6-17

第2种 选中材质球，然后按住鼠标左键不放，将其拖曳到需要赋予材质的对象上，再松开鼠标，如图6-18所示。

图6-18

若要在对象上显示材质中加载的贴图，单击"视口中显示明暗处理材质"按钮即可，如图6-19所示。

图6-19

6.2 VRay常用材质

安装好VRay渲染器后就可以使用VRay材质了。常用的VRay材质包括VRayMtl、VRay灯光材质、VRay混合材质和VRay材质包裹器，如图6-20所示。

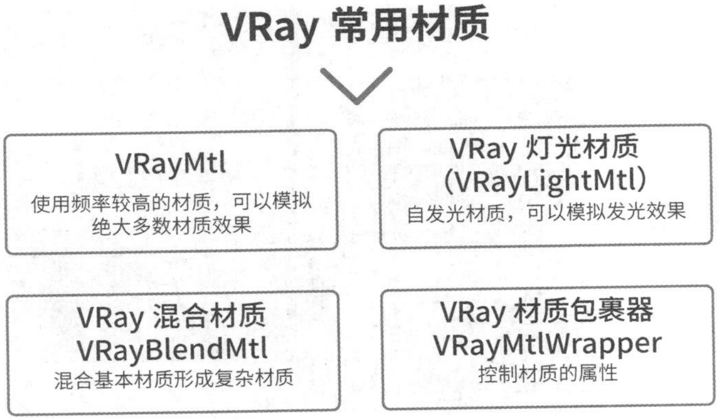

VRay 常用材质

VRayMtl
使用频率较高的材质，可以模拟绝大多数材质效果

VRay 灯光材质（VRayLightMtl）
自发光材质，可以模拟发光效果

VRay 混合材质 VRayBlendMtl
混合基本材质形成复杂材质

VRay 材质包裹器 VRayMtlWrapper
控制材质的属性

图6-20

6.2.1 VRayMtl

VRayMtl是使用频率较高的一种材质，可以模拟现实生活中的绝大多数材质。VRayMtl除了能实现一些反射和折射效果，还能出色地表现出SSS以及BRDF等效果，其参数如图6-21所示。

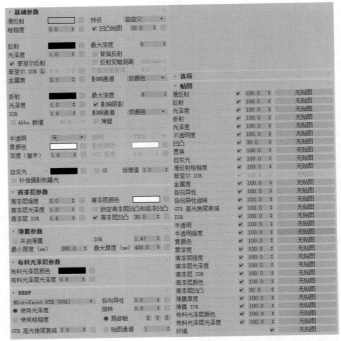

图6-21

通常一个材质的最终效果由"漫反射""反射""折射"决定，如图6-22所示。

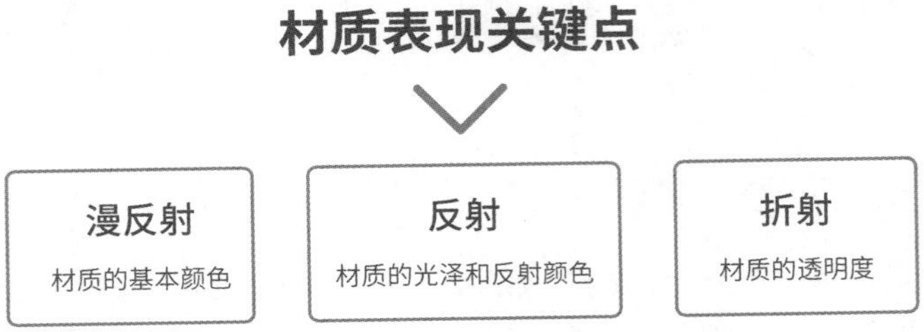

材质表现关键点

漫反射 材质的基本颜色

反射 材质的光泽和反射颜色

折射 材质的透明度

图6-22

漫反射 决定了材质的基本颜色，但不是最终表现的颜色。单击它的色块可以在拾色器中调整其颜色，如图6-23所示。除了拾色器，也可以在后方的通道中加载各种贴图来控制颜色。

图6-23

反射 可以控制材质是否光滑,是否反射其他颜色。如果不希望材质产生反射效果,就需要将"反射"的颜色设置为黑色,如图6-24所示。如果想让材质产生强烈的反射,就需要将"反射"颜色设置为白色,如图6-25所示。通过设置不同的灰度值,就能控制材质的反射效果。如果将"反射"的颜色设置为彩色,材质除了会识别彩色的灰度值,还会在反射高光位置显示相应的彩色,如图6-26所示。这样材质不仅拥有漫反射的颜色,还拥有反射的颜色。

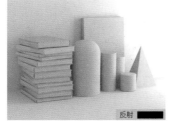

图6-24

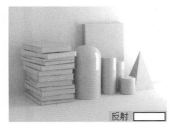

图6-25

图6-26

(反射)光泽度 在现实生活中,我们可以发现,瓷器、玻璃这类材质的表面都很光滑。如果要模拟这类材质,就需要设置较大的"光泽度"数值,一般设置为0.9~1,如图6-27所示。而生活中的原木、陶器这类材质,我们可以明显观察到它们的表面很粗糙。如果模拟这类材质,就需要设置较小的"光泽度"数值,一般设置为0.5~0.7,如图6-28所示。

图6-27

图6-28

> ① **技巧提示**
>
> "光泽度"的值为0.7~0.9时,材质会出现半亚光的效果,日常生活中常见的有木地板、亚光金属等。

菲涅耳反射 一种真实的反射效果,世界上绝大多数的材质都会产生菲涅耳反射,因此在设置材质参数时,基本都会勾选该选项。图6-29所示是勾选与不勾选该选项时的对比效果。

图6-29

菲涅耳IOR 决定了材质的反射是否强烈,如图6-30所示。通过对比可以发现,数值越大,反射效果越强,也越接近镜面效果。

图6-30

金属度 当数值为0时,不呈现金属效果,当数值为1时,完全呈现金属效果,如图6-31所示。

图6-31

最大深度 一般来说,光线在物体上的反射是无限次的,但如果按照无限次反射计算材质效果会消耗很久的时间。通过设置"最大深度"可以控制光线在物体上的反射次数,数值越大,代表反射的次数越多,效果也越真实,但消耗的时间也会越多。

背面反射 如果是透明的材质(如玻璃),不仅会在外表面产生反射,其内部也会产生反射。勾选"背面反射"选项后就能模拟内部反射的效果,同样也会消耗更多的时间。

折射 材质是否呈现透明效果由"折射"决定。和"反射"一样,"折射"也依靠灰度控制材质的透明程度,颜色越白,材质就越透明,如图6-32所示。如果将"折射"颜色设置为彩色,材质除了识别彩色的灰度值,其折射效果也会受彩色影响,如图6-33所示。

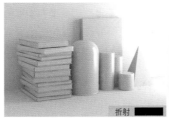

图6-32

图6-33

（折射）光泽度 "折射"中也有"光泽度"，用于控制"折射"材质的表面是否产生模糊效果。当"光泽度"为1时，不产生模糊，类似于清玻璃；当"光泽度"小于1时，产生模糊，类似于磨砂玻璃，如图6-34所示。

图6-34

> ① **技巧提示**
>
> 当"光泽度"的数值小于1时，渲染的速度会明显减慢，且数值越小，速度越慢。

IOR 生活中不同类型的透明物体的折射率是不同的。例如，水的折射率是1.33，部分玻璃的折射率是1.517。如果要在材质中进行表现，就需要设置IOR的数值，这个数值就是现实生活中物体的折射率，如图6-35所示。

图6-35

> ① **技巧提示**
>
> 常见物质的折射率如下。
>
> 真空的折射率是1，水的折射率是1.33，玻璃的折射率是1.5，水晶的折射率是2，钻石的折射率是2.4。

影响阴影 透明的物体也会产生阴影，只不过阴影效果和实体物体有所区别。勾选"影响阴影"选项后，透明的物体就能产生真实的阴影效果，但有一点需要注意，必须使用VRay的光源和VRay的阴影。

半透明 像玉石、皮肤这种半透明的材质需要用"半透明"参数进行模拟。半透明效果（也叫SSS效果）有"无"、"体积"和SSS这3种类型，如图6-36所示。

雾颜色 除了用"折射"控制透明物体的颜色，还可以用"雾颜色"进行控制。"雾颜色"的色值与模型的体积相关，效果如图6-37所示。

图6-36　　　　图6-37

深度（厘米） 该参数可以控制烟雾的浓度，数值越大，模型的颜色越浅，如图6-38所示。

图6-38

自发光 VRayMtl提供了"自发光"选项，可以模拟自发光材质，与VRay灯光材质相似，如图6-39所示。

图6-39

清漆层强度 清漆层可以理解为在材质表面添加一层包裹材质，而"清漆层强度"的数值代表了这层包裹材质的强度，该参数取值范围为0~1，不同数值的对比效果如图6-40所示。

图6-40

清漆层颜色 用于设置清漆层的颜色，可以与"漫反射"的颜色不同，如图6-41所示。

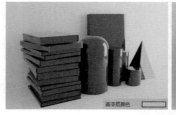

图6-41

清漆层光泽度 单独控制清漆层表面的光滑程度，取值范围为0~1。

清漆层IOR 单独控制清漆层的反射强度。

锁定清漆层凹凸和底漆凹凸 勾选该选项后，两层的凹凸将完全一致。

清漆层凹凸 单独设置清漆层的凹凸强度和凹凸样式。

开启薄膜 勾选该选项后，材质的表面会有一层彩色的薄膜覆盖，类似于肥皂泡上的彩色膜，如图6-42所示。

图6-42

（薄膜）IOR 薄膜的折射率，不同数值产生的薄膜颜色会有差异，对比效果如图6-43所示。

图6-43

最小厚度（nm）/最大厚度（nm） 设置薄膜的厚度。不同的厚度值所产生的薄膜颜色也会有区别。

布料光泽层颜色 控制模型反射面上的颜色，对于模拟布料材质非常方便，如图6-44所示。

图6-44

布料光泽层光泽度 设置光泽层颜色区域的光泽度。

BRDF 模拟材质高光区域的一个参数，不同类型材质的高光区域会有所区别，包含Phong、Blinn、Ward和Microfacet GTR(GGX)4种类型，如图6-45所示。

图6-45

各向异性 控制高光区域的形状，一些金属的高光区域出现拉伸现象。

旋转 能控制高光区域的旋转角度，如图6-46所示。

图6-46

◎ **知识课堂：** "折射"通道与"不透明度"通道的区别

"折射"通道和"不透明度"通道都能展示材质的透明效果，但两者还是有一些区别。"折射"通道具有真实的折射属性，因为折射率，光线穿过后会受到影响，图6-47是在"折射"通道中加载一张"棋盘格"贴图的折射效果。

"不透明度"通道则不会保留透明部分的体积感，而是呈现镂空的效果，如图6-48所示。

图6-47　　　　　图6-48

👑 重点

🖐 **案例训练：水晶摆件**

案例文件	案例文件>CH06>案例训练：水晶摆件
技术掌握	VRayMtl
难易程度	★★★☆☆

本案例用VRayMtl制作水晶摆件，案例效果如图6-49所示。

图6-49

01 打开本书学习资源"案例文件>CH06>案例训练：水晶摆件"文件夹中的"练习.max"文件，如图6-50所示。场景中除了人偶摆件，其余模型都有材质，下面制作人偶摆件的材质。

图6-50

02 按M键打开材质编辑器，具体材质参数如图6-51所示，材质球效果如图6-52所示。

设置步骤

① 设置"漫反射"颜色为绿色。

② 设置"反射"颜色为浅灰色，"光泽度"为0.95。

③ 设置"折射"颜色为浅灰色，IOR为2.4。

④ 设置"雾颜色"为绿色，"深度（厘米）"为50。

图6-51　　　　　　　　图6-52

> **① 技巧提示**
>
> "折射"的颜色一定不要设置为白色，否则"雾颜色"的色值就不会被渲染出来。

03 选中人偶摆件模型，然后赋予其设置好的材质，效果如图6-53所示。

图6-53

04 按F9键渲染场景，案例最终效果如图6-54所示。

图6-54

◎ **知识课堂：贴图丢失的处理方法**

在打开一些场景时，会出现图6-55所示的对话框，遇到这种情况就需要重新加载贴图路径。

第1步 在"实用程序"面板中单击"更多"按钮 更多 ，如图6-56所示。

图6-55　　　　　　图6-56

第2步 在弹出的"实用程序"对话框中选择"位图/光度学路径"选项，然后单击"确定"按钮 确定 ，如图6-57所示。

第3步 在"实用程序"面板中单击"编辑资源"按钮 编辑资源 ，如图6-58所示。

图6-57　　　　　　图6-58

第4步 弹出的"位图/光度学路径编辑器"对话框中会出现场景中所有的贴图和光度学文件的路径，如图6-59所示。

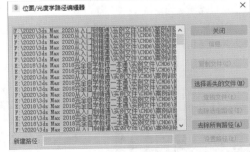

图6-59

第5步 单击"选择丢失的文件"按钮 选择丢失的文件 ，对话框中所有丢失路径的文件会被自动选中，如图6-60所示。

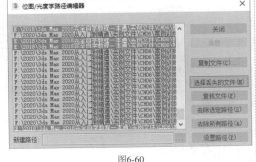

图6-60

第6步 单击"新建路径"右侧的按钮▓▓，如图6-61所示，然后选择文件所在的路径后单击"使用路径"按钮 使用路径(u)，如图6-62所示。

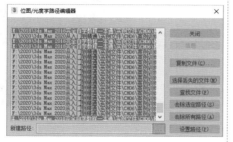

图6-61

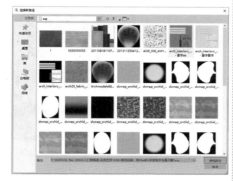

图6-62

第7步 返回"位图/光度学路径编辑器"对话框后单击"设置路径"按钮 设置路径(t)，此时丢失路径的文件就会显示新加载的路径，如图6-63所示。如果加载后还有个别文件路径不一致可以再次加载；如果丢失了原有的贴图文件，就必须重新添加贴图。

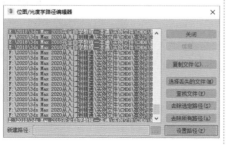

图6-63

🔒 学后训练：陶瓷花瓶

案例文件	案例文件>CH06>学后训练：陶瓷花瓶
技术掌握	VRayMtl
难易程度	★★☆☆☆

本案例用VRayMtl制作纯色的陶瓷花瓶，案例效果如图6-64所示。

图6-64

👑 重点

6.2.2 VRay灯光材质

VRay灯光材质主要用来模拟自发光效果，参数如图6-65所示。

除了用颜色模拟自发光，还可以在通道中加载贴图来模拟自发光，如图6-66所示。通道将根据贴图的颜色识别发光的颜色。

图6-65　　　　　　　　　　　图6-66

不透明度 通道中一般加载黑白贴图，遵循"黑透白不透"的原则，即黑色的部分为镂空效果，如图6-67所示。

开启 勾选该选项后，VRay灯光材质会被视为一个光源，对周围的对象产生照射效果，如图6-68所示。

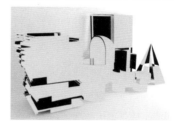

图6-67　　　　　　　　　　　图6-68

👑 重点

👆 案例训练：霓虹灯

案例文件	案例文件>CH06>案例训练：霓虹灯
技术掌握	VRay灯光材质
难易程度	★★☆☆☆

本案例用VRay灯光材质制作霓虹灯的发光效果，案例效果如图6-69所示。

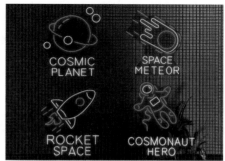

图6-69

01 打开本书学习资源"案例文件>CH06>案例训练：霓虹灯"文件夹中的"练习.max"文件，如图6-70所示。

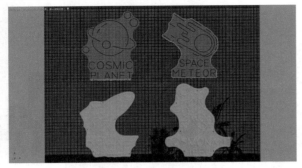

图6-70

02 按M键打开材质编辑器，选中一个空白材质球，然后将其转换为VRay灯光材质，如图6-71所示。

03 在"灯光倍增值参数"卷展栏中设置"颜色"为洋红色，倍增值为5，然后勾选"直接照明"的"开启"选项，如图6-72所示。

图6-71   图6-72

04 将材质赋予场景中部分发光体模型，效果如图6-73所示。

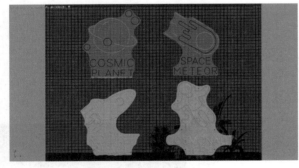

图6-73

05 新建一个VRay灯光材质，设置"颜色"为青色，倍增值为5，然后勾选"直接照明"的"开启"选项，如图6-74所示。

图6-74

> ① 技巧提示
>
> 　　青色的VRay灯光材质和洋红色的VRay灯光材质基本相同，唯一的区别在于设置的颜色。为了简便操作，读者可以复制一份洋红色的VRay灯光材质，修改材质的名称并修改颜色。

06 将青色的VRay灯光材质赋予场景中部分发光体模型，如图6-75所示。

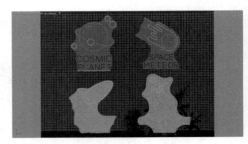

图6-75

07 复制青色的VRay灯光材质，修改颜色为白色，然后赋予场景中的文字模型，如图6-76所示。

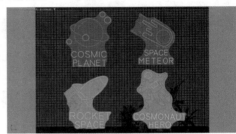

图6-76

08 按F9键渲染场景，案例最终效果如图6-77所示。

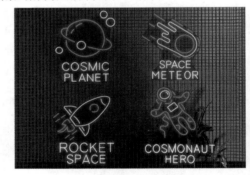

图6-77

🔒 学后训练：计算机屏幕

案例文件	案例文件>CH06>学后训练：计算机屏幕
技术掌握	VRay灯光材质
难易程度	★ ★ ☆ ☆ ☆

　　本案例用VRay灯光材质制作计算机屏幕的发光效果，案例效果如图6-78所示。

图6-78

6.2.3 VRay混合材质

VRay混合材质可以让多个材质以层的方式混合来模拟物理世界中的复杂材质。VRay混合材质和3ds Max里的"混合"材质的效果比较类似,但是其渲染速度比3ds Max的快很多,参数如图6-79所示。

VRay混合材质由1个"基础材质"和最多9个"清漆层材质"组成。"基础材质"可以理解为最基层的材质,而"清漆层材质"是在"基础材质"上叠加的材质,如图6-80所示。

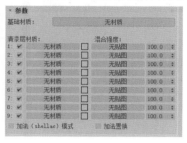

图6-79

图6-80

"清漆层材质"的显示量是由后方通道中加载的贴图决定的。通道识别灰度贴图,按照"黑透白不透"的原则控制"清漆层材质"显示的量,贴图的黑色部分显示"基本材质",白色部分显示"清漆层材质"。

> ① **技巧提示**
>
> 在创建VRay混合材质的时候会提示"丢弃旧材质?"或"将旧材质保存为子材质?",如图6-81所示。
>
>
>
> 图6-81

👑 重点

✋ 案例训练:吊坠

案例文件	案例文件>CH06>案例训练:吊坠
技术掌握	VRay混合材质
难易程度	★★☆☆☆

本案例用VRay混合材质制作吊坠的材质,案例效果如图6-82所示。

图6-82

01 打开本书学习资源"案例文件>CH06>案例训练:吊坠"文件夹中的"练习.max"文件,如图6-83所示。

图6-83

02 按M键打开材质编辑器,具体材质参数如图6-84所示。

设置步骤

① 在"漫反射"通道中加载"衰减"贴图,然后在"衰减"贴图的"前"通道中加载学习资源中的metal_noise_reflect.png文件,在"侧"通道中加载学习资源中的metal_noise.png文件,"衰减类型"为"垂直/平行"。

② 在"反射"通道中加载学习资源中的metal_noise_reflect.png文件。

③ 在"光泽度"通道中同样加载metal_noise_reflect.png文件,"金属度"为1。

图6-84

03 单击VRayMtl按钮 VRayMtl,在弹出的"材质/贴图浏览器"对话框中选择VRayBlendMtl选项,如图6-85所示。此时系统会弹出"替换材质"对话框,选择默认的"将旧材质保存为子材质"选项,并单击"确定"按钮 确定,如图6-86所示。

04 切换为VRay混合材质后,拖曳"基础材质"通道中的材质到"清漆层材质"通道中,复制模式选择"复制",如图6-87所示。

图6-85

图6-86

图6-87

> ① **技巧提示**
>
> "基础材质"和"清漆层材质"中的材质大致相同,这里直接进行复制,然后修改部分参数,可以简化操作。

05 进入"清漆层材质"通道,具体材质参数如图6-88所示。

设置步骤

① 在"漫反射"通道加载的"衰减"贴图中,设置"前"通道的颜色为灰绿色。

② 在"凹凸"贴图通道中加载学习资源中的metal_noise_reflect.png文件,并设置通道量为15。

③ 设置"光泽度"为0.6。

④ 在"贴图"卷展栏中设置"反射"通道量为60,"光泽度"通道量为20。

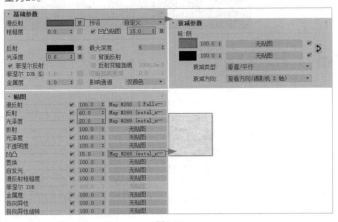

图6-88

> ① **技巧提示**
>
> 步骤中提到的参数是在原有材质的基础上进行修改的参数,其余参数保持不变。

06 返回VRay混合材质,在"混合强度"通道中加载学习资源中的metal_noise_reflect.png文件,并设置通道量为50,如图6-89所示。材质球效果如图6-90所示。

图6-89

图6-90

07 将设置好的材质赋予吊坠模型,效果如图6-91所示。

图6-91

08 按F9键渲染场景,案例最终效果如图6-92所示。

图6-92

🔒 学后训练:带划痕的塑料摆件

案例文件	案例文件>CH06>学后训练:带划痕的塑料摆件
技术掌握	VRay混合材质
难易程度	★★☆☆☆

本案例用VRay混合材质制作带划痕效果的塑料摆件,案例效果如图6-93所示。

图6-93

6.2.4 VRay材质包裹器

VRay材质包裹器能有效控制色溢现象,使渲染的材质显示正确的颜色,参数如图6-94所示。

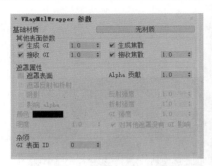

图6-94

VRay材质包裹器同样需要在原有的材质上进行添加,原有的材质自动添加到"基础材质"通道中。在包裹器中为了控制色溢现象,需要设置"生成GI"和"接收GI"参数的数值。

生成GI 控制基本材质对其他材质产生的全局照明效果,默认值为1。

接收GI 控制基本材质接收其他材质的全局照明效果,默认值为1。

将一张白纸和一张红纸放在灯光下，白纸就会被红纸染成红色。在现实世界中，光照分为直接光照和间接光照，直接光照就是光源发出的光直接照射到物体上，间接光照是物体反射的光照射在其他物体上，由于红色的纸反射出的红光照射在白纸上，白纸会被染红，这就是色溢现象。

VRay渲染器运用了这一种原理，因此会产生色溢现象，如图6-95所示。

蓝色、绿色和红色的物体因为间接光照，将自身材质的颜色反射到左边白色的背景上，原本白色的背景模型就被染上了蓝色、绿色和红色。要消除这一现象，就需要为这3个颜色的材质添加VRay材质包裹器，然后减小"生成GI"的数值，效果如图6-96所示。

添加了VRay材质包裹器后，每一个模型的亮度都没有发生改变，而且白色的模型也基本观察不到旁边彩色模型所产生的色溢现象。

图6-95

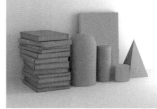
图6-96

6.3 常用贴图

贴图主要用于表现物体材质表面的纹理，利用贴图可以在不增加模型复杂程度的情况下表现模型的细节，并且可以创建反射、折射、凹凸和镂空等多种效果。通过贴图可以增强模型的质感，完善模型的造型，使三维场景更加接近真实的环境。贴图分为通用贴图和VRay贴图两大类，如图6-97所示。

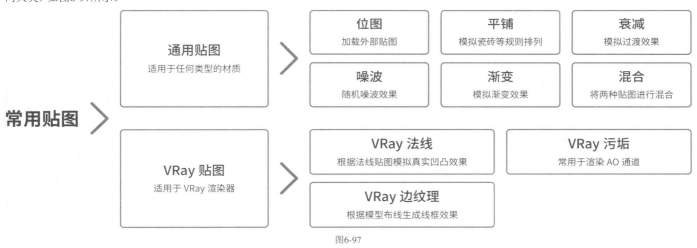
图6-97

🔖 重点

6.3.1 "位图"贴图

"位图"贴图是一种基本的贴图类型，也是常用的贴图类型。"位图"贴图支持很多种格式，包括BMP、GIF、JPEG、PNG、PSD和TIFF等主流图像格式，如图6-98所示。

"位图"贴图适用于所有的通道，以"漫反射"通道为例，单击通道后在弹出的"材质/贴图浏览器"对话框中选择"位图"选项，如图6-99所示。

图6-98

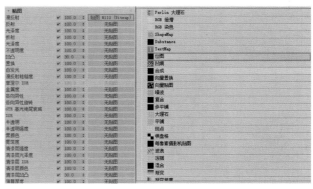
图6-99

加载位图后，系统会自动弹出位图的参数，如图6-100所示。在"位图"通道中可以加载外部贴图。

加载贴图后，可以设置贴图是"纹理"还是"环境"。当作为材质贴图时，使用"纹理"模式；当作为环境贴图时，使用"环境"模式。

"贴图通道"用于控制不同作用贴图的坐标，拥有相同通道的贴图和坐标会形成关联，调整坐标后只会对关联的通道贴图起作用，而不会影响其他通道的贴图。

图6-100

勾选"应用"选项后，可以将加载的贴图进行裁剪。单击"查看图像"按钮 查看图像 就可以在窗口中观察贴图，并设定需要保留（红框内）的部分，如图6-101所示。

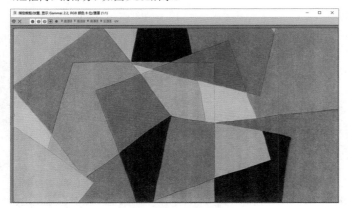

图6-101

♛ 重点

🖐 案例训练：挂画

案例文件	案例文件>CH06>案例训练：挂画
技术掌握	"位图"贴图
难易程度	★★☆☆☆

本案例用"位图"贴图制作墙上的挂画，案例效果如图6-102所示。

 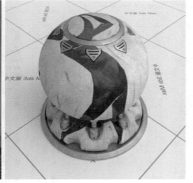

图6-102

01 打开本书学习资源"案例文件>CH06>案例训练：挂画"文件夹中的"练习.max"文件，如图6-103所示。

图6-103

02 制作挂画材质，具体材质参数如图6-104所示，材质球效果如图6-105所示。

设置步骤

① 在"漫反射"通道中加载"位图"贴图。

② 在"位图"通道中加载学习资源中的062023-02-14_486649.jpg文件。

图6-104　　　　　　　　　　图6-105

03 将挂画材质赋予挂画模型，效果如图6-106所示。

图6-106

04 按F9键渲染场景，案例最终效果如图6-107所示。

图6-107

学后训练：照片

案例文件	案例文件>CH06>学后训练：照片
技术掌握	"位图"贴图
难易程度	★ ☆ ☆ ☆ ☆

本案例用"位图"贴图制作照片，案例效果如图6-108所示。

图6-108

6.3.2 "噪波"贴图

"噪波"贴图可以将噪波效果添加到物体的表面，以突出材质的质感。"噪波"贴图通过应用分形噪波函数来扰动像素的UV贴图，从而表现出非常复杂的物体材质，其参数如图6-109所示。

图6-109

噪波类型 噪波按照生成的方式可以分为"规则""分形""湍流"3种类型，如图6-110所示。

规则　　分形　　湍流

图6-110

大小 决定噪波点大小的参数，不同值的对比效果如图6-111所示。如果贴图加载了坐标，其大小也会受到坐标大小的影响。

图6-111

默认情况下，噪波的颜色是黑色和白色，用户也可以按照需要设置为其他颜色或加载贴图。

案例训练：水面波纹

案例文件	案例文件>CH06>案例训练：水面波纹
技术掌握	"噪波"贴图
难易程度	★★ ☆ ☆ ☆

本案例用"噪波"贴图模拟浴缸水面的波纹效果，案例效果如图6-112所示。

图6-112

01 打开本书学习资源"案例文件>CH06>案例训练：水面波纹"中的"练习.max"文件，如图6-113所示。

图6-113

02 按M键打开材质编辑器，然后选择一个空白材质球，设置材质类型为VRayMtl，具体参数设置如图6-114所示。

设置步骤

① 设置"漫反射"颜色为蓝色。

② 设置"反射"颜色为白色。

③ 设置"折射"颜色为浅灰色，IOR为1.33。

03 展开"贴图"卷展栏，在"凹凸"通道中加载一张"噪波"贴图，设置"噪波类型"为"湍流"，"大小"为300，"凹凸"通道量为30，如图6-115所示。

图6-114

图6-115

04 将材质赋予水模型，然后按F9键渲染当前场景，最终效果如图6-116所示。

图6-116

👑重点

6.3.3 "平铺"贴图

"平铺"贴图可以创建类似于瓷砖的贴图，通常在制作砖块图案时使用，其参数如图6-117所示。

图6-117

预设类型 "平铺"贴图提供了8种类型的平铺方式，如图6-118所示。部分效果如图6-119所示。

图6-118

连续砌合

常见的荷兰式砌合

英式砌合

1/2连续砌合

堆栈砌合

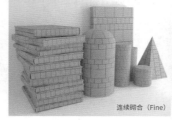
连续砌合（Fine）

堆栈砌合（Fine）

图6-119

平铺设置/砖缝设置 无论是"平铺设置"还是"砖缝设置"，其"纹理"都用于控制相应的颜色，也可以加载贴图。

水平数/垂直数 控制砖块的数量，不同数值的对比效果如图6-120所示。

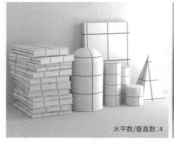
水平数/垂直数:4

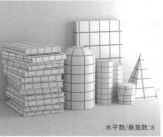
水平数/垂直数:8

图6-120

颜色变化 可以让砖块颜色在设定的范围内随机变化，呈现更加丰富的效果，如图6-121所示。

图6-121

水平间距/垂直间距 设置砖缝的宽度，不同数值的对比效果如图6-122所示。

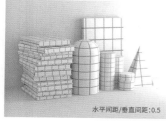
水平间距/垂直间距:0.5

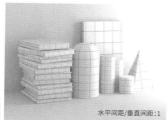
水平间距/垂直间距:1

图6-122

👑重点

案例训练：平铺地砖

案例文件	案例文件>CH06>案例训练：平铺地砖
技术掌握	"平铺"贴图
难易程度	★★☆☆☆

本案例用"平铺"贴图模拟走廊的地砖，案例效果如图6-123所示。

图6-123

01 打开本书学习资源"案例文件>CH06>案例训练：平铺地砖"文件夹中的"练习.max"文件，如图6-124所示。

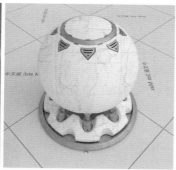

图6-124

02 按M键打开材质编辑器，然后选择一个空白材质球，设置材质类型为VRayMtl，具体参数如图6-125所示。

设置步骤

① 在"漫反射"通道中加载"平铺"贴图。

② 在"标准控制"卷展栏中设置"预设类型"为"1/2连续砌合"。

③ 在"平铺设置"的"纹理"通道中加载学习资源中的88481192eree.jpg文件，设置"水平数"为3，"垂直数"为2，"淡出变化"为0.05。

④ 在"砖缝设置"的"纹理"通道中加载学习资源中的011e.jpg文件，设置"水平间距"和"垂直间距"都为0.05。

图6-125

03 返回VRayMtl，设置"反射"颜色为浅灰色，"光泽度"为0.95，如图6-126所示。材质球效果如图6-127所示。

图6-126

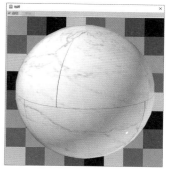

图6-127

04 将材质赋予地面模型，效果如图6-128所示。

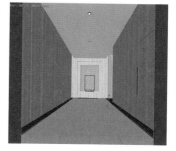

图6-128

05 按F9键渲染场景，案例最终效果如图6-129所示。

图6-129

6.3.4 "渐变"贴图

"渐变"贴图可以设置3种颜色的渐变效果，其参数如图6-130所示。

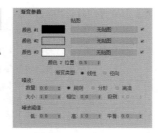

图6-130

颜色#1/颜色#2/颜色#3 用于设置渐变颜色，也可以加载贴图。默认情况下"颜色#2"在渐变的中间位置，即"位置"为0.5。根据需要，可设置不同的"位置"数值，移动"颜色#2"在渐变中的位置。

渐变类型 渐变有"线性"和"径向"两种类型，如图6-131所示。

图6-131

> ① 技巧提示
>
> 还有一种同类型的"渐变坡度"贴图，建议读者不要使用，否则在渲染时画面上可能会出现彩色花斑。

👑 重点

6.3.5 "衰减"贴图

"衰减"贴图用于控制材质属性由强烈到柔和的过渡效果，使用频率较高，其参数如图6-132所示。

图6-132

前:侧 "衰减"贴图通过"前"和"侧"两个通道控制贴图的颜色，也可以加载贴图控制颜色。不同的"衰减类型"会让"前"和"侧"通道的颜色产生不同的视觉效果。

衰减类型 包含5种不同类型的衰减方式。

- 垂直/平行：默认的衰减类型，显示"前"通道还是"侧"通道的颜色取决于视觉方向（摄影机方向）。与视觉垂直的方向显示"前"通道颜色，与视觉平行的方向显示"侧"通道颜色，效果如图6-133所示。这种类型常用在模拟绒布、纱帘等材质的"漫反射"通道中。

图6-133

- 朝向/背离：在日常制作中用到的频率不高，效果如图6-134所示。
- Fresnel：常用在"反射"通道中，用来模拟菲涅耳反射。根据不同数值的IOR形成不同的反射效果，如图6-135所示。读者需要特别注意的是，材质编辑器中的"菲涅耳反射"选项是默认勾选的，如果在"反射"通道中加载Fresnel类型的"衰减"贴图，就会产生错误的反射效果。"菲涅耳反射"选项和"衰减"贴图只能选择一种。

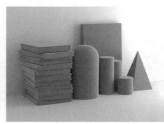

图6-134　　　　　　　图6-135

- 阴影/灯光：在日常制作中不常用，这种类型会根据灯光的方向产生不同的颜色过渡效果，如图6-136所示。
- 距离混合：在日常制作中不常用，这种类型根据"近端距离"值和"远端距离"值产生过渡颜色，如图6-137所示。

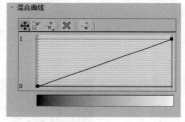

图6-136　　　　　　　图6-137

混合曲线 默认情况下，不论用哪种衰减类型，产生的过渡效果都是线性模式。如果想让两个通道的颜色过渡产生不一样的效果，就需要在"混合曲线"卷展栏中设置曲线，如图6-138所示。不同的曲线会产生不一样的通道过渡效果，对比效果如图6-139所示。在曲线的点上单击鼠标右键，会弹出菜单，可以选择点的模式，如图6-140所示。单击"添加点"按钮，可以在曲线上的任意位置添加点，不仅能选择点的类型，还可以移动其位置，如图6-141所示。如果不想要曲线上的任意点，单击"删除点"按钮，即可将选中的点删掉。

图6-138

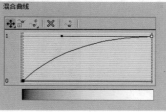

图6-139

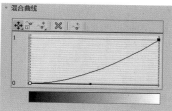

图6-139（续）

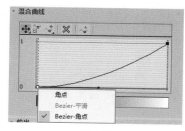

图6-140

图6-141

菲涅耳反射是指反射强度与视角之间的关系。当视线垂直于物体表面时，反射较弱；而当视线未垂直于物体表面时，夹角越小，反射越明显，如图6-142所示。视线与物体表面的夹角越小，物体反射模糊就越大，而视线与物体表面夹角越大，物体反射模糊越小，如图6-143和图6-144所示。

图6-142

图6-143   图6-144

如果不使用菲涅耳反射原理，则反射是不考虑视线与物体表面之间的角度的。在真实世界中，任何物质都存在菲涅耳反射，但是金属的菲涅耳反射效果很弱。

♛ 重点

🖑 案例训练：绒布床尾凳

案例文件	案例文件>CH06>案例训练：绒布床尾凳
技术掌握	"衰减"贴图
难易程度	★★☆☆☆

本案例用"衰减"贴图模拟床尾凳的绒布效果，案例效果如图6-145所示。

图6-145

01 打开本书学习资源"案例文件>CH06>案例训练：绒布床尾凳"文件夹中的"练习.max"文件，如图6-146所示。

图6-146

02 按M键打开材质编辑器，然后选择一个空白材质球，设置材质类型为VRayMtl，具体参数设置如图6-147所示。

设置步骤

① 在"漫反射"通道中加载"衰减"贴图。

② 在"衰减"贴图的两个通道中加载学习资源中的Y-201106-26040.jpg文件，接着设置"侧"通道量为50，"衰减类型"为"垂直/平行"。

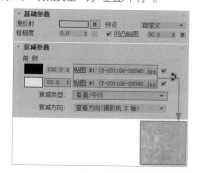

图6-147

03 设置VRayMtl的贴图，具体参数设置如图6-148所示。材质球效果如图6-149所示。

设置步骤

① 在"反射"和"凹凸"通道中加载学习资源中的Y-201106-26041.jpg文件，设置"凹凸"通道量为30。

② 在"光泽度"通道中加载学习资源中的Y-201106-26043.jpg文件。

图6-148　　　　　　　　　　图6-149

> ① **技巧提示**
>
> 在"凹凸"通道中使用VRay法线贴图也能很好地模拟布料的纹理，读者可以进行尝试。

04 将材质赋予场景中的床尾凳模型，如图6-150所示。

图6-150

05 按F9键渲染场景，案例最终效果如图6-151所示。

图6-151

🎴 学后训练：绒布沙发

案例文件	案例文件>CH06>学后训练：绒布沙发
技术掌握	"衰减"贴图
难易程度	★★☆☆☆

本案例使用"衰减"贴图模拟绒布面料，案例效果如图6-152所示。

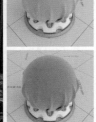

图6-152

6.3.6　"混合"贴图

"混合"贴图是将两种颜色或贴图进行混合，从而形成一张新的贴图，其参数如图6-153所示。

图6-153

颜色#1/颜色#2 通道中的颜色或贴图会按照"混合量"指定的比例进行混合。"混合量"的值可以是数值，也可以是一张黑白贴图。

混合量 在通道中加载黑白贴图时，贴图会按照贴图中的黑和白分别显示"颜色#1"通道和"颜色#2"通道，如图6-154所示。如果黑白贴图中存在灰色部分，则将"颜色#1"和"颜色#2"通道混合后显示，如图6-155所示。

图6-154　　　　　　　　图6-155

👑 重点

6.3.7　VRay法线贴图

VRayNormalMap（VRay法线贴图）是一种蓝底贴图，通常加载在"凹凸"通道或"置换"通道中，与普通的黑白贴图相比，能更好地模拟凹凸效果，参数如图6-156所示。

"法线贴图"是一种蓝底的贴图，如图6-157所示，这种贴图只能加载在VRay法线贴图中。蓝色的法线贴图需要用户根据原有的贴图自行制作。

图6-156　　　　　　　　图6-157

如果读者需要自己制作蓝色的法线贴图,可以在网络上下载ShaderMap软件。该软件可以根据导入的贴图文件制作各种贴图效果,如常见的法线贴图、反射贴图、凹凸贴图等,如图6-158所示。

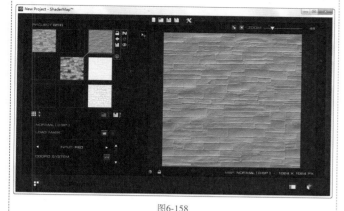

图6-158

法线贴图需要加载在"法线贴图"通道中,通过通道量控制贴图的表现强度,不同数值的对比效果如图6-159所示。

通道量:1　　　　通道量:2

图6-159

(!) 技巧提示

VRay法线贴图一般会加载在"凹凸"通道中,贴图的效果也会受到"凹凸"通道量的影响。

除了加载蓝色的法线贴图,也可以在"凹凸贴图"通道中加载普通贴图作为凹凸贴图使用,效果如图6-160所示。通道会识别加载的贴图的灰度信息,按照"黑凹白凸"的原理显示贴图。

图6-160

👑 重点

✋ **案例训练: 墙砖**

案例文件	案例文件>CH06>案例训练: 墙砖
技术掌握	VRay法线贴图
难易程度	★ ★ ☆ ☆ ☆

本案例使用VRay法线贴图制作墙砖的凹凸纹理,案例效果如图6-161所示。

 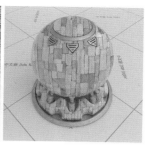

图6-161

01 打开本书学习资源"案例文件>CH06>案例训练: 墙砖"文件夹中的"练习.max"文件,如图6-162所示。

图6-162

02 按M键打开材质编辑器,然后选择一个空白材质球,设置材质类型为VRayMtl,在"漫反射"通道中加载学习资源中的Archinteriors_08_05_Stone.jpg文件,如图6-163所示。

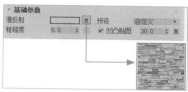

图6-163

03 在"凹凸"通道中加载VRay法线贴图,然后在"法线贴图"通道中加载学习资源中的Archinteriors_08_05_Stone_NORM.jpg文件,设置通道量为2,如图6-164所示。材质球效果如图6-165所示。

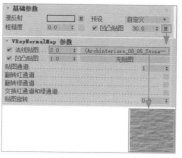 

图6-164　　　　图6-165

04 将材质赋予墙面模型，然后加载"UVW贴图"修改器，设置"贴图"为"长方体"，"长度"为1310.8mm，"宽度"为768mm，"高度"为800mm，如图6-166所示。

图6-166

05 按F9键渲染当前场景，效果如图6-167所示。

图6-167

6.3.8 VRay污垢贴图

VRayDirt（VRay污垢）贴图常用于渲染AO通道，以增强暗角效果，参数如图6-168所示。

AO通道可以理解为一张黑白素描效果的图片，将其叠加在原有的效果图上时，会将白色信息去除，保留黑色部分，从而加深效果图的阴影部分，让整体画面看起来更有立体感。除了制作AO通道，也可以用VRay污垢贴图表现材质颜色。

遮蔽颜色 代表阴影部分的颜色。

未遮蔽颜色 类似于漫反射的颜色，效果如图6-169所示。

图6-168　　　　　　　图6-169

半径 控制阴影的范围大小，不同数值的对比效果如图6-170所示。阴影范围过大会显得画面很黑，"半径"的数值需要按照画面效果灵活调整。

半径:10mm　　　　　　　半径:100mm

图6-170

> ① **技巧提示**
>
> 如果渲染的图片中存在黑色的对象，如图6-171所示，代表这个对象的法线方向是反的，需要反转对象的法线并重新渲染。
>
>
>
> 图6-171

6.3.9 VRay边纹理贴图

VRayEdgesTex（VRay边纹理）贴图用于生成线框和面的复合效果，常用于渲染线框效果图，参数如图6-172所示。

图6-172

本书第3章中的案例训练渲染的线框效果就是通过VRay边纹理贴图实现的。

颜色 控制线框的颜色，而模型本身的颜色会以"漫反射"通道的颜色为准，对比效果如图6-173所示。

图6-173

隐藏的边角 如果需要渲染三角面的线框效果，勾选"隐藏的边角"选项即可，效果如图6-174所示。

图6-174

世界宽度/像素宽度 控制线框粗细的参数，二者只需要设置一个即可，默认情况下设置"像素宽度"。图6-175所示是"像素宽度"为0.3和0.8时的对比效果。

图6-175

6.4 贴图坐标修改器

赋予了贴图的模型需要通过贴图坐标修改器调整贴图的位置，这样才能更好地展示贴图的效果。3ds Max中常用的贴图坐标修改器是"UVW贴图"修改器和"UVW展开"修改器，如图6-176所示。

贴图坐标修改器

⌄

"UVW 贴图"修改器	"UVW 展开"修改器
常规贴图调整	需要展开 UV

图6-176

👑 重点

6.4.1 "UVW贴图"修改器

"UVW贴图"修改器可以将贴图按照预设的投射方式投射到模型的每个面上，参数如图6-177所示。

图6-177

贴图 系统提供了7种方式将贴图投射到模型上，分别是"平面""柱形""球形""收缩包裹""长方体""面""XYZ到UVW"，如图6-178所示。这些投射方式都较为规整，适合大部分模型。通过设置"长度""宽度""高度"的数值，就能将投射到模型上的贴图调整到适合模型的大小。

平面

图6-178

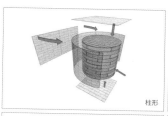

柱形

球形

收缩包裹

长方体

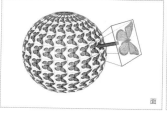

面

XYZ到UVW

图6-178（续）

对齐 除了调整投射贴图的大小，还需要调整投射的方向。"对齐"选项组中的X、Y、Z就能决定贴图投射的方向，如图6-179所示。

X

Y

Z

图6-179

适配 调整了贴图的投射方向，单击"适配"按钮，贴图将会按照模型的大小自动生成投射效果，如图6-180所示。根据适配后的效果，再调整"长度"、"宽度"和"高度"，使贴图在模型上正确分布。

适配前

适配后

图6-180

视图对齐 无论贴图投射到哪个方向，单击"视图对齐"按钮 视图对齐 后，贴图都会按照视图的方向显示，如图6-181所示。

图6-181

重置 若调整的贴图坐标不合适，需要还原最初的效果，单击"重置"按钮 重置 即可。

♔ **重点**

🖐 案例训练：调整贴图坐标

案例文件	案例文件>CH06>案例训练：调整贴图坐标
技术掌握	"UVW贴图"修改器
难易程度	★★☆☆☆

本案例用"UVW贴图"修改器调整贴图坐标，案例效果如图6-182所示。

图6-182

01 打开本书学习资源"案例文件>CH06>案例训练：调整贴图坐标"文件夹中的"练习.max"文件，如图6-183所示。

图6-183

02 按M键打开材质编辑器，然后选择一个空白材质球，设置材质类型为VRayMtl，具体参数设置如图6-184所示。材质球效果如图6-185所示。

设置步骤

① 在"漫反射"通道中加载学习资源中的1.jpg文件。

② 设置"反射"颜色为深灰色，"光泽度"为0.8。

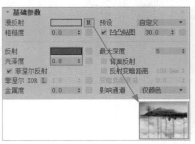

图6-184 图6-185

03 将材质赋予墙壁模型，效果如图6-186所示。可以看到此时墙壁上的贴图没有呈现理想的效果。

图6-186

04 选中墙壁模型，在"修改器列表"中选择"UVW贴图"选项，然后在"参数"卷展栏中设置"贴图"为"长方体"，"长度"为6871.91mm，"宽度"为540.019mm，"高度"为6315.19mm，"对齐"为Z，如图6-187所示。贴图效果如图6-188所示。

图6-187 图6-188

05 按F9键渲染场景，案例最终效果如图6-189所示。

图6-189

⚜重点
6.4.2 "UVW展开"修改器

"UVW 展开"修改器用于将贴图（纹理）坐标指定给对象和子对象，并手动或通过各种工具来编辑这些坐标，还可以使用它来展开和编辑对象上已有的 UVW 坐标。对于一些复杂的模型和贴图，"UVW贴图"修改器不能很好地调整缝隙拐角等位置的贴图走向，而"UVW展开"修改器可以很好地解决这一问题，其参数如图6-190所示。

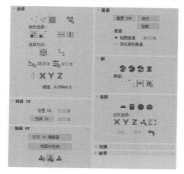

图6-190

"UVW展开"修改器中的操作大多数是在"编辑UVW"对话框中进行的。单击"打开UV编辑器"按钮 打开 UV 编辑器 就可以打开该对话框，如图6-191所示。在该对话框中，可以选择UV的顶点、边或多边形，然后对其进行移动、旋转或缩放。

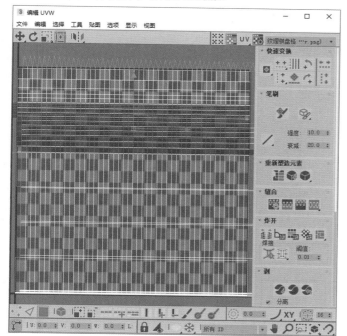

图6-191

用户可以将拆分后的UV导出为图片，然后在Photoshop中绘制贴图内容，也可以将拆分的UV与已经添加的贴图相互对应。相比于上一小节学习的"UVW贴图"修改器，"UVW展开"修改器的难度更大，操作也更加灵活。具体操作方法会在下面的案例训练中详细演示。

⚜重点
👆案例训练：调整茶叶盒贴图坐标

案例文件	案例文件>CH06>案例训练：调整茶叶盒贴图坐标
技术掌握	"UVW展开"修改器
难易程度	★★★☆☆

本案例用"UVW展开"修改器调整茶叶盒的贴图坐标，案例效果如图6-192所示。

 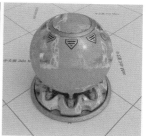

图6-192

01 打开本书学习资源"案例文件>CH06>案例训练：调整茶叶盒贴图坐标"文件夹中的"练习.max"文件，如图6-193所示。

图6-193

02 按M键打开材质编辑器，然后选择一个空白材质球，设置材质类型为VRayMtl，具体参数设置如图6-194所示。材质球效果如图6-195所示。

设置步骤
① 在"漫反射"通道中加载学习资源中的1.png文件。
② 设置"反射"颜色为灰色，"光泽度"为0.85。

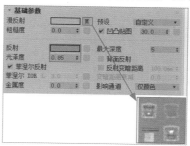 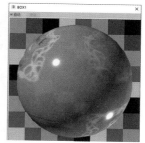

图6-194　　　　　　　　　　图6-195

03 将贴图赋予茶叶盒模型，效果如图6-196所示。可以明显看到贴图与模型不适配。

04 选中茶叶盒模型，然后在"修改器列表"中选择"UVW展开"修改器，如图6-197所示。

图6-196　　　　　　　　　图6-197

05 在下方的"选择"卷展栏中单击"多边形"按钮，并单击"打开UV编辑器"按钮 [打开 UV 编辑器...]，如图6-198所示。

图6-198

06 在弹出的"编辑UVW"对话框中执行"贴图" >"展平贴图"命令，在弹出的对话框中单击"确定"按钮 [确定]，如图6-199所示。展平贴图后，会在"编辑UVW"对话框中显示茶叶盒模型的各个面，如图6-200所示。

图6-199

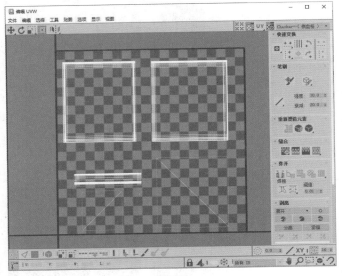

图6-200

07 展开右上角的下拉列表，然后选择茶叶盒模型的材质，如图6-201所示。效果如图6-202所示。

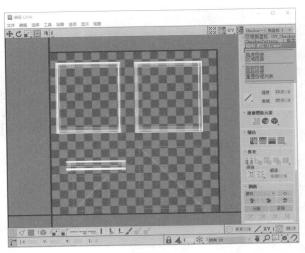

图6-201

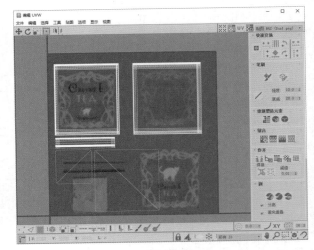

图6-202

08 选中模型的每一个多边形，对应到贴图上合适的区域，如图6-203所示。在选择多边形的同时观察场景中的模型，能更加直观地看到选中的多边形在模型上的位置。

图6-203

09 关闭"编辑UVW"对话框，返回场景中，模型效果如图6-204所示。

10 按照相同的方法制作其他3个茶叶盒模型的材质，如图6-205所示。

11 按F9键渲染场景，效果如图6-206所示。

图6-204　　　　　　　　　　图6-205　　　　　　　　　　图6-206

6.5 丰富材质细节

逼真的材质往往拥有很多的细节，例如污垢、划痕和破损等，通过混合不同贴图等方式即可实现这些效果，如图6-207所示。

丰富材质细节

多种材质混合	增加贴图细节	多种凹凸纹理
一种材质表现多种属性	用贴图表现材质的反射等属性	模拟真实的纹理效果

图6-207

★ 重点

6.5.1 多种材质混合

多种材质混合的复杂材质常出现在一些照片级效果图或CG效果图中，通过将不同种类的材质进行混合，可以表现出一种新的材质，如图6-208所示。

图6-208

制作这类贴图大致有两种做法。第1种是在Photoshop中绘制出贴图的各种细节，然后通过"UVW展开"修改器将贴图与相应的模型部分连接。第2种是运用VRay混合材质将各种贴图和纹理进行混合，再赋予相应的模型。

★ 重点

🖑 案例训练：带水渍的玻璃橱窗

案例文件	案例文件>CH06>案例训练：带水渍的玻璃橱窗
技术掌握	VRay混合材质；污垢效果材质
难易程度	★★★☆☆

本案例用VRay混合材质制作带水渍的玻璃橱窗，案例效果如图6-209所示。

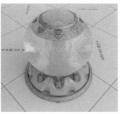

图6-209

01 打开本书学习资源"案例文件>CH06>案例训练：带水渍的玻璃橱窗"文件夹中的"练习.max"文件，如图6-210所示。

图6-210

02 创建橱窗的基础玻璃材质。材质参数如图6-211所示，材质球效果如图6-212所示。

设置步骤

① 设置"漫反射"颜色为浅灰色。

② 设置"反射"颜色为白色，"光泽度"为0.8。

③ 设置"折射"颜色为灰色，IOR为1.517。

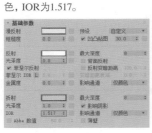

图6-211　　　　　　图6-212

> ① **技巧提示**
>
> 这一步是制作带水雾的玻璃效果，其透明度较低，整体呈白色。

03 制作水渍。在VRay混合贴图中的"清漆层材质"通道1中加载VRayMtl，然后设置参数如图6-213所示，材质球效果如图6-214所示。

设置步骤

① 设置"漫反射"颜色为黑色。

② 设置"反射"颜色为白色。

③ 设置"折射"颜色为白色，IOR为1.33。

图6-213

图6-214

04 在VRay混合贴图的"混合强度"通道1中加载学习资源中的234957.jpg文件，如图6-215所示，材质球效果如图6-216所示。

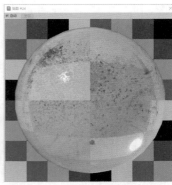

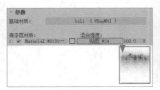

图6-215　　　　　　图6-216

> ② **疑难问答：为何加载水渍贴图后材质球没有正确显示水渍效果？**
>
> 当读者按照步骤加载水渍贴图后，材质球会显示图6-217所示的效果。
>
> 这个效果与04步中的效果完全相反，有的读者会疑惑这是什么原因造成的。因为水渍贴图的水渍是用黑色表示的，黑白贴图中黑色是完全透明的，所以黑色的部分显示为玻璃材质。将材质效果调整为步骤04的效果有两种方法。
>
> **第1种** 将水渍贴图在Photoshop中进行反相，使水渍部分显示为白色。
>
> **第2种** 展开水渍贴图的"输出"卷展栏，勾选"反转"选项即可，如图6-218所示。这也是案例中使用的方法。
>
>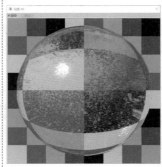
>
> 图6-217　　　　　　图6-218

05 为玻璃模型加载"UVW贴图"修改器，然后设置"贴图"为"平面"，"长度"为3665.8mm，"宽度"为3374.24mm，如图6-219所示。材质效果如图6-220所示。

图6-219

图6-220

06 在摄影机视图按F9键进行渲染，效果如图6-221所示。

图6-221

6.5.2 增加贴图细节

在"反射"通道和"光泽度"通道中添加黑白贴图的反射效果会比单纯使用颜色和数值控制的反射效果更好。贴图中包含很多黑白灰的细节，添加在"反射"和"光泽度"通道中会让材质表现出不同的反射效果和光泽度，从而显得更加逼真，图6-222所示是一些相关的参考图。

图6-222

✋ 案例训练：细节丰富的研磨器

案例文件	案例文件>CH06>案例训练：细节丰富的研磨器
技术掌握	贴图控制材质属性
难易程度	★★★☆☆

本案例用贴图控制材质的反射和光泽度，从而让材质更加真实，案例效果如图6-223所示。

图6-223

01 打开本书学习资源"案例文件>CH06>案例训练：细节丰富的研磨器"文件夹中的"练习.max"文件，如图6-224所示。

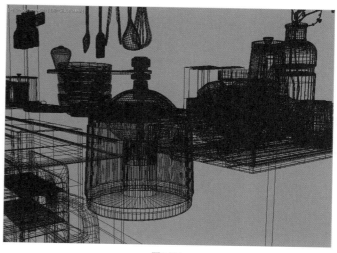

图6-224

02 制作把手的材质，材质参数如图6-225所示，材质球效果如图6-226所示。

设置步骤

① 设置"漫反射"颜色为黑色。

② 设置"反射"颜色为灰色，"光泽度"为0.7。

图6-225　　　　　　图6-226

03 制作研磨器主体的金属材质，材质参数如图6-227所示，材质球效果如图6-228所示。

设置步骤

① 在"漫反射"通道中加载学习资源中的1.jpg文件。

② 设置"反射"颜色为灰色，"光泽度"为0.6，"菲涅耳IOR"为14。

③ 在BRDF卷展栏中设置类型为Ward。

④ 在"贴图"卷展栏的"反射"通道中加载本书学习资源中的2.jpg文件，并设置通道量为90，在"光泽度"通道中加载本书学习资源中的4.jpg文件，并设置通道量为10，在"凹凸"通道中加载本书学习资源中的3.jpg文件，并设置通道量为8。

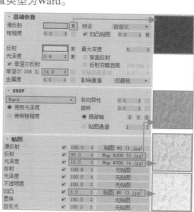

图6-227

通道是将参数与贴图进行
混合的比例。以"光泽度"为例,
如果通道量是默认的100,则材
质的"光泽度"是默认值1;如果
通道量是0,则材质的"光泽度"
完全靠贴图进行控制。案例中设
置的10能在原有贴图的基础上使
其整体更加光滑。

图6-228

04 制作研磨器上的木纹材质,材质参数如图6-229所示,材质球效
果如图6-230所示。

设置步骤

① 在"漫反射"通道中加载学习资源中的5.jpg文件。

② 设置"反射"颜色为灰色,"光泽度"为0.7,然后在"反射"通道
中加载本书学习资源中的6.jpg文件。

③ 在BRDF卷展栏中设置类型为Ward。

④ 在"贴图"卷展栏中,设置"反射"的通道量为90,在"光泽度"
通道中加载
本书学习资
源中的4.jpg
文件,并设置
通道量为10,
在"凹凸"通
道中加载本书
学习资源中的
3.jpg文件,并
设置通道量
为8。

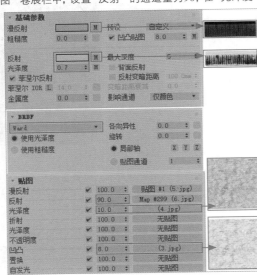

图6-229

05 制作研磨器的滤芯,材质参数如图6-231所示,材质球效果如图
6-232所示。

设置步骤

① 在"漫反射"通道中加载学习资源中的9.jpg文件。

② 设置"反射"颜色为灰色,在"反射"通道中加载本书学习资源中
的10.jpg文件,并设置"菲涅耳IOR"为8。

③ 在BRDF卷展栏中设置类型为Ward。

④ 在"贴图"卷展栏中,设置反射的通道量为95,在"光泽度"通道
中加载本书学习资
源中的12.jpg文件,
并设置通道量为
30,在"凹凸"通
道中加载本书学习
资源中的11.jpg文
件,并设置通道量
为5。

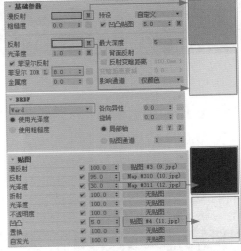

图6-231

图6-232

06 将材质赋予模型,渲染效果如图6-233所示。

图6-233

图6-230

6.5.3 多种凹凸纹理

在制作一些布料类材质时，往往需要制作两种凹凸效果，一种是布纹本身的纹理凹凸，另一种是布纹产生的褶皱凹凸，如图6-234所示。每个材质都只有一个"凹凸"通道，利用"混合"贴图可以很好地将两种凹凸纹理进行融合。除了布料，在制作一些材质的划痕效果时也需要制作两种凹凸效果，一种是划痕的凹凸，另一种是材质本身的纹理凹凸，如图6-235所示。

图6-234

图6-235

👆 案例训练：多种凹凸纹理的沙发

案例文件	案例文件>CH06>案例训练：多种凹凸纹理的沙发
技术掌握	混合凹凸纹理
难易程度	★★★☆☆

本案例用"混合"贴图模拟沙发的多种凹凸纹理，案例效果如图6-236所示。

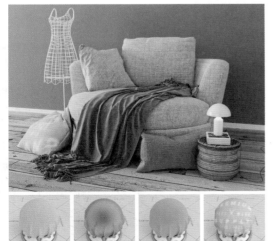

图6-236

01 打开本书学习资源"案例文件>CH06>案例训练：多种凹凸纹理的沙发"文件夹中的"练习.max"文件，如图6-237所示。场景中除沙发、毯子和抱枕外的模型都添加了材质。

图6-237

02 制作沙发材质，材质参数如图6-238所示，材质球效果如图6-239所示。

设置步骤

① 在"漫反射"通道中加载一张"衰减"贴图，然后在"前"和"侧"通道中加载本书学习资源中的diff tec.jpg文件，接着设置"侧"通道量为70，"衰减类型"为"垂直/平行"。

② 设置"反射"颜色为深灰色，"光泽度"为0.5。

③ 在"凹凸"通道中加载一张"混合"贴图，然后在"颜色#1"通道中加载学习资源中的fabric_48.jpg文件，在"颜色#2"通道中加载学习资源中的bump tec.jpg文件，并设置"凹凸"通道量为40。

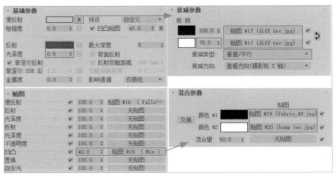

图6-238

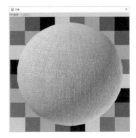

图6-239

03 将材质赋予沙发模型，然后加载"UVW贴图"修改器，设置"贴图"为"长方体"，再设置"长度""宽度""高度"均为1000mm，如图6-240所示，材质效果如图6-241所示。

图6-240 图6-241

> ① **技巧提示**
> "混合"贴图制作的凹凸贴图包含布纹褶皱和布纹凹凸两种效果，当"混合量"为50时，这两种效果以50%的比例进行混合。

04 制作毯子材质，材质参数如图6-242所示，材质球效果如图6-243所示。

设置步骤

① 在"漫反射"通道中加载一张"衰减"贴图，然后在"前"和"侧"通道中加载本书学习资源中的Diff_chair55.jpg文件，接着设置"侧"通道量为70，"衰减类型"为"垂直/平行"。

② 设置"反射"颜色为灰色，"光泽度"为0.6。

③ 在"凹凸"通道中加载一张"混合"贴图，然后在"颜色#1"通道中加载学习资源中的fabric_48.jpg文件，在"颜色#2"通道中加载学习资源中的bump_chair.jpg文件，并设置"凹凸"通道量为40。

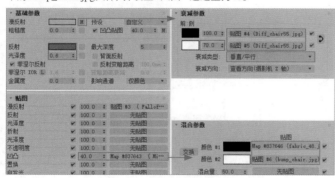

图6-242

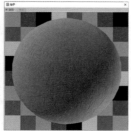

图6-243

05 将设置好的材质赋予毯子模型，然后为其加载"UVW贴图"修改器，设置"贴图"为"长方体"，"长度"为1117.15mm，"宽度"为1115.38mm，"高度"为1100mm，如图6-244所示。材质效果如图6-245所示。

图6-244 图6-245

06 制作抱枕1材质，其制作方法与之前的材质类似，材质参数如图6-246所示，材质球效果如图6-247所示。

设置步骤

① 在"漫反射"通道中加载一张"衰减"贴图，然后在"前"和"侧"通道中加载本书学习资源中的Diff_chair.jpg文件，设置"侧"通道量为70，"衰减类型"为"垂直/平行"。

② 在"凹凸"通道中加载一张"混合"贴图，然后在"颜色#1"通道中加载学习资源中的fabric_48.jpg文件，在"颜色#2"通道中加载学习资源中的bump_chair.jpg文件，设置"混合量"为20，"凹凸"通道量为140。

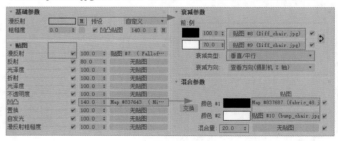

图6-246

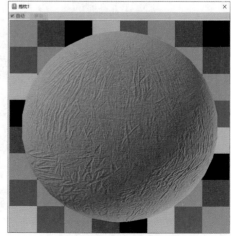

> ① **技巧提示**
> "混合量"的数值越小，"颜色#1"通道所占的比例越大。

图6-247

07 将设置好的材质赋予右侧的抱枕，然后为其加载"UVW贴图"修改器，接着设置"贴图"为"长方体"，其他参数保持默认即可，如图6-248所示。材质效果如图6-249所示。

图6-248 　　　　　　　　图6-249

08 制作抱枕2材质，其制作方法是最简单的布纹制作方法，材质参数如图6-250所示，材质球效果如图6-251所示。

设置步骤

① 在"漫反射"通道中加载学习资源中的hm_premium_diff2.jpg文件。

② 设置"反射"颜色为深灰色，"光泽度"为0.5。

③ 在"凹凸"通道中加载学习资源中的Textiles_74_bump.jpg文件，然后设置"凹凸"通道量为45。

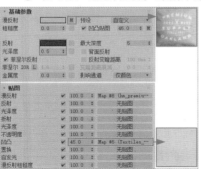

图6-250 　　　　　　　　图6-251

09 将材质赋予左侧的抱枕模型，效果如图6-252所示。

图6-252

10 按F9键渲染场景，效果如图6-253所示。

图6-253

6.6 提升材质的真实度

通过设置材质的一些参数，可以提高材质的真实度，如图6-254所示。

提升材质的真实度

添加"各向异性"	启用"背面反射"
提高金属材质的真实度	提高透明材质的真实度

调整"最大深度"
适用于所有类型材质

图6-254

★ 重点

6.6.1 添加"各向异性"

各向异性是指材质的部分物理性质随着方向的改变而发生变化，在不同的方向上呈现差异化的性质。各向异性在金属中较为常见。图6-255所示的锅底就产生了各向异性，从而展现出不同角度的反射效果。

图6-255

在制作各向异性的材质效果时，需要设置BRDF卷展栏中的参数，如图6-256所示。"各向异性"参数可以设置高光点的形状，"旋转"参数可以设置高光点的方向。

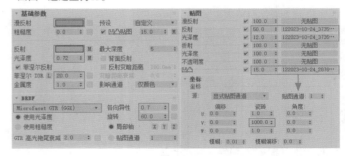

图6-256

👑 重点

🖑 案例训练：金属茶几

案例文件	案例文件>CH06>案例训练：金属茶几
技术掌握	BRDF
难易程度	★★★☆☆

本案例通过设置BRDF的参数为材质增加各向异性效果，案例效果如图6-257所示。

图6-257

01 打开本书学习资源"案例文件>CH06>案例训练：金属茶几"文件夹中的"练习.max"文件，如图6-258所示。

图6-258

02 按M键打开材质编辑器，新建一个VRayMtl，材质参数如图6-259所示，材质球效果如图6-260所示。

设置步骤

① 设置"漫反射"颜色为深黄色。

② 设置"反射"颜色为黄色，"光泽度"为0.72，"菲涅耳IOR"为20，"金属度"为1。

③ 在BRDF卷展栏中设置类型为Microfacet GTR(GGX)，"各向异性"为0.7，"旋转"为60。

④ 在"反射"和"光泽度"通道中加载学习资源中的122023-10-24_484145.png文件，设置"反射"通道量为50，"光泽度"通道量为12。

在"凹凸"通道中加载"噪波"贴图，设置贴图的"瓷砖V"为1000，"凹凸"通道量为15。

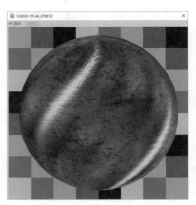

图6-259

> ① **技巧提示**
>
> 当"各向异性"设置为0或1时，高光点为圆形；当"各向异性"设置为0~1的数值时，高光点为细长型。

图6-260

03 将材质赋予茶几模型，如图6-261所示。

图6-261

04 按F9键渲染场景，效果如图6-262所示。

图6-262

6.6.2 启用"背面反射"

玻璃等透明材质不仅表面会产生反射，内部也会产生反射。当勾选了"背面反射"选项后，材质会将内部的反射也一并进行计算，这样渲染出来的效果会更加真实，对比效果如图6-263所示。虽然提高了材质的真实感，但是这样会消耗更多的时间，读者需要根据场景以及计算机的配置决定是否勾选该选项。

6.6.3 调整"最大深度"

现实世界的光经过无限次反射才能表现材质的效果，而VRay材质则是通过"最大深度"这个参数进行模拟。"最大深度"的数值越大，表示反射的次数越多，材质也更加真实，所消耗的时间也越多。"最大深度"的默认值为5，适用于大多数材质。图6-264所示是不同"最大深度"的对比效果。

图6-263

图6-264

6.7 常见的材质类型

在日常生活中，陶瓷、金属、玻璃、水、布料、木质和塑料等都是常见的材质类型。这一节将为读者讲解这些常见材质的制作思路和参数设置的要点。案例中所列举的参数仅供参考，请勿死记硬背。

6.7.1 陶瓷类材质

陶瓷类材质是日常制作中使用率较高的材质，制作方法也比较简单，如图6-265所示。

陶瓷类材质 〉 瓷器（表面较光滑，有明显的反射） 陶器（表面较粗糙） 〉 材质颜色（由"漫反射"决定） 粗糙度（由"光泽度"决定） 材质纹理（由"凹凸"通道决定）

图6-265

1.常见类型

陶瓷类材质根据光滑程度大致分为两大类，一类是光滑的瓷器材质，另一类是粗糙的陶器材质。

家用的碗盘、花瓶、洗手盆、浴缸和马克杯等都是常见的光滑瓷器，根据光滑程度的差异又分为高光和半亚光两种，如图6-266所示。

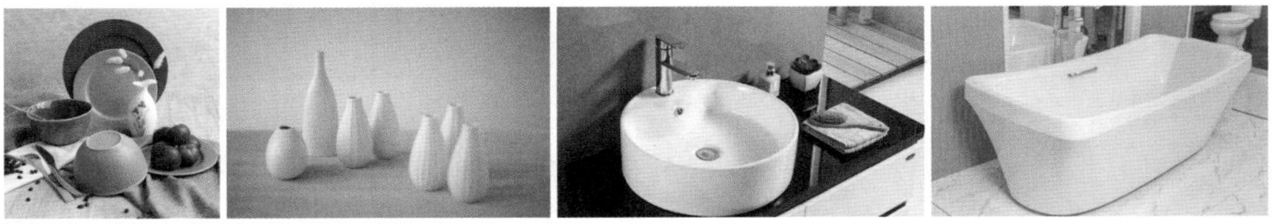

图6-266

陶罐和紫砂壶等是常见的粗糙陶器，表面粗糙，高光点不明显，如图6-267所示。

图6-267

2.颜色

陶瓷类材质的颜色通过"漫反射"进行设置。无论是设置颜色还是加载贴图，都可以控制陶瓷所要表现的颜色或花纹，如图6-268和图6-269所示。

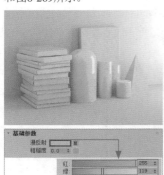

图6-268　　　　　　　　图6-269

3.粗糙度

陶瓷类材质的粗糙度是由"光泽度"这个参数决定的。光滑的高光瓷器一般设置"光泽度"为0.9以内，如图6-270所示。半亚光的瓷器一般设置"光泽度"为0.8~0.9，如图6-271所示。

粗糙的陶器一般设置"光泽度"为0.6~0.8，如图6-272所示。

图6-270　　　　　　　　图6-271

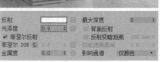

图6-272

4.纹理

粗糙的陶器一般会添加凹凸纹理来表现粗糙的颗粒感，在"凹凸"通道中加载"噪波"贴图就可以很好地模拟这种颗粒感，如图6-273所示。

图6-273

★重点

案例训练：陶瓷茶具

案例文件	案例文件>CH06>案例训练：陶瓷茶具
技术掌握	高光陶瓷材质；花纹陶瓷材质；半亚光陶瓷材质
难易程度	★★★☆☆

本案例为茶具组合模型制作陶瓷材质，案例效果如图6-274所示。

图6-274

01 打开本书学习资源"案例文件>CH06>案例训练：陶瓷茶具"文件夹中的"练习.max"文件，如图6-275所示。

图6-275

02 制作高光陶瓷材质。具体材质参数如图6-276所示，材质球效果如图6-277所示。根据效果图赋予模型材质。

设置步骤

① 设置"漫反射"颜色为绿色。

② 设置"反射"颜色为白色，"光泽度"为0.95，"菲涅耳IOR"为1.8。

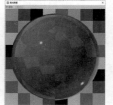

图6-276　　　　　　　　图6-277

03 制作半亚光陶瓷材质，与高光陶瓷材质的制作方法基本一致，具体材质参数如图6-278所示，材质球效果如图6-279所示。根据效果图赋予模型材质。

设置步骤

① 设置"漫反射"颜色为浅绿色。

② 设置"反射"颜色为白色，在"光泽度"通道中加载学习资源中的392022-06-27_518767.jpg文件。

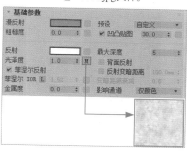

图6-278

图6-279

04 制作花纹陶瓷材质。将高光陶瓷材质球复制一个，然后重命名，接着在"漫反射"通道中加载学习资源中的21308053.jpg文件，如图6-280所示，材质球效果如图6-281所示。

图6-280

图6-281

05 将花纹陶瓷材质赋予茶杯模型下方的盘子模型后，模型的贴图基本没有显示出来。为模型加载"UVW贴图"修改器，然后调整贴图坐标，如图6-282所示，修改后的效果如图6-283所示。

图6-282

图6-283

06 按F9键渲染场景，最终效果如图6-284所示。

图6-284

🔖 学后训练：高光陶瓷花瓶

案例文件	案例文件>CH06>学后训练：高光陶瓷花瓶
技术掌握	高光陶瓷材质
难易程度	★★☆☆☆

本案例为两个花瓶模型制作高光陶瓷材质，案例效果如图6-285所示。

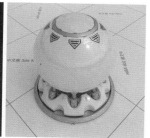

图6-285

6.7.2 金属类材质

金属类材质是日常制作中常见的材质，制作方法较为复杂，如图6-286所示。

金属类材质

黑色金属	有色金属
不锈钢和铁等	金、银和铜等

材质颜色	光泽类型	材质纹理
由"漫反射"和"反射"决定	由"光泽度"决定	由"漫反射"和"凹凸"通道决定

图6-286

1.常见类型

金属类材质按照颜色可以分为黑色金属和有色金属两大类。常见的不锈钢和铁都是黑色金属，如图6-287所示。金、银和铜都属于有色金属，如图6-288所示。

图6-287

图6-288

金属类材质按照光滑程度可以分为高光金属和亚光金属，如图6-289所示。

图6-289

2.颜色

金属类材质的颜色由"漫反射"和"反射"共同决定。"漫反射"用于设置金属本身的固有色，"反射"用于设置金属反射的颜色，两者结合后才是金属所表现出来的颜色，如图6-290和图6-291所示。

图6-290
图6-291

3.光泽类型

金属类材质分为高光金属和亚光金属，"光泽度"就是区分这两种金属类型的参数。

高光金属一般设置"光泽度"为0.85~0.99，如图6-292所示，高光金属会清晰地反射出周围物体的轮廓。亚光金属一般设置"光泽度"为0.5~0.85，如图6-293所示，亚光金属不会清晰地反射出周围物体的轮廓，但视觉上会呈现更加厚重的质感。

图6-292
图6-293

4.纹理

拉丝金属是最常见的带有纹理的金属材质，在"漫反射"通道和"凹凸"通道中加载拉丝金属的贴图就可以制作出这类材质，其他参数设置则与一般金属无异，如图6-294所示。

图6-294

一些镂空的金属材质则是通过在"凹凸"通道和"不透明度"通道中加载相关贴图来制作的，如图6-295所示。

图6-295

⭐ 重点

👆 案例训练：不锈钢餐具

案例文件	案例文件>CH06>案例训练：不锈钢餐具
技术掌握	不锈钢材质
难易程度	★★☆☆☆

本案例的餐具是用金属类材质制作的，案例效果如图6-296所示。

图6-296

01 打开本书学习资源"案例文件>CH06>案例训练：不锈钢餐具"文件夹中的"练习.max"文件，如图6-297所示。

图6-297

02 制作不锈钢材质，具体参数设置如图6-298所示，材质球效果如图6-299所示。

设置步骤

① 设置"漫反射"颜色为黑色。

② 设置"反射"颜色为浅灰色，"光泽度"为0.8，"菲涅耳IOR"为8，"金属度"为1。

③ 设置BRDF类型为Microfacet GTR(GGX)，"各向异性"为0.6。

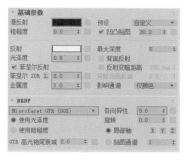

图6-298

图6-299

03 将设置好的材质赋予刀叉模型，渲染效果如图6-300所示。

图6-300

🔧 **学后训练：金属吊灯**

案例文件	案例文件>CH06>学后训练：金属吊灯
技术掌握	金属类材质
难易程度	★★☆☆☆

本案例制作金属吊灯，案例效果如图6-301所示。

图6-301

6.7.3 透明类材质

透明类材质是日常制作中使用率较高的材质，制作方法较为复杂，如图6-302所示。

透明类材质

⌄

高光材质	亚光材质
光滑表面	磨砂表面

⌄

材质颜色	粗糙度
由"漫反射"和"雾颜色"决定	由"光泽度"决定

折射率	材质纹理
不同的透明类材质拥有不同的折射率	由"凹凸"通道或VRay混合材质决定

图6-302

1.常见类型

玻璃、钻石、水晶和聚酯等都是常见的透明类材质，如图6-303所示。透明类材质按照光滑程度可以分为高光材质和亚光材质两大类。

图6-303

2.颜色

透明类材质的颜色由"漫反射"和"雾颜色"共同决定。"漫反射"的颜色可以表现物体的固有色，如图6-304所示，"雾颜色"则是透明物体中显示的颜色，两者相结合就是物体本身的颜色，如图6-305所示。

图6-304

图6-305

3.粗糙度

透明类材质的粗糙度主要由折射中的"光泽度"控制。当"光泽度"为1时，材质为光滑的透明材质；当"光泽度"小于1时，材质为磨砂的透明材质，如图6-306所示。

图6-306

4.折射率

不同的透明材质拥有特定的折射率（IOR），例如水为1.33、聚酯为1.6、钻石为2.4等。不同的IOR产生的透明效果也会有差异，如图6-307所示。

图6-307

5.纹理

透明类材质的纹理的制作方法与金属类大同小异，这里介绍一种比较特殊的花纹玻璃，如图6-308所示。这种材质是由玻璃和另一种材质混合而成，需要使用VRay混合材质才能实现。

图6-308

用VRay混合材质模拟花纹玻璃，需要用"基本材质"模拟普通玻璃，"镀膜材质"模拟磨砂玻璃，在"混合数量"的通道中加载花纹的黑白贴图，如图6-309所示。

图6-309

⚜重点
案例训练：玻璃花瓶

案例文件	案例文件>CH06>案例训练：玻璃花瓶
技术掌握	玻璃材质
难易程度	★★★☆☆

本案例的玻璃花瓶是用玻璃材质制作的，案例效果如图6-310所示。

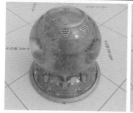

图6-310

01 打开本书学习资源"案例文件>CH06>案例训练：玻璃花瓶"文件夹中的"练习.max"文件，如图6-311所示。

图6-311

02 制作透明的"玻璃1"材质，具体材质参数如图6-312所示，材质球效果如图6-313所示。

设置步骤

① 设置"漫反射"颜色为浅绿色。

② 设置"反射"颜色为白色，"光泽度"为1，"最大深度"为10，并勾选"背面反射"选项。

③ 设置"折射"颜色为浅灰色，IOR为1.517，"最大深度"为10。

④ 设置"雾颜色"为绿色，"深度（厘米）"为100。

⑤ 在"光泽度""折射""光泽度"通道中加载学习资源中的AM134_29_jars.png文件，然后设置这3个通道的通道量都为50。

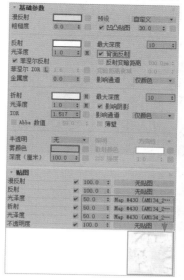

图6-312

图6-313

> ⑦ **疑难问答：为什么要在通道中加入贴图？**
>
> 在6.5.2小节中介绍了在通道中加入贴图可以增加贴图的细节，从而丰富材质的细节。本案例是制作玻璃材质，在贴图通道中加入污垢贴图后，可以让玻璃产生不同的反射和折射效果，模拟出有水渍污垢的玻璃效果。真实的玻璃不可能是完全干净的，加入一些污垢效果能让材质看起来更加真实。

03 磨砂的"玻璃2"材质是在"玻璃1"材质的基础上修改而成的。将"光泽度"设置为0.9，并取消"光泽度"通道的贴图，如图6-314所示，材质球效果如图6-315所示。

图6-314

图6-315

> ⑦ **疑难问答：选中实体模型后边缘的线框如何取消？**
>
> 选中的实体模型边缘可能会出现白色线框，有时候这种线框会影响对模型的观察。按键盘上的V键，在弹出的菜单中取消勾选"选择边框"命令，就可以取消这种白色线框，效果如图6-316所示。

图6-316

04 将材质赋予相应的模型，在摄影机视图中渲染场景，效果如图6-317所示。

图6-317

学后训练：玻璃花盒

案例文件	案例文件>CH06>学后训练：玻璃花盒
技术掌握	清玻璃材质
难易程度	★★☆☆☆

本案例制作清玻璃材质，案例效果如图6-318所示。

图6-318

6.7.4 液体类材质

液体类材质是日常制作中使用率较高的材质，制作方法较为复杂，如图6-319所示。

液体类材质

```
          ∨

┌─────────────┐   ┌─────────────┐
│   透明类    │   │   半透明类  │
│    水       │   │ 牛奶、冰、咖啡等 │
└─────────────┘   └─────────────┘

          ∨

┌─────────────┐   ┌─────────────┐
│  材质颜色   │   │   粗糙度    │
│由"漫反射"和  │   │除冰外的液体类材质 │
│"雾颜色"决定 │   │都是光滑表面 │
└─────────────┘   └─────────────┘

┌─────────────┐   ┌─────────────┐
│   折射率    │   │  材质纹理   │
│不同液体类材质 │   │ 由"凹凸"通道决定 │
│拥有不同的折射率│   │             │
└─────────────┘   └─────────────┘
```

图6-319

1.常见类型

液体类材质与透明类材质类似，但液体类材质有透明的类型，例如水，也有半透明的类型，例如牛奶、冰和咖啡等，如图6-320所示。

图6-320

> ① 技巧提示
>
> 从物理性质来讲，冰不属于液体，但是在3ds Max中制作该材质的思路和液体类材质是一致的，只是在透明度和IOR上有些区别，因此将冰归类为液体类材质。

2.颜色和IOR

与透明类材质一样，液体类材质的颜色也是由"漫反射"和"雾颜色"共同组成的。液体类材质的IOR也不尽相同，冰为1.309，水为1.33，牛奶为1.35。

> ✎ 知识链接
>
> 更多液体类材质的折射率（IOR）请参阅附录。

液体类材质在制作方法上与透明类材质完全相同，只是IOR和透明度有差别。

🖑 案例训练：柠檬水

★ 重点

案例文件	案例文件>CH06>案例训练：柠檬水
技术掌握	水材质；冰块材质；气泡材质
难易程度	★★★☆☆

本案例的冰块、水和气泡都是用液体类材质制作的，案例效果如图6-321所示。

图6-321

01 打开本书学习资源"案例文件>CH06>案例训练：柠檬水"文件夹中的"练习.max"文件，如图6-322所示。

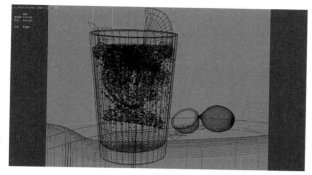

图2-322

02 本案例需要制作玻璃杯中的水、冰块和气泡的材质，首先制作水材质，具体参数设置如图6-323所示，材质球效果如图6-324所示。

设置步骤

① 设置"漫反射"颜色为灰色。

② 设置"反射"颜色为白色，"光泽度"为0.99，"菲涅耳IOR"为1.6。

③ 设置"折射"颜色为白色，IOR为1.33。

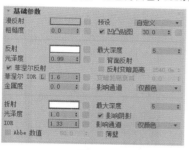

图6-323

图6-324

03 制作冰块材质，具体材质参数如图6-325所示，材质球效果如图6-326所示。

设置步骤

① 设置"漫反射"颜色为白色。

② 设置"反射"颜色为白色，"光泽度"为0.96，"菲涅尔IOR"为1.309。

③ 在"折射"中添加"衰减"贴图，设置"前"通道颜色为灰色，"侧"通道颜色为白色，"衰减类型"为"垂直/平行"，并调整"混合曲线"的样式，然后设置"光泽度"为0.6，IOR为1.309。

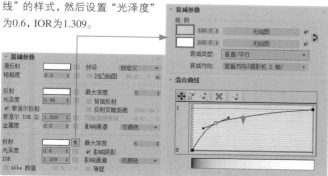

图6-325

图6-326

04 制作气泡材质，具体材质参数如图6-327所示，材质球效果如图6-328所示。

设置步骤

① 设置"漫反射"颜色为灰色。

② 设置"反射"颜色为白色，"光泽度"为0.95，"菲涅耳IOR"为0.8。

③ 设置"折射"颜色为白色，"光泽度"为0.95，IOR为0.8。

图6-327

图6-328

05 在摄影机视图中渲染场景，效果如图6-329所示。

图6-329

🔲 学后训练：咖啡

案例文件	案例文件>CH06>学后训练：咖啡
技术掌握	咖啡材质
难易程度	★★★☆☆

本案例的咖啡是用液体类材质制作的，案例效果如图6-330所示。

图6-330

6.7.5 布料类材质

布料类材质是日常制作中使用率较高的材质，制作方法较为复杂，如图6-331所示。

布料类材质

普通布料	绒布	半透明布料
棉麻布	丝绸、绒布	纱

布料颜色	粗糙度	布料透明度
由"漫反射"决定	由"光泽度"决定	由"折射"决定

图6-331

1.常见类型

棉麻布、丝绸、绒布和纱是日常生活中常见的布料类型，如图6-332所示。不同类型的布料材质的做法有所区别。

图6-332

2.颜色

布料类材质的颜色是由"漫反射"决定的，可以设置纯色或加载布纹贴图。棉麻布和纱直接设置颜色或加载贴图即可，如图6-333所示。丝绸和绒布材质需要加载"衰减"贴图后再设置颜色或加载贴图，如图6-334所示。

图6-333　　　　　　图6-334

3.粗糙度

除了丝绸材质较为光滑，其他布料类材质都比较粗糙，并且反射率低，高光范围大。

丝绸材质的"光泽度"设置为0.75~0.85，如图6-335所示。其他布料类材质的"光泽度"设置为0.5~0.75，如图6-336所示。

图6-335　　　　　　图6-336

4.透明度

纱类布料能透光，常用于制作纱帘、蚊帐等。这种半透明效果可以通过设置"折射"的颜色或加载贴图进行模拟，如图6-337和图6-338所示。纱帘、蚊帐等半透明布料的IOR一般会设置为1.01左右。

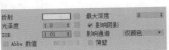

图6-337

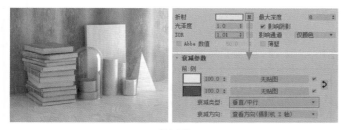

图6-338

🖐 重点

案例训练：窗帘

案例文件	案例文件>CH06>案例训练：窗帘
技术掌握	绒布材质；纱帘材质
难易程度	★★★☆☆

本案例的窗帘材质都是用布料类材质制作的，案例效果如图6-339所示。

图6-339

01 打开本书学习资源"案例文件>CH06>案例训练：窗帘"文件夹中的"练习.max"文件，如图6-340所示。

图6-340

02 新建一个VRayMtl，在"漫反射"通道中加载"衰减"贴图，在"衰减"贴图的"前"和"侧"通道中加载学习资源中的132023-10-25_283905.jpg文件，设置"侧"通道量为70，"衰减类型"为"垂直/平行"，然后调整"混合曲线"的样式，如图6-341所示。

03 在"凹凸贴图"通道中加载VRay法线贴图，在"法线贴图"通道中加载学习资源中的132023-10-25_252876.jpg文件，并设置"凹凸贴图"通道量为65，如图6-342所示。

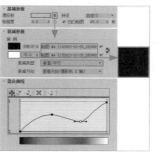

图6-341 图6-342

04 在"反射"和"光泽度"通道中加载学习资源中的132023-10-25_204670.jpg文件，设置BRDF为Ward，如图6-343所示。材质球效果如图6-344所示。

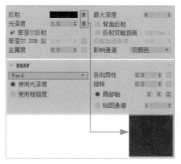

图6-343 图6-344

05 新建一个VRayMtl，在"漫反射"通道中加载"衰减"贴图，设置"前"通道为白色，"侧"通道为浅灰色，"衰减类型"为"垂直/平行"，然后调整"混合曲线"的样式，如图6-345所示。

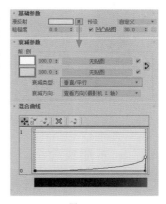

图6-345

06 在"折射"通道中加载"衰减"贴图，设置"前"和"侧"通道都为白色，然后在两个通道中加载学习资源中的132023-10-25_338120.jpg文件，设置"衰减类型"为"垂直/平行"，然后调整"混合曲线"的样式，设置IOR为1.01，如图6-346所示。材质球效果如图6-347所示。

图6-346 图6-347

07 将材质赋予相应的模型，渲染效果如图6-348所示。

图6-348

学后训练：布艺床品

案例文件	案例文件>CH06>学后训练：布艺床品
技术掌握	布料类材质
难易程度	★★★☆☆

本案例的床品都是用布料类材质制作的，案例效果如图6-349所示。

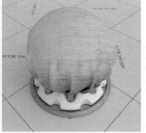

图6-349

6.7.6 木质类材质

木质类材质是日常制作中使用率较高的材质，其制作方法比较简单，如图6-350所示。

木质类材质

高光木纹	半亚光木纹	亚光木纹
清漆木纹	木地板、木纹贴面	原木

颜色和纹理	粗糙度
由"漫反射"和"凹凸"通道决定	由"光泽度"决定

图6-350

1.常见类型

木纹贴面、原木、清漆木材和木地板等都是日常制作中常见的木质类材质，按照光滑程度可以分为高光木纹、半亚光木纹和亚光木纹，如图6-351所示。

图6-351

除了清漆木纹由于清漆的作用是高光木纹材质外，其他的木纹都是半亚光木纹材质和亚光木纹材质。

2.颜色和纹理

木质类材质的颜色是"漫反射"通道中加载的木纹贴图所呈现出来的颜色，如图6-352所示。

图6-352

木质类材质的纹理是"凹凸"通道中加载的贴图所呈现出来的纹理，如图6-353所示。但"凹凸"通道只能识别贴图的黑白信息，黑色部分呈凹陷效果，白色部分呈凸出效果。

图6-353

3.粗糙度

木质类材质分为高光木纹、半亚光木纹和亚光木纹3类，粗糙度是由"光泽度"决定的。

高光木纹的"光泽度"为0.85~1，如图6-354所示。半亚光木纹是使用率较高的类型，"光泽度"为0.75~0.85，如图6-355所示。亚光木纹"光泽度"为0.6~0.85，如图6-356所示。亚光木纹常用于制作原木，配合"凹凸"通道中的纹理效果会更好。

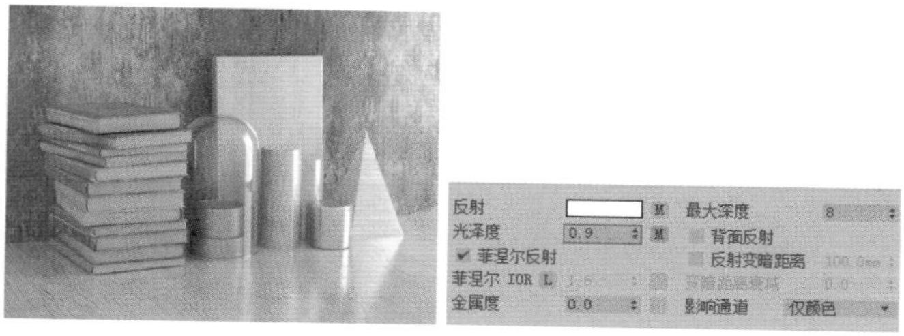

图6-354

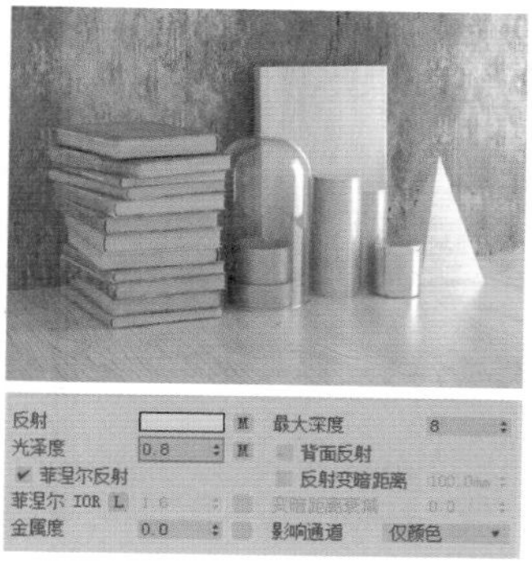

图6-355

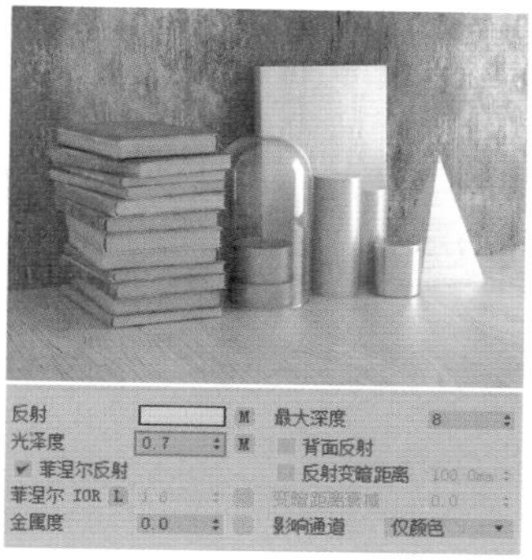

图6-356

重点

案例训练：木地板

案例文件	案例文件>CH06>案例训练：木地板
技术掌握	半亚光木纹材质
难易程度	★★★☆☆

本案例的木地板是由木质类材质制作的，案例效果如图6-357所示。

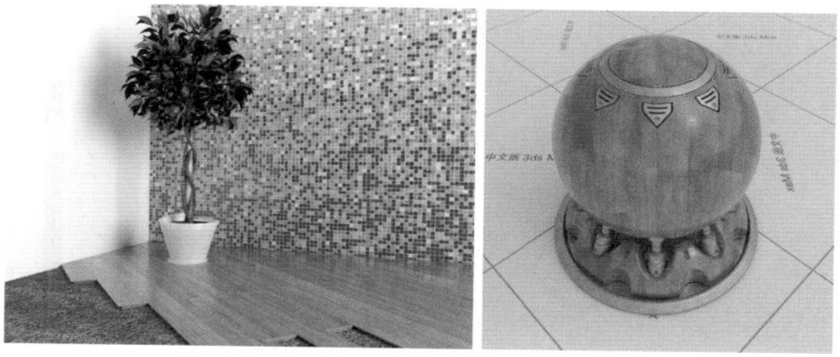

图6-357

01 打开本书学习资源“案例文件>CH06>案例训练：木地板”文件夹中的“练习.max”文件，如图6-358所示。

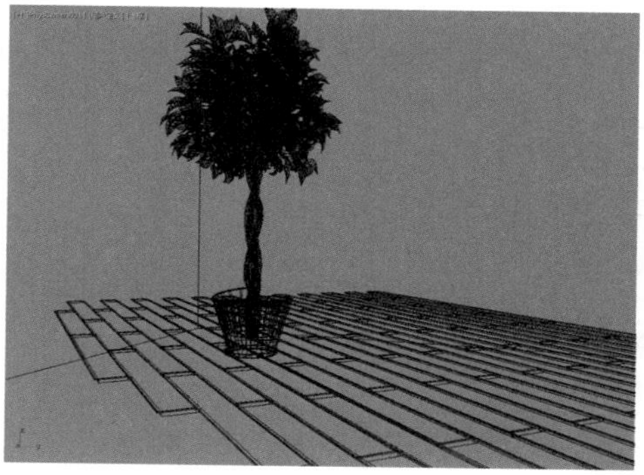

图6-358

02 木地板材质的具体参数如图6-359所示，材质球效果如图6-360所示。

设置步骤

① 在“漫反射”通道中加载学习资源中的1_Diffuse.jpg文件。

② 设置“光泽度”为0.88。

③ 在“反射”和“光泽度”通道中加载学习资源中的1_Reflect.jpg文件，设置“光泽度”通道量为45，在“凹凸”通道中加载学习资源中的1_Bump.jpg文件，设置通道量为2。

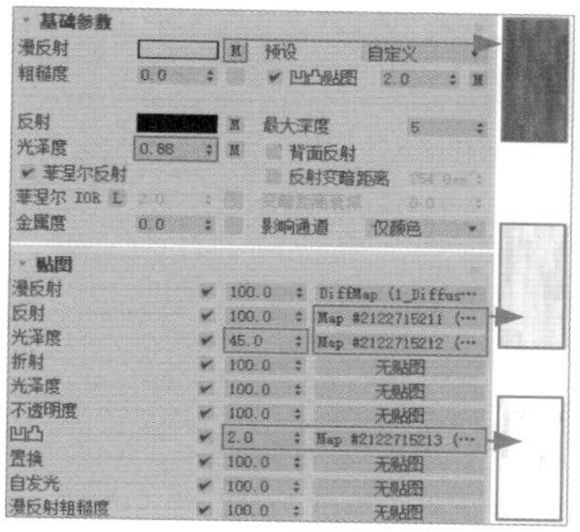

图6-359

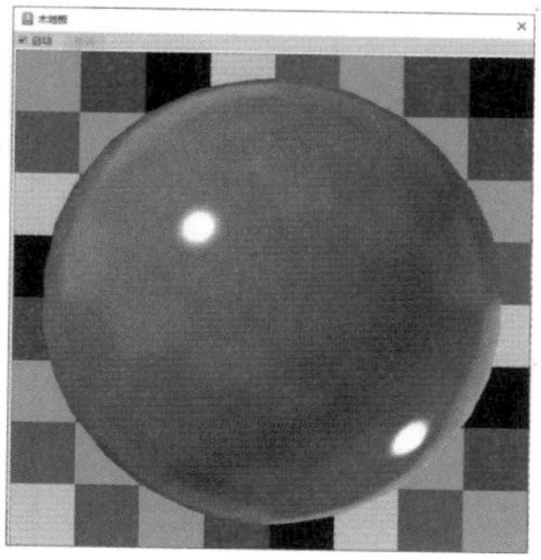

图6-360

技巧提示

木地板材质在设置“光泽度”参数时需要参考实际情况，最好不要将数值设置为0.9及以上。在特殊角度下，为了画面的观赏性，可以适当将数值增大。

03 将材质赋予地板模型，渲染效果如图6-361所示。

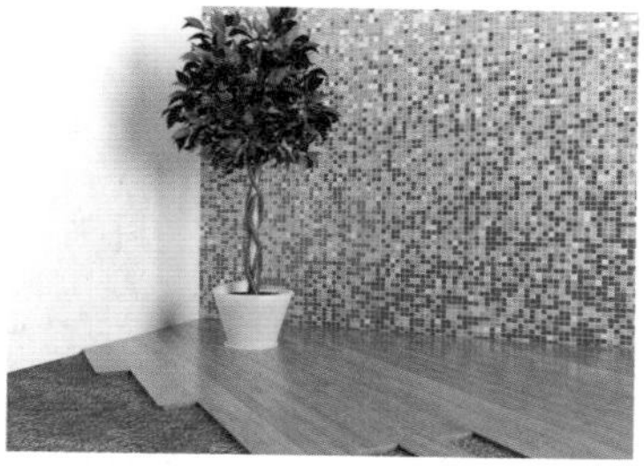

图6-361

重点

学后训练：清漆书柜

案例文件	案例文件>CH06>学后训练：清漆书柜
技术掌握	清漆木纹材质
难易程度	★★★☆☆

本案例的书柜是由木质类材质制作的，案例效果如图6-362所示。

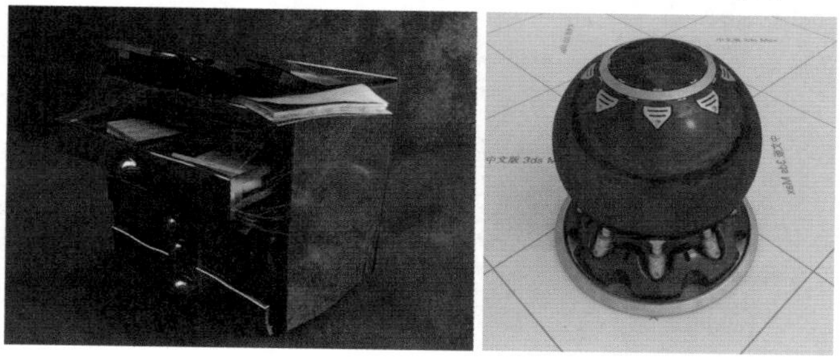

图6-362

6.7.7 塑料类材质

塑料类材质是日常制作中使用率较高的材质，制作方法也较为复杂，如图6-363所示。

塑料类材质

高光塑料	亚光塑料	半透明塑料
光滑表面	磨砂表面	半透明光滑 / 磨砂表面

颜色	粗糙度	透明度
	由"光泽度"决定	由"折射"和IOR决定

高光 / 亚光塑料	半透明塑料
由"漫反射"决定	由"漫反射"和"雾颜色"决定

图6-363

1.常见类型

塑料类材质大致可以分为高光塑料、亚光塑料和半透明塑料3种类型。高光塑料和亚光塑料是在光泽度上进行区分，半透明塑料则是在这两种塑料的基础上添加了半透明属性，如图6-364所示。

图6-364

2.颜色

不透明的塑料类材质的颜色是由"漫反射"的颜色决定的，有透明度的塑料类材质的颜色则是由"漫反射"和"雾颜色"的颜色决定的，这一点和透明类材质相似，如图6-365和图6-366所示。

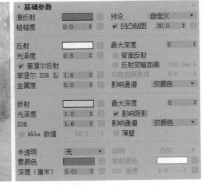

图6-365

图6-366

3.粗糙度

与其他材质一样，塑料类材质的粗糙度也和"光泽度"有关。高光塑料的"光泽度"设置为0.8~1，如图6-367所示。亚光塑料的"光泽度"设置为0.6~0.8，如图6-368所示。

图6-367　　　　　　　　图6-368

> ① 技巧提示
>
> 塑料类材质的"菲涅耳IOR"设置为1.575~1.6，与陶瓷类材质相区别。

4.透明度

塑料类材质透明度的设置方法与透明类材质一样，只是IOR不同。塑料的IOR一般设置为1.575左右。

◆ 重点

◎ 案例训练：半透明塑料水杯

案例文件	案例文件>CH06>案例训练：半透明塑料水杯
技术掌握	半透明塑料
难易程度	★★★☆☆

本案例的水杯是由塑料类材质制作的，案例效果如图6-369所示。

图6-369

01 打开本书学习资源"案例文件>CH06>案例训练：半透明塑料水杯"文件夹中的"练习.max"文件，如图6-370所示。

图6-370

02 橙色半透明塑料材质参数如图6-371所示，材质球效果如图6-372所示。

设置步骤

① 设置"漫反射"颜色为橙色。

② 设置"反射"颜色为灰色，"光泽度"为0.6。半透明塑料表面呈亚光效果。

③ 在"折射"通道中加载"衰减"贴图，然后设置"前"通道颜色为灰色，"侧"通道颜色为黑色，"衰减类型"为"垂直/平行"，设置折射的"光泽度"为0.9。

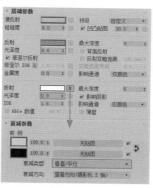

图6-371　　　　　　　　图6-372

03 蓝色半透明塑料材质参数如图6-373所示，材质球效果如图6-374所示。

设置步骤

① 设置"漫反射"颜色为蓝色。

② 设置"反射"颜色为灰色，"光泽度"为0.6。

③ 在"折射"通道中加载"衰减"贴图，然后设置"前"通道颜色为灰色，"侧"通道颜色为黑色，"衰减类型"为"垂直/平行"，设置折射的"光泽度"为0.9。

图6-373

图6-374

① 技巧提示

　　蓝色半透明塑料材质与橙色半透明塑料材质除了"漫反射"参数不同外，其余参数完全相同。读者在制作时可以将设置好的橙色半透明塑料材质球复制并重命名后修改"漫反射"的参数。

04 将材质赋予模型，渲染效果如图6-375所示。

图6-375

🔒 学后训练：彩色塑料椅

案例文件	案例文件>CH06>学后训练：彩色塑料椅
技术掌握	亚光塑料
难易程度	★★☆☆☆

　　本案例的椅子是由塑料类材质制作的，案例效果如图6-376所示。

图6-376

6.8 综合训练营

　　下面通过两个综合案例复习本章所学的知识。

👑 重点

◈ 综合训练：北欧风格公寓材质

案例文件	案例文件>CH06>综合训练：北欧风格公寓材质
技术掌握	材质综合练习
难易程度	★★★★☆

　　本案例为一套北欧风格的公寓制作材质，案例效果如图6-377所示。

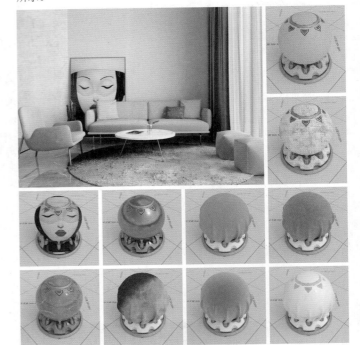

图6-377

1.绿色墙漆

01 打开本书学习资源"案例文件>CH06>综合训练：北欧风格公寓材质"文件夹中的"练习.max"文件，如图6-378所示。这是一套北欧风格的公寓，场景中已经创建摄影机和灯光，需要为白模创建材质。

图6-378

02 按M键打开材质编辑器，然后选择一个空白材质球，设置材质类型为VRayMtl，具体参数如图6-379所示。材质球效果如图6-380所示。

设置步骤

① 设置"漫反射"颜色为浅绿色。

② 设置"反射"颜色为黑色，"光泽度"为0.4。

③ 在"凹凸""反射""光泽度"通道中加载学习资源中的AM160_009_chrome_dirty_reflect.jpg文件，然后分别设置3个通道的通道量为5、80和80。

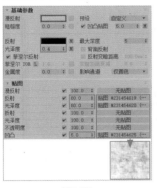

图6-379

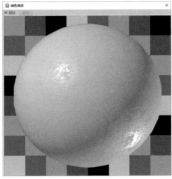

图6-380

03 将设置好的材质赋予右侧的墙面模型，效果如图6-381所示。

图6-381

04 为右侧墙面模型添加"UVW贴图"修改器，设置"贴图"为"平面"，"长度"和"宽度"都为5000mm，"对齐"为X，如图6-382所示。贴图的显示效果如图6-383所示。

图6-382

图6-383

2.白色墙漆

01 将绿色墙漆材质复制一份，并重命名为"白色墙漆"。白色墙漆材质与绿色墙漆材质基本相同，只需要在"漫反射"通道中加载学习资源中的AM160_009_chrome_dirty_reflect.jpg文件，如图6-384所示。材质球效果如图6-385所示。

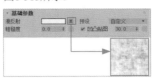

图6-384

图6-385

02 将白色墙漆材质赋予左侧的墙面模型，效果如图6-386所示。

图6-386

03 同样为左侧的墙面模型添加"UVW贴图"修改器，设置"贴图"为"平面"，"长度"和"宽度"都为5000mm，"对齐"为X，如图6-387所示。贴图的显示效果如图6-388所示。

图6-387

图6-388

3.挂画材质

01 按M键打开材质编辑器，然后选择一个空白材质球，设置材质类型为VRayMtl，接着在"漫反射"通道中加载学习资源中的20181114234147.jpg文件，如图6-389所示。材质球效果如图6-390所示。

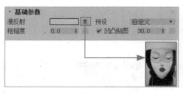

图6-389　　　　　　图6-390

02 将材质赋予挂画模型，效果如图6-391所示。

图6-391

4.黑色金属

01 按M键打开材质编辑器，然后选择一个空白材质球，设置材质类型为VRayMtl，具体参数如图6-392所示。材质球效果如图6-393所示。

　　设置步骤

　　① 设置"漫反射"颜色为黑色。

　　② 设置"反射"颜色为白色，"光泽度"为0.8，"菲涅耳IOR"为3，"金属度"为1。

图6-392　　　　　　图6-393

02 将设置好的材质赋予画框、沙发腿和茶几腿模型，效果如图6-394所示。

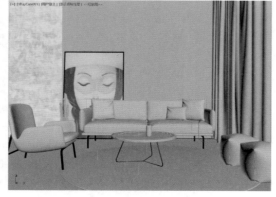

图6-394

5.黄色沙发布

01 按M键打开材质编辑器，然后选择一个空白材质球，设置材质类型为VRayMtl，具体参数如图6-395所示。材质球效果如图6-396所示。

　　设置步骤

　　① 在"漫反射"通道中加载"衰减"贴图，设置"前"通道颜色为深黄色，"侧"通道颜色为黄色，"衰减类型"为"垂直/平行"。

　　② 在"凹凸"通道中加载"混合"贴图，在"颜色#1"通道中加载"VRay法线贴图"，并在"法线贴图"通道中加载学习资源中的Vol14-23-3.jpg文件，在"颜色#2"通道中加载学习资源中的1 (1).jpg文件，设置"混合量"为30，"凹凸"通道量为45。

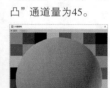

图6-395　　　　　　图6-396

02 将设置好的材质赋予长沙发模型和右侧的一个软凳模型，效果如图6-397所示。

图6-397

6.绿色沙发布

01 按M键打开材质编辑器，然后选择一个空白材质球，设置材质类型为VRayMtl，具体参数如图6-398所示。材质球效果如图6-399所示。

　　设置步骤

　　① 在"漫反射"通道中加载"衰减"贴图，设置"前"通道颜色为深绿色，"侧"通道颜色为浅绿色，然后在两个通道中加载学习资源中的"脏2布1.jpg"文件，并设置两个通道量都为50，"衰减类型"为"垂直/平行"。

　　② 设置"反射"的"光泽度"为0.85。

　　③ 在"凹凸"通道中加载学习资源中的"灰调纺织布纹_001cca.jpg"文件，设置通道量为30，在"反射"和"光泽度"通道中加载学习资源中的dr_55.png文件，并设置两个通道的"混合量"都为50。

图6-398　　　　　　　　　　　图6-399

02 将设置好的材质赋予左侧的单人沙发、长沙发的抱枕模型和右侧的另一个软凳模型，效果如图6-400所示。

图6-400

> ① **技巧提示**
>
> 　材质中加载了贴图，需要根据每个模型的尺寸添加"UVW贴图"修改器，这里不赘述。

7.地砖

01 按M键打开材质编辑器，然后选择一个空白材质球，设置材质类型为VRayMtl，具体参数如图6-401所示。材质球效果如图6-402所示。

设置步骤

① 在"漫反射"通道中加载学习资源中的20160908182551_775.jpg文件。

② 设置"反射"颜色为浅灰色。

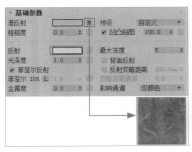 

图6-401　　　　　　　　　　　图6-402

02 将设置好的材质赋予地面模型，然后添加"UVW贴图"修改

器，设置"贴图"为"平面"，"长度"和"宽度"都为1000mm，如图6-403所示。效果如图6-404所示。

 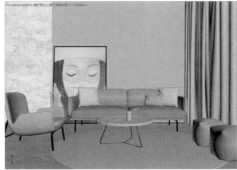

图6-403　　　　　　　　　　　图6-404

8.地毯

01 按M键打开材质编辑器，然后选择一个空白材质球，设置材质类型为VRayMtl，具体参数如图6-405所示。材质球效果如图6-406所示。

设置步骤

① 在"漫反射"通道中加载"衰减"贴图，然后在"前"通道和"侧"通道中加载学习资源中的20180104204937.png文件，并设置"侧"通道量为95，"衰减类型"为"垂直/平行"。

② 设置"反射"颜色为深灰色。

③ 在"凹凸"通道中加载学习资源中的ee.jpg文件，设置通道量为200，然后在"置换"通道中加载学习资源中的vv.jpg文件，设置通道量为6。

图6-405

图6-406

02 将设置好的材质赋予地毯模型，效果如图6-407所示。

图6-407

9.窗帘

01 按M键打开材质编辑器，然后选择一个空白材质球，设置材质类型为VRayMtl，具体参数如图6-408所示。材质球效果如图6-409所示。

设置步骤

① 在"漫反射"通道中加载"衰减"贴图，设置"前"通道颜色为灰蓝色，"侧"通道颜色为灰色，"衰减类型"为"垂直/平行"。

② 在"凹凸"通道中加载学习资源中的"灰调纺织布纹_001cca.jpg"文件，设置通道量为40。

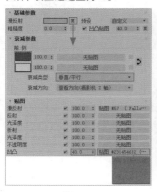
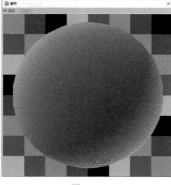

图6-408　　　　　　　　　图6-409

02 将设置好的材质赋予窗帘模型，效果如图6-410所示。

图6-410

10.纱帘

01 按M键打开材质编辑器，然后选择一个空白材质球，设置材质类型为VRayMtl，具体参数如图6-411所示。材质球效果如图6-412所示。

设置步骤

① 设置"漫反射"颜色为白色。

② 在"折射"通道中加载"衰减"贴图，交换"前"和"侧"通道颜色后，设置"前"通道颜色为浅灰色，"衰减类型"为"垂直/平行"，然后设置IOR为1.01。

③在"不透明度"通道中加载学习资源中的"JD-B布料-常用-00020.jpg"文件，设置通道量为50。

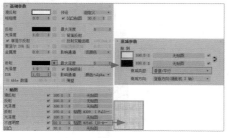

图6-411

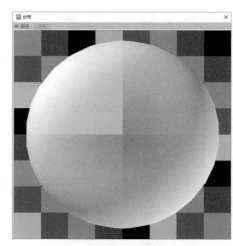

图6-412

02 将设置好的材质赋予纱帘模型，效果如图6-413所示。

图6-413

03 其他材质比较简单，这里不详述。按F9键渲染场景，最终效果如图6-414所示。

图6-414

👑 重点

◈ 综合训练：现代风格洗手台材质

案例文件	案例文件>CH06>综合训练：现代风格洗手台材质
技术掌握	材质综合练习
难易程度	★★★★☆

本案例为一套现代风格的洗手台制作材质，案例效果如图6-415所示。

图6-415

1.墙砖

01 打开本书学习资源中的"案例文件>CH06>综合训练：现代风格洗手台材质"文件夹中的"练习.max"文件，如图6-416所示。

02 按M键打开材质编辑器，然后选择一个空白材质球，设置材质类型为VRayMtl，具体参数如图6-417所示。材质球效果如图6-418所示。

设置步骤

① 在"漫反射"和"凹凸贴图"通道中加载"平铺"贴图，设置"预设类型"为"堆栈砌合"，在"平铺设置"的"纹理"通道中加载学习资源中的20160908182551_775.jpg文件，设置"水平数"和"垂直数"都为2，然后设置"砖缝设置"的"纹理"颜色为深灰色，"水平间距"和"垂直间距"都为0.1，接着设置"凹凸贴图"的通道量为10。

② 设置"反射"的颜色为白色，"光泽度"为0.88，"菲涅耳IOR"为1.8。

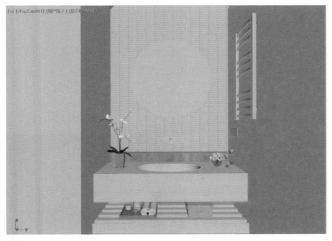

图6-416

图6-417

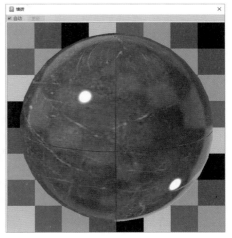

图6-418

ⓘ **技巧提示**

在"凹凸"通道中加载与"漫反射"通道相同的"平铺"贴图，去掉"平铺设置"的"纹理"通道中的贴图后，就可以呈现砖块的凹凸效果。

03 将设置好的材质赋予墙壁模型，然后添加"UVW贴图"修改器，设置"贴图"为"长方体"，"长度""宽度""高度"都为1000mm，如图6-419所示。调整后的墙面效果如图6-420所示。

图6-419

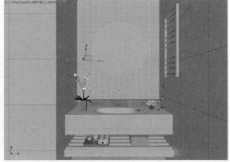
图6-420

2.绿色瓷砖

01 按M键打开材质编辑器，然后选择一个空白材质球，设置材质类型为VRayMtl，具体参数如图6-421所示。材质球效果如图6-422所示。

设置步骤

① 在"漫反射"通道中加载"衰减"贴图，设置"前"通道颜色为绿色，"侧"通道颜色为白色，"衰减类型"为"垂直/平行"。

② 设置"反射"的颜色为白色，"光泽度"为0.98，"菲涅耳IOR"为1.8。

图6-421

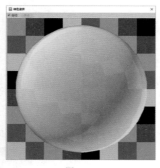
图6-422

02 将设置好的材质赋予镜子后的瓷砖模型，效果如图6-423所示。

图6-423

3.洗手台

01 按M键打开材质编辑器，然后选择一个空白材质球，设置材质类型为VRayMtl，具体参数如图6-424所示。材质球效果如图6-425所示。

设置步骤

① 在"漫反射"通道中加载学习资源中的JE065.jpg文件。

② 设置"反射"的颜色为白色，"光泽度"为0.7，"菲涅耳IOR"为1.8。

图6-424

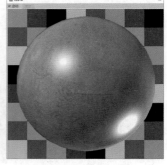
图6-425

02 将材质赋予洗手台模型，然后添加"UVW贴图"修改器，设置"贴图"为"长方体"，"长度""宽度""高度"都为600mm，如图6-426所示。效果如图6-427所示。

图6-426

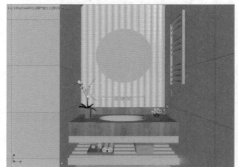
图6-427

4.白瓷

01 按M键打开材质编辑器，然后选择一个空白材质球，设置材质类型为VRayMtl，具体参数如图6-428所示。材质球效果如图6-429所示。

设置步骤

① 设置"漫反射"的颜色为白色。

② 设置"反射"的颜色为白色，"光泽度"为0.98，"菲涅耳IOR"为1.8。

图6-428

图6-429

02 将设置好的材质赋予洗手盆模型，效果如图6-430所示。

图6-430

5.木纹

01 按M键打开材质编辑器，然后选择一个空白材质球，设置材质类型为VRayMtl，具体参数如图6-431所示。材质球效果如图6-432所示。

设置步骤

① 在"漫反射"通道中加载学习资源中的JE051.jpg文件。

② 设置"反射"的颜色为浅灰色，"光泽度"为0.7。

图6-431

图6-432

02 将设置好的材质赋予洗手台下方的架子模型，然后为模型添加"UVW贴图"修改器，设置"贴图"为"长方体"，"长度""宽度""高度"都为600mm，"对齐"为X，如图6-433所示。效果如图6-434所示。

图6-433

图6-434

6.镜子

01 按M键打开材质编辑器，然后选择一个空白材质球，设置材质类型为VRayMtl，具体参数如图6-435所示。材质球效果如图6-436所示。

设置步骤

① 设置"漫反射"的颜色为浅蓝色。

② 设置"反射"的颜色为白色，并取消勾选"菲涅耳反射"选项。

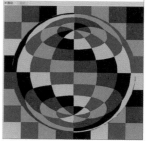

图6-435　　图6-436

02 将设置好的材质赋予镜子模型，效果如图6-437所示。

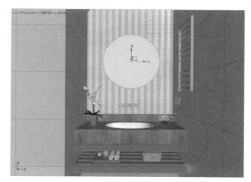

图6-437

7.铜

01 按M键打开材质编辑器，然后选择一个空白材质球，设置材质类型为VRayMtl，具体参数如图6-438所示。材质球效果如图6-439所示。

设置步骤

① 设置"漫反射"的颜色为深褐色。

② 设置"反射"的颜色为褐色，"光泽度"为0.85，"菲涅耳IOR"为3，"金属度"为1。

③ 在BRDF卷展栏中设置类型为Microfacet GTR(GGX)，"各向异性"为0.5。

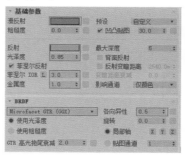

图6-438　　图6-439

02 将材质赋予镜子边缘的模型、水龙头模型和插座模型，效果如图6-440所示。

图6-440

8.不锈钢

01 按M键打开材质编辑器，然后选择一个空白材质球，设置材质类型为VRayMtl，具体参数如图6-441所示。材质球效果如图6-442所示。

设置步骤

① 设置"漫反射"的颜色为浅灰色。

② 设置"反射"的颜色为灰色，"光泽度"为0.95，"金属度"为1。

③ 在BRDF卷展栏中设置类型为Microfacet GTR(GGX)。

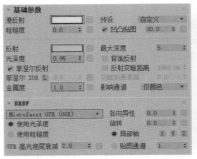

图6-441   图6-442

02 将设置好的材质赋予右侧的毛巾架模型，效果如图6-443所示。

03 按F9键渲染场景，效果如图6-444所示。

图6-443

图6-444

3
MAX

3ds Max 2024

① 技巧提示
② 疑难问答
◎ 知识课堂
⊘ 知识链接

7

第 **章** 渲染技术

📹 基础视频：10集　　📹 案例视频：4集　　🕐 视频时长：76分钟

渲染技术可以将创建好的场景渲染成单帧或是序列帧图片。场景中的灯光、材质和各种效果等都会直观地展现在渲染的图片上。合适的渲染参数不仅可以得到质量较高的渲染效果，还可以减少渲染时间，这在实际工作中非常重要。

学习重点　　　　　　　　　　　　　　　　　　🔍

学完本章能做什么

学完本章之后，读者可以掌握VRay渲染器的用法，并结合之前学习的内容渲染简单的效果图和动画。

7.1 渲染器的类型

按F10键打开"渲染设置"窗口，"渲染器"下拉列表中列出了软件自带和加载的所有渲染器类型，如图7-1所示。

图7-1

7.1.1 扫描线渲染器

扫描线渲染器是3ds Max自带的渲染器，在VRay渲染器出现之前，一直是常用的渲染器，参数如图7-2所示。扫描线渲染器现在基本不会使用，读者只需要了解即可。

图7-2

7.1.2 ART渲染器

ART渲染器是3ds Max 2017新增的自带渲染器。其优点是速度快、便捷、易上手，缺点是细节、光影不够细腻，图片质感偏硬，参数如图7-3所示。读者只需要了解即可。

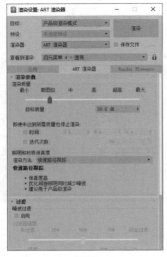

图7-3

7.1.3 Arnold渲染器

Arnold渲染器是3ds Max 2018中新增的自带渲染器。它是一款基于物理算法的电影级别渲染器，不仅操作简便，而且渲染的效果也十分逼真，逐渐成为广大设计师首选的渲染器，参数如图7-4所示。中文版的3ds Max软件中Arnold渲染器的参数为全英文。

图7-4

> ① 技巧提示
>
> 如果读者对Arnold渲染器感兴趣，市面上有相关的图书或网课资源可供查阅。

7.1.4 VRay渲染器

VRay渲染器是一款广泛应用于三维软件的插件渲染器，具有易操作、速度快和效果好的特点，参数如图7-5所示。本书的VRay渲染器采用V-Ray 6 Update 1.1（VRay 6.1）。

图7-5

> ? 疑难问答：V-Ray 6 Update 1.1和V-Ray GPU 6 Update 1.1有什么区别？
>
> 相信有读者注意到VRay渲染器有两个版本，一个是V-Ray 6 Update 1.1，另一个是V-Ray GPU 6 Update 1.1。那么这两种渲染器有什么区别，又应该怎么选择呢？
>
> V-Ray 6 Update 1.1渲染器是基于CPU和内存计算的渲染器，也是我们工作中使用频率较高的渲染器。优点是渲染稳定，对计算机的硬件要求不是很高。
>
> V-Ray GPU 6 Update 1.1渲染器是基于GPU计算的渲染器，是一种新型渲染器。优点是可以即时显示、效率高，缺点是不稳定且对硬件要求较高。
>
> GPU类型的渲染器是渲染器发展的趋势，Redshift、NVIDIA Iray、OctaneRender等渲染器都是常用的GPU渲染器。

7.2 VRay渲染器

VRay渲染器包括"公用"、V-Ray、GI、"设置"和Render Elements这5个选项卡，下面讲解其中常用的功能，如图7-6所示。

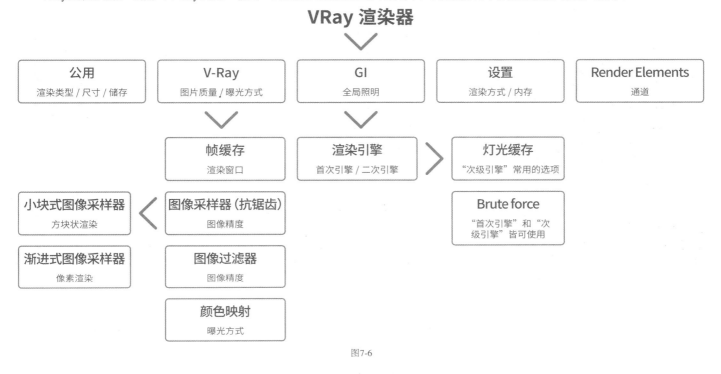

图7-6

7.2.1 帧缓存

默认情况下，在"帧缓存"卷展栏中勾选"启用内置帧缓存"选项。当按F9键渲染场景时，3ds Max会弹出渲染窗口，如图7-7所示。渲染窗口可以分为3个面板，从左到右依次为历史记录面板、渲染面板和图层面板。

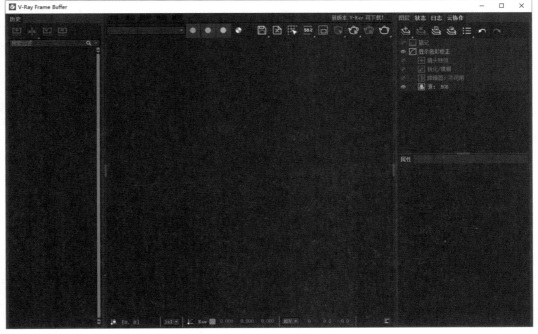

图7-7

1.历史记录面板

该面板中会记录渲染的图片，方便进行前后对比，观察调整的变化情况。需要注意的是，这一功能默认情况下不开启，需要执行"选项">"VFB设置"命令，然后在打开的窗口中选择"历史"选项卡，勾选了"开启"选项并设置了历史记录的路径后才能使用，如图7-8和图7-9所示。

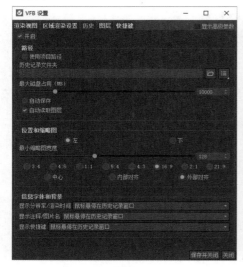

图7-8

图7-9

渲染完的图片会被保存在左侧，显示为缩略图。单击"A/B水平对比"按钮 AB 后，设置历史图片的A和B，就能在渲染面板形成对比效果，如图7-10所示。

不需要的历史记录图片，单击"删除"按钮 即可将其删除。如果要显示某一个历史记录图片，单击"加载到VFB"按钮 即可。

图7-10

2.渲染面板

渲染的图片会实时显示在该面板中，方便用户观察渲染效果。

文件 在该菜单中可以选择渲染图片的不同保存模式，如图7-11所示。

渲染 在该菜单中可以选择不同的渲染方式，以及是否终止渲染，如图7-12所示。这个菜单中的命令在顶部都有对应的按钮，一般来说不会从菜单中执行这些命令。

图片 在该菜单中可以选择是否在渲染时跟随鼠标，以及是否复制和清除渲染图片，如图7-13所示。

视图 在该菜单中可以选择渲染图片的色彩空间、显示的颜色通道以及是否关闭左右两侧的面板，如图7-14所示。

图7-11

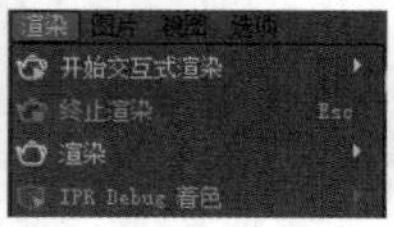

图7-12

图7-13

图7-14

展开通道下拉列表，显示渲染图像的各种通道，如图7-15所示。默认显示RGB通道。如果想加入其他图像通道，就需要在Render Elements选项卡中进行设置。

图7-15

控制渲染图像显示的颜色通道，3个全部开启代表显示RGB的3个颜色通道，也可以选择显示单个颜色通道，如图7-16所示。

图7-16

单击该按钮会显示渲染图像的Alpha通道，如图7-17所示。其中黑色的部分是透明的，白色的部分是不透明的。

图7-17

如果要将渲染的图像进行保存，单击该按钮，在弹出的"保存图像"对话框中设置图像保存的路径、名称和格式即可，如图7-18所示。

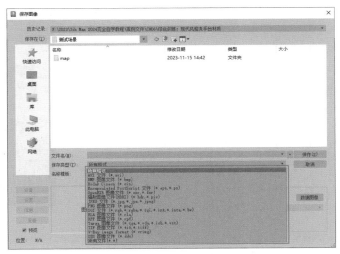

图7-18

在渲染时，系统会按照画面大小整体进行渲染。如果需要先渲染某些地方，单击该按钮，系统会根据鼠标指针所在的位置优先渲染部分图像，如图7-19所示。

如果只想观察局部的渲染效果，单击该按钮，然后在想要观察的区域绘制一个线框，单击"渲染"按钮后，就只会渲染线框内的区域，如图7-20所示。

图7-19   图7-20

单击该按钮后，会将每一步操作的效果都即时渲染。交互式渲染的质量不高，常用于测试渲染。对于一些配置不高的计算机，不建议开启交互式渲染，容易造成软件卡顿。当开启交互式渲染后，图标会变成，单击该按钮，会即时刷新渲染效果。

单击该按钮可以停止交互式渲染。

调整好所有参数后，单击该按钮就可以渲染最终效果。

3.图层面板

"图层"面板有点类似于Photoshop的图层，可以为渲染的图像添加一些属性，如图7-21所示。

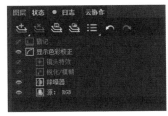

图7-21

单击"创建图层"按钮，在弹出的菜单中可以选择添加的属性，如图7-22所示。这些属性基本上与调色相关，因此只需要添加这些属性图层，经过调整后就能生成理想的图片效果，而不需要导入后期软件中调色，省去了很多步骤。

单击"删除所选图层"按钮后，就能将选中的添加图层删掉。

戳记 选中该图层后，会在渲染图片的下方显示图像的相关信息，如图7-23所示。

图7-22　　　　　　　　　图7-23

显示色彩校正 在第5章中提到过这个功能，它会显示渲染图片的颜色效果，如图7-24所示。不同颜色效果的图片如图7-25所示。

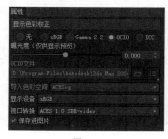

图7-24　　　　　　　　　　　　　　　　图7-25

镜头特效 开启该功能后，会在渲染画面中添加特殊的镜头效果，参数如图7-26所示。这些效果与Photoshop中的类似，基本可以替换Photoshop，一次性在3ds Max中完成所有操作。

锐化/模糊 开启该功能后，可以锐化或者模糊渲染图片，参数如图7-27所示。这里只能整体锐化或者模糊，如果要做局部操作，就得导入Photoshop或其他后期软件中操作。

降噪器 非常实用的功能，可以在少量的渲染时间内将画面中存在的噪点模糊，生成较高质量的渲染图片，参数如图7-28所示。一般来说，添加默认的降噪器即可，不需要调节参数。

源 可以选择RGB、"灯光混合"和"合成"3种模式。默认情况下为RGB模式，显示渲染图片。"灯光混合"模式会列出场景中的所有发光体，并快速调整灯光是否点亮和其强度、颜色，并不需要在场景中操作，参数如图7-29所示。取消勾选290灯光后，渲染图片中的吊灯灯光就会关闭，对比效果如图7-30所示。"合成"模式下则可以调整灯光图层的混合模式，形成不同的效果。

图7-26　　　　　　　　　　图7-28

图7-29　　　　　　　图7-30

7.2.2 图像采样器（抗锯齿）

抗锯齿在渲染设置中是一个必须调整的参数，它决定了图像的渲染精度和渲染时间，但与全局照明精度的高低没有关系，只作用于场景物体的图像和物体的边缘精度，其参数设置如图7-31所示。

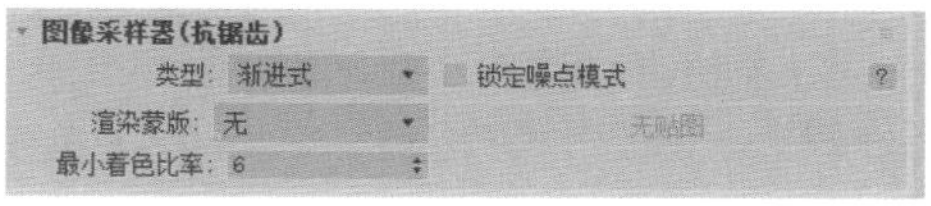

图7-31

图像采样器有两种类型，一种是"小块式"，另一种是"渐进式"。在旧版本的VRay渲染器中，"小块式"也叫作"渲染块"。

"小块式"以"跑格子"形式进行渲染，即以每个格子为单元进行计算。在渲染时可以很明显地看到画面中有一个个小方块在计算渲染，如图7-32所示。

图7-32

? 疑难问答：为何渲染的小格子数量不一样？

有些读者可能会疑惑，为何自己的软件在渲染时，画面上显示的小格子数量和图7-32不一样？渲染时显示的小格子数量取决于计算机CPU的线程数。例如，计算机采用4核8线程的CPU，在渲染时就会显示8个小方块。小方块的数量越多，就代表同一时间渲染的区域越多，渲染的速度也就越快。

"渐进式"是VRay 3.0之后添加的图像采样器类型。和"小块式"不同，"渐进式"的采样过程不再是按照小方块进行计算，而是画面整体由粗糙到精细，直到满足阈值或最大样本数为止，如图7-33所示。简单来说，就是按照画面中的像素进行渲染，渲染的效果会更加精确。

图7-33

! 技巧提示

"渐进式"是VRay 6.1默认的抗锯齿类型，其计算速度更快，"小块式"已逐渐停止使用。

7.2.3 渐进式图像采样器

当图像采样器的"类型"为"渐进式"时会自动出现"渐进式图像采样器"卷展栏，如图7-34所示。

图7-34

最小细分/最大细分 控制像素的采样值，保持默认设置即可。

最大渲染时间（分钟）以分钟为单位控制渲染时长的上限，值越大，渲染的质量越高，如图7-35所示。

最大渲染时间（分钟）:1　　　　最大渲染时间（分钟）:5

图7-35

! 技巧提示

"最大渲染时间（分钟）"只代表最终渲染效果的时间上限，不包含GI预采样的时间。

噪点阈值 控制图像噪点的参数，数值越小，画面中存在的噪点越少。

射线束大小 用在分布式渲染中，可以控制共同参与渲染的计算机的工作块大小。

? 疑难问答：什么是分布式渲染？

分布式渲染是一种联机渲染模式。系统会将需要渲染的场景分配给参与联机的计算机，让这些计算机共同渲染一个场景。渲染结果可以是单帧效果图，也可以是序列帧动画。分布式渲染能极大地提高渲染速度，常被用于制作专业效果图和动画。

7.2.4 图像过滤器

图像过滤器是配合抗锯齿使用的工具，不同的过滤器会呈现不同的效果，参数如图7-36所示。只要勾选"图像过滤器"选项，就会激活该工具。

"过滤器类型"下拉列表中显示系统自带的过滤器类型，如图7-37所示。每种过滤器采用的算法不同，导致效果也不同。这里的参数不需要调整，保持默认的VRayLanczosFilter选项就能渲染出很好的效果。

图7-36 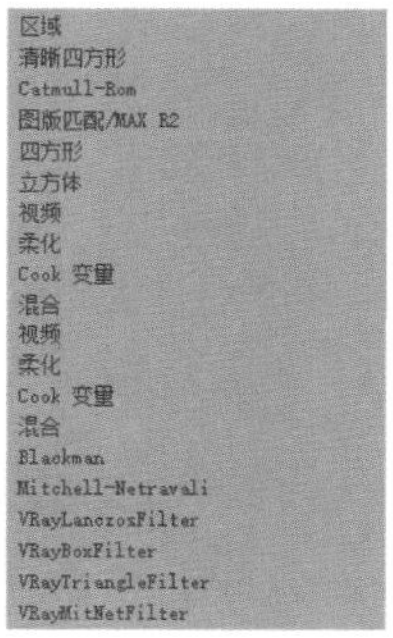　　　　图7-37

👑 重点

7.2.5 颜色映射

"颜色映射"卷展栏中的参数主要用来控制整个场景的颜色和曝光方式,如图7-38所示。

VRay渲染器提供了7种曝光方式,分别是"线性倍增"、"指数"、"HSV指数"、"强度指数"、"Gamma校正"、"gamma值强度"和Reinhard,如图7-39所示。

图7-38   图7-39

线性倍增 明暗对比强烈,颜色更接近于真实效果,但会造成画面局部曝光或局部发黑,如图7-40所示。

指数 明暗对比不会很强烈,最大的优势是不会出现局部曝光和发黑,缺点是画面整体偏灰没有层次感,如图7-41所示。

图7-40   图7-41

HSV指数 能避免"指数"渲染时画面偏灰的弊端,可以保留场景物体的颜色饱和度,缺点是会取消高光的计算,如图7-42所示。

Reinhard 把"线性倍增"和"指数"两种曝光方式混合起来,如图7-43所示。其中的"混合值"参数用来控制"线性倍增"和"指数"曝光的混合值。0表示"线性倍增"不参与混合;1表示"指数"不参与混合;0.5表示"线性倍增"和"指数"曝光效果各占一半。

图7-42   图7-43

ⓘ 技巧提示

系统将Reinhard作为默认的曝光方式,参数基本不需要调整。如果读者有需求,可以适当调整"混合值"参数。

👑 重点

7.2.6 渲染引擎

在VRay渲染器中,如果没有开启全局照明,效果就是直接照明

效果,开启后得到间接照明效果。开启全局照明后,光线会在物体与物体间反弹,因此光线计算会更加准确,图像也更加真实,其参数如图7-44所示。

图7-44

"全局照明"卷展栏中必须要调整的参数就是"首次引擎"和"次级引擎"。"首次引擎"中包含"(已停用)发光贴图(辐照度图)"、Brute force和"灯光缓存"3个引擎,如图7-45所示。"次级引擎"中包含"无"、Brute force和"灯光缓存"3个引擎,如图7-46所示。

图7-45   图7-46

在VRay 6.1中,传统的"发光贴图(辐照度图)"引擎已经停用,因此"首次引擎"保持默认的Brute force即可。"次级引擎"选用默认的"灯光缓存"或Brute force都可以。

◎ 知识课堂:全局照明详解

场景中的照明可以分为两大类,一类是直接照明,另一类是间接照明。直接照明是光源发出的光线直接照射到物体上形成的照明效果;间接照明是发散的光线经过物体表面反弹后照射到其他物体表面形成的光照效果,如图7-47所示。全局照明是由直接照明和间接照明共同形成的照明效果,更符合现实中的真实光照。

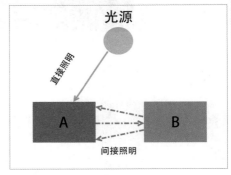

图7-47

图7-48所示的场景中只有直接照明的效果,画面整体明暗对比强烈,尤其是餐椅靠背的阴影部分非常黑,看不到任何细节。

图7-49所示的场景开启了全局照明的效果。此时场景中不仅有灯光照射的直接照明,还有物体之间光线相互反弹产生的间接照明,场景会变得明亮。靠背的阴影部分也得到了改善,增加了很多细节。

图7-48   图7-49

两张图对比后,可以明显看出开启了全局照明效果的图片更接近于真实世界,因此在日常制作中都会开启全局照明效果。

☆重点
7.2.7 Brute force

Brute force（也翻译为"BF算法"）是VRay渲染器引擎中渲染质量最好的一种引擎，它会单独计算每一个像素的全局照明。Brute force引擎既可以作为"首次引擎"，也可以作为"次级引擎"。在制作一些灯光较少的场景时，会使用Brute force作为"次级引擎"。

Brute force没有参数卷展栏，将引擎切换为Brute force即可使用，非常简单。

> ⑦ **疑难问答：打开的场景"首次引擎"是"发光贴图（辐照度图）"怎么办？**
>
> 如果读者使用一些旧版本的VRay渲染器，会发现基本上"首次引擎"都是"发光贴图（辐照度图）"，而VRay 6.1已经停用该引擎。
>
> 遇到这种情况，可以继续使用原有参数渲染，也可以将其更改为Brute force。"发光贴图（辐照度图）"的参数较多，设置比较复杂，不太适合新手学习。Brute force没有参数，切换后即可使用，渲染速度也有极大的提升。

☆重点
7.2.8 灯光缓存

"灯光缓存"一般用在"次级引擎"中，用于计算灯光的光照效果，参数如图7-50所示。

图7-50

"灯光缓存"大多数情况下只需要调节"细分"的数值，数值越大，渲染的效果越好，但渲染速度也会越慢，不同数值的对比效果如图7-51所示。

细分:200　　　　细分:2000

图7-51

7.2.9 设置

"设置"选项卡中包含7个卷展栏，如图7-52所示。虽然选项卡中的参数很多，但常用的仅有"动态内存限制，mb"和"分布式渲染"两个参数。

图7-52

动态内存限制，**mb** 控制渲染时内存的使用量，默认值0会尽量占用更多的内存。

分布式渲染 勾选该选项后，渲染的图像会在局域网中的计算机上同时渲染。

7.2.10 渲染元素

在"渲染元素"卷展栏中可以添加许多种类的渲染通道，方便进行后期处理，如图7-53所示。

单击"添加"按钮 添加...，在弹出的"渲染元素"对话框中选中需要添加的通道，然后单击"确定"按钮 确定 即可将其添加到列表框中，如图7-54所示。

图7-53　　　　　　　　图7-54

日常工作中常用的通道有"VRay反射""VRay折射""VRay渲染ID""VRayZ深度""VRay降噪器"等，当这些加载的通道渲染完成后，就可以在渲染窗口的通道下拉列表中切换并保存，如图7-55所示。

图7-55

7.2.11 VRay对象属性

选中场景中的对象，然后单击鼠标右键，在弹出的菜单中选择"V-Ray属性"命令，会弹出图7-56所示的对话框。

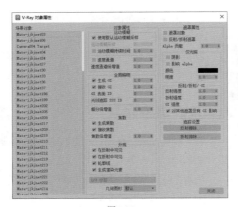

图7-56

取消勾选"生成GI"和"接收GI"选项，所选择的对象在场景中不会产生全局光照效果，同时也不会对周围的对象产生全局光照。图7-57所示是左侧的餐椅取消全局照明后的效果。

勾选"遮罩对象"选项后，所选择的对象会渲染为纯黑色，这样就方便在后期处理时进行抠图操作，如图7-58所示。

图7-57 图7-58

对象默认的"Alpha贡献"为1，代表对象没有Alpha通道。若是将该参数设置为-1，则代表对象拥有Alpha通道，在渲染时可以显示，如图7-59所示。Alpha通道有助于在后期软件中进行抠图操作。

图7-59

7.3 商业效果图渲染技巧

掌握一些渲染技巧可以提升制作效率和渲染图的品质。

♛重点
7.3.1 减少画面噪点

"噪点阈值"可以直接控制画面中的噪点数量，数值越小噪点越少，渲染速度越慢。

图7-60的"噪点阈值"为0.01，可以看到地板反光处的白色噪点。将"噪点阈值"设置为0.001，效果如图7-61所示，此时地板反光处的白色噪点基本消除。

图7-60 图7-61

♛重点
7.3.2 加快渲染速度

加快图片渲染速度最有效的方法是添加"降噪器"。使用"渐进式"图像采样器后，可以设定整体渲染时长，如果时长设置得较短，有可能画面还存在一些像素没有计算完成，从而导致画面品质不高，再次渲染又会造成时间浪费。建议读者在渲染之前添加"降噪器"到渲染器中。

添加"降噪器"的途径有两种。

第1种 在渲染的"图层"面板中添加，如图7-62所示。

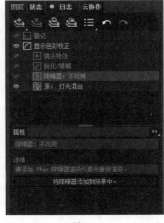

图7-62

第2种 在"渲染元素"卷展栏中单击"添加"按钮 添加 ，然后在弹出的"渲染元素"对话框中双击VRayDenoiser选项加入，如图7-63所示。

图7-63

♛重点
7.3.3 区域渲染

区域渲染是在渲染窗口中框选出需要重新渲染的部分单独进行渲染，相比于渲染整个画面，区域渲染会减少渲染的时间，在测试渲染时使用较多。

打开本书学习资源中的"第7章测试场景.max"文件，原来的渲染效果如图7-64所示。

图7-64

将餐椅全换成绿色，然后测试渲染效果。

第1步 在渲染窗口中单击"区域渲染"按钮▣，然后在画面中框选出修改了颜色的餐椅，如图7-65所示。

图7-65

第2步 按F9键进行渲染，可以看到系统只渲染线框范围内的画面，如图7-66所示。

第3步 再次单击"区域渲染"按钮▣，绘制的线框消失，如图7-67所示。相比于重新渲染整张图，区域渲染修改部分所用的时间更少。

图7-66

图7-67

此方法还可以用在最终渲染后更改材质颜色或纹理，但如果更改了场景中的灯光，就有可能无法与原图完美重合，需要重新渲染整张图。

7.3.4 单独渲染对象

最终渲染完成后，需要更改其中某些物体的材质或亮度时，通过设置"V-Ray对象属性"将物体单独渲染，然后在后期软件中单独调整并与原有成图拼合，就可以避免重新调整场景，再渲染效果图这一复杂又耗时的步骤。

在7.2.11小节中介绍的"V-Ray对象属性"中的"Alpha贡献"参数可以为物体添加Alpha通道，下面以"第7章测试场景.max"为例简单讲解使用方法。

第1步 选中场景中的吊柜模型，然后单击鼠标右键并在弹出的菜单中选择"V-Ray属性"命令，如图7-68所示。

图7-68

第2步 在弹出的"V-Ray对象属性"对话框中设置"Alpha贡献"为-1，如图7-69所示。

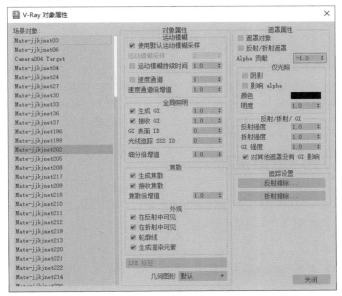

图7-69

第3步 单独渲染出吊柜部分，Alpha通道效果如图7-70所示。

图7-70

第4步 在后期软件中通过Alpha通道选出吊柜部分，然后修改颜色，对比效果如图7-71和图7-72所示。

图7-71 图7-72

> ⓘ **技巧提示**
> 也可以反选除吊柜外的对象，然后将其设置为"遮罩对象"，这样渲染的效果就是除吊柜外的对象全为黑色，这种方法适用于修改动画渲染帧。

7.3.5 渲染通道

为了方便后期处理，一般在渲染效果图时都会渲染一些通道。"VRay渲染ID"就是经常会用到的通道之一，它会为场景中每一个单独的物体赋予一种颜色，如图7-73所示。

图7-73

在后期软件中可以通过"VRay渲染ID"通道的色块选取原图中对应的部分，然后修改颜色、亮度，添加纹理等效果。"VRay渲染ID"通道的加载方法与"降噪器"一样，这里不赘述。

7.4 渲染流程

3ds Max除了可以渲染单帧图，还可以渲染序列帧。本节就讲解这两种文件的渲染设置方法。

👍 重点

7.4.1 渲染单帧图

由于VRay 6.1已经停用"发光贴图（辐照度图）"渲染引擎，3ds

Max的渲染设置变得十分简单，不用再渲染光子图文件。当我们设置完场景中的摄影机、灯光和材质，测试渲染效果没有问题后，就可以设置最终的渲染参数渲染单帧大图。

第1步 在"公用"选项卡中设置渲染图的"宽度"和"高度"，图7-74所示的数值是4K标准的输出图片大小。

图7-74

> ⓘ **技巧提示**
> 最终输出图片的大小需要根据甲方的需求确定。对于媒体端的显示一般4K的输出大小足够，若是用于物料打印，则需要根据实际物料大小确定输出尺寸。

第2步 在V-Ray选项卡中设置"最大渲染时间（分钟）"，一般半个小时左右图像就能呈现很高的质量，不会带有明显的噪点。"噪点阈值"设置为0.001，如图7-75所示。

第3步 在GI选项卡中，设置"灯光缓存"的"细分"为2000~3000，如图7-76所示。这个数值越大，场景中的灯光越细腻逼真。

图7-75 图7-76

> ⓘ **技巧提示**
> VRay 6.1的渲染速度已经得到极大的提升，一般不会耗费太长的渲染时间，也就不用单独渲染灯光缓存的文件，直接渲染成图即可。如果读者遇到渲染灯光缓存时画面卡住没有变化的情况，多半是场景本身存在问题。

第4步 在"渲染元素"卷展栏中添加VRayDenoiser或其他后期需要的通道，如图7-77所示。

第5步 按F9键渲染场景，待渲染完成后保存图片。

> ⓘ **技巧提示**
> 如果在渲染窗口的"图层"面板中打开了"降噪器"，这一步就可以省略。

图7-77

🖐 案例训练：渲染单帧效果图

案例文件	案例文件>CH07>案例训练：渲染单帧效果图
技术掌握	单帧图的渲染方法
难易程度	★★☆☆☆

学习完知识点，接下来用一个场景文件练习渲染、输出单帧效果图。案例效果如图7-78所示。

01 打开本书学习资源"案例文件>CH07>案例训练：渲染单帧效果图"文件夹中的"练习.max"文件，如图7-79所示。这是一个制作好的场景文件，需要将其渲染并输出一张效果图。

图7-78　　　　　　　　　　图7-79

02 按F10键打开"渲染设置"窗口，在"公用"选项卡中设置"宽度"为1920，"高度"为1080，如图7-80所示。

03 在V-Ray选项卡中设置"最大渲染时间（分钟）"为10，"噪点阈值"为0.001，如图7-81所示。

图7-80　　　　　　　　　　图7-81

04 在GI选项卡中设置"细分"为2000，如图7-82所示。

图7-82

05 设置完成后，按F9键渲染场景，效果如图7-83所示。

图7-83

7.4.2 渲染序列帧

在3ds Max中制作的动画要通过渲染序列帧才能将其导出。序列帧是将动画的每一帧渲染为单帧图片，这些连续的单帧图片在Premiere Pro或After Effects中可以合成一段动画。渲染序列帧的操作方法与单帧很相似，只是有一些地方不同。

第1步 在"公用"选项卡中设置"时间输出"为"活动时间段"，也可以选择"范围"并设置序列帧的起始和结束帧数，然后设置输出序列帧的大小，一般设置"宽度"为1920，"高度"为1080，如图7-84所示。

图7-84

第2步 在"公用"选项卡中勾选"保存文件"选项，并选择序列帧的输出路径和格式，如图7-85所示。

> ⓘ **技巧提示**
>
> V-Ray选项卡和GI选项卡的设置方法与单帧图一致，这里不赘述。序列帧渲染时间较长，如果条件允许，建议使用分布式渲染或云渲染。

图7-85

🖐 案例训练：渲染动画序列帧

案例文件	案例文件>CH07>案例训练：渲染动画序列帧
技术掌握	序列帧的渲染方法
难易程度	★★☆☆☆

下面通过一个简单的动画小场景练习序列帧的渲染方法，输出一个简单的动画，如图7-86所示。

图7-86

01 打开本书学习资源"案例文件>CH07>案例训练：渲染动画序列帧"文件夹中的"练习.max"文件，场景中已经制作了动画效果，按/键就能观察动画效果，如图7-87所示。

图7-87

02 通过播放动画，可以看到整体动画到30帧时结束。按F10键打开"渲染设置"窗口，在"公用"选项卡中设置"时间输出"为"范围"，并设置帧数为0至30，然后设置"宽度"为1280，"高度"为720，如图7-88所示。

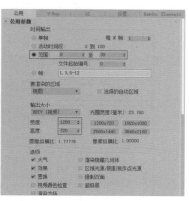

图7-88

03 在"公用"选项卡中勾选"保存文件"选项并设置渲染序列帧的保存路径，如图7-89所示。

① **技巧提示**

与渲染单帧不同，在渲染序列帧之前就需要设置其保存路径，否则渲染的图片在渲染窗口中会被覆盖。

图7-89

04 在V-Ray选项卡中设置"最大渲染时间（分钟）"为5，"噪点阈值"为0.001，如图7-90所示。

① **技巧提示**

"最大渲染时间（分钟）"的值仅供参考，读者可按照自己的需求自行设置。

图7-90

05 在GI选项卡中设置"细分"为1000，如图7-91所示。

图7-91

06 按F9键渲染场景，渲染完成后输出文件夹中会显示渲染的序列帧图片，如图7-92所示。

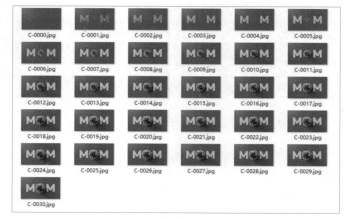

图7-92

07 将序列帧图片导入Premiere Pro中，导出为.mp4格式的视频文件，案例最终效果如图7-93所示。

图7-93

② **疑难问答：除了Premiere Pro，还可以用什么软件输出视频格式的文件？**

除了Premiere Pro，用户还可以使用After Effects等多媒体编辑软件将序列帧输出为视频格式的文件。在这些多媒体编辑软件中，还可以为序列帧进行调色等后期处理。

7.5 综合训练营

下面通过两个综合训练案例复习之前学过的知识点，同时熟悉效果图的制作流程。

综合训练：北欧风格的浴室

案例文件	案例文件>CH07>综合训练：北欧风格的浴室
技术掌握	效果图制作流程
难易程度	★★★★☆

本案例为一个北欧风格的浴室场景创建摄影机、灯光和材质，案例效果如图7-94所示。通过这个案例，读者可以熟悉效果图的制作流程。

图7-94

1.摄影机创建

01 打开本书学习资源"案例文件>CH07>综合训练：北欧风格的浴室"文件夹中的"练习.max"文件，如图7-95所示。

图7-95

02 使用"VRay物理摄影机"工具 VRayPhysicalCamera 在场景中创建一台摄影机，位置如图7-96所示。

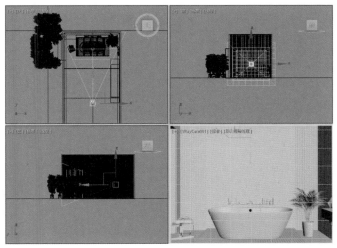

图7-96

03 选中创建的摄影机，在"修改"面板中设置"焦距（mm）"为36，"胶片感光度（ISO）"为1200，"F值"为4，如图7-97所示。修改后摄影机视图的效果如图7-98所示。

图7-97   图7-98

2.灯光布置

01 创建环境光。按8键打开"环境和效果"窗口，在"环境贴图"通道中加载VRay位图贴图，如图7-99所示。

图7-99

02 将贴图复制到空白材质球上，在"位图"通道中加载学习资源中的113.hdr文件，设置"映射类型"为"球形"，"水平旋转"为208，如图7-100所示。

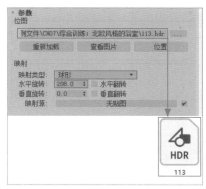

图7-100

03 在"渲染设置"窗口的V-Ray选项卡中单击"启用IPR"按钮，如图7-101所示，打开渲染窗口观察渲染效果，如图7-102所示。

图7-101

图7-102

04 用"VRay灯光"工具 <u>VRayLight</u> 在左侧的窗外创建一个灯光，位置如图7-103所示。

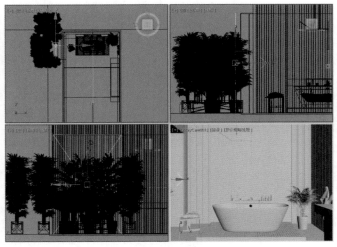

图7-103

05 选中创建的灯光，然后设置参数，如图7-104所示。

设置步骤

① 展开"常规"卷展栏，设置灯光"类型"为"平面"，灯光与窗口差不多大即可，设置"倍增值"为3，"颜色"为浅蓝色。

② 展开"选项"卷展栏，勾选"不可见"选项。

06 按F9键测试灯光效果，如图7-105所示。可以明显观察到亮度不足，画面仍然偏暗。

图7-104

图7-105

07 设置"倍增值"为7，效果如图7-106所示。

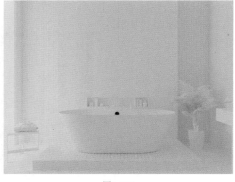

图7-106

08 制作人工光源。使用"VRay灯光"工具 <u>VRayLight</u> 在吊灯模型下创建一个灯光，位置如图7-107所示。

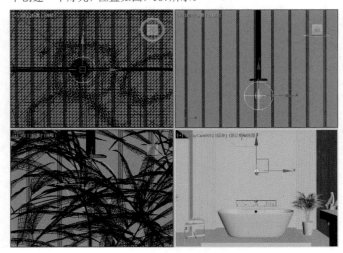

图7-107

09 选中创建的灯光，然后设置灯光"类型"为"球体"，"半径"为38.22mm，"倍增值"为180，"色温"为4000，如图7-108所示。

> ① **技巧提示**
> 这里不需要勾选"不可见"选项，保持灯光本身可见从而模拟灯泡效果。

图7-108

10 在摄影机视图中测试灯光效果，如图7-109所示。灯光的亮度不足且颜色偏浅，不太容易观察到。

11 设置灯光的"倍增值"为300，"色温"为3200，效果如图7-110所示。至此，本案例的灯光创建完成。

图7-109

图7-110

> ① **技巧提示**
> 在白模状态下创建的灯光强度不是固定不变的，随着材质的漫反射和反射影响，还会进行灵活调整。

3.材质制作

01 制作陶瓷材质。新建一个VRayMtl，具体参数如图7-111所示。材质球效果如图7-112所示。

设置步骤

① 设置"漫反射"颜色为青色。

② 设置"反射"颜色为白色,"光泽度"为0.95,"菲涅耳IOR"为1.8。

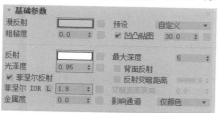
图7-111

图7-112

02 制作不锈钢材质。新建一个VRayMtl,具体参数如图7-113所示。材质球效果如图7-114所示。

设置步骤

① 设置"漫反射"颜色为黑色。

② 设置"反射"颜色为浅灰色,"光泽度"为0.8,"菲涅耳IOR"为3,"金属度"为1。

图7-113

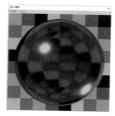
图7-114

03 制作水材质。新建一个VRayMtl,具体参数如图7-115所示。材质球效果如图7-116所示。

设置步骤

① 设置"反射"颜色为白色。

② 设置"折射"颜色为白色,IOR为1.33。

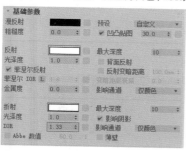
图7-115

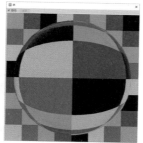
图7-116

04 将这3种材质赋予浴缸模型的不同部位,效果如图7-117所示。

图7-117

05 制作木纹材质。新建一个VRayMtl,具体参数如图7-118所示。材质球效果如图7-119所示。

设置步骤

① 在"漫反射"通道中加载学习资源中的208892.jpg文件。

② 设置"反射"颜色为浅灰色,"光泽度"为0.6。

③ 将"漫反射"通道中的贴图复制到"凹凸贴图"通道中,设置通道量为30。

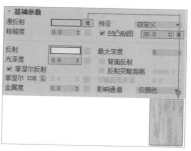
图7-118

图7-119

06 将材质赋予背景墙、地台和洗漱台的木板模型,并调整贴图坐标,效果如图7-120所示。

图7-120

07 制作水泥材质。新建一个VRayMtl,具体参数如图7-121所示。材质球效果如图7-122所示。

设置步骤

① 在"凹凸""漫反射""反射""光泽度"通道中加载学习资源中的2020-03-07-02-s006.tif文件。

② 设置"光泽度"通道量为50,"凹凸"通道量为60。

图7-121

图7-122

08 将材质赋予墙面、地台和洗漱台，并调整贴图坐标，效果如图7-123所示。

图7-123

09 制作黑铁材质。新建一个VRayMtl，具体参数如图7-124所示。材质球效果如图7-125所示。

设置步骤

① 设置"漫反射"颜色为深灰色。

② 设置"反射"颜色为灰色，"光泽度"为0.6，"菲涅耳IOR"为2，"金属度"为1。

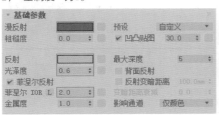 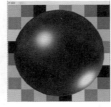

图7-124   图7-125

10 将材质赋予凳子和灯管模型，效果如图7-126所示。

图7-126

11 制作地砖材质。新建一个VRayMtl，具体参数如图7-127所示。材质球效果如图7-128所示。

设置步骤

① 在"漫反射"通道中加载学习资源中的20170113181852_619.jpg文件。

② 设置"反射"颜色为浅灰色，"光泽度"为0.8。

图7-127   图7-128

12 将材质赋予地面模型，并调整贴图坐标，效果如图7-129所示。

图7-129

13 其余材质较为简单，这里不再讲解，读者可参考案例文件进行制作，效果如图7-130所示。

图7-130

14 添加材质后会发现原本亮度合适的灯光亮度不再合适。设置室外浅蓝色灯光的"倍增值"为30,室内黄色灯光的"倍增值"为600,效果如图7-131所示。

图7-131

4.效果图渲染

01 按F10键打开"渲染设置"窗口,设置"宽度"为2000,"高度"为1500,如图7-132所示。

02 在"渐进式图像采样器"卷展栏中设置"最大渲染时间(分钟)"为20,"噪点阈值"为0.001,如图7-133所示。

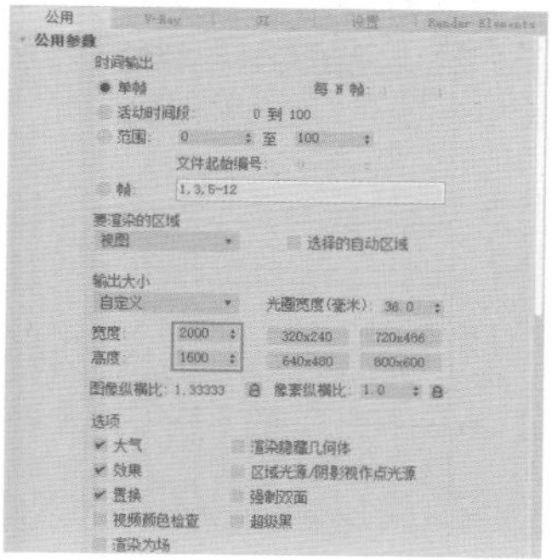

图7-132

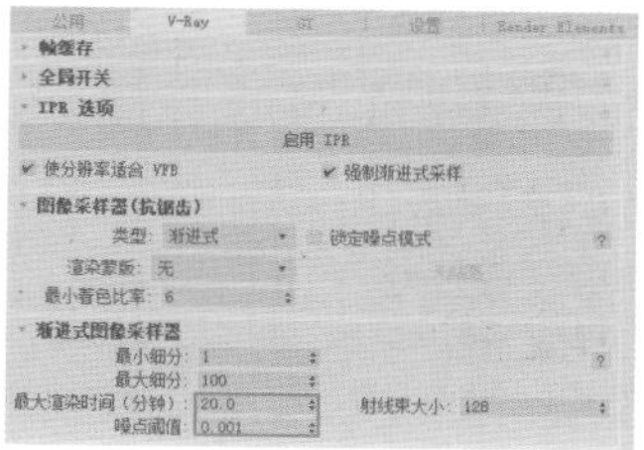

图7-133

03 在"灯光缓存"卷展栏中设置"细分"为2000,如图7-134所示。

04 在"渲染元素"卷展栏中添加VRayDenoiser选项,如图7-135所示。

图7-134

图7-135

> ① **技巧提示**
>
> 读者也可以在渲染窗口中添加"降噪器"。

05 按F9键渲染场景,案例最终效果如图7-136所示。

图7-136

👑 重点

综合训练:现代风格的书房

案例文件	案例文件>CH07>综合训练:现代风格的书房
技术掌握	效果图制作流程
难易程度	★★★★☆

本案例为一个现代风格的书房场景创建摄影机、灯光和材质,案例效果如图7-137所示。通过这个案例,读者可以熟悉效果图的制作流程。

图7-137

1.摄影机创建

01 打开本书学习资源"案例文件>CH07>综合训练:现代风格的书房"文件夹中的"练习.max"文件,如图7-138所示。

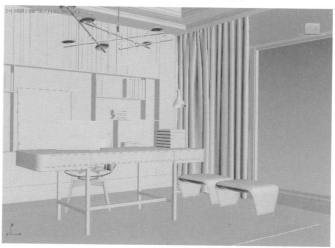

图7-138

02 使用"VRay物理摄影机"工具 `VRayPhysicalCamera` 在场景中创建一台摄影机,位置如图7-139所示。

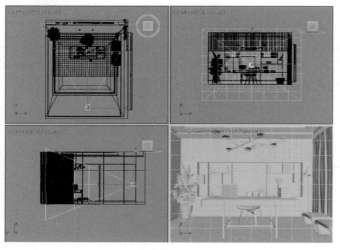

图7-139

03 选中创建的摄影机,在"修改"面板中设置"焦距(mm)"为32,"胶片感光度(ISO)"为1200,"F值"为4,如图7-140所示。修改后的摄影机视图效果如图7-141所示。

图7-140　　　　图7-141

2.灯光布置

01 使用"VRay太阳"工具 `VRaySun` 在窗外创建一个太阳光,位置如图7-142所示。

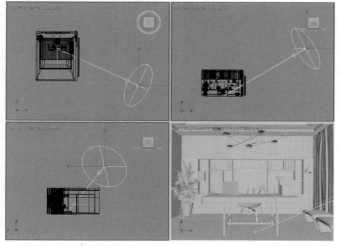

图7-142

02 选中上一步创建的太阳光,在"修改"面板中设置"强度倍增"为0.03,"大小倍增"为5,"阴影细分"为8,如图7-143所示。

03 按F9键在摄影机视图进行渲染,效果如图7-144所示。

图7-143　　　　　　　图7-144

04 观察渲染效果可以发现,室内仍然较暗,需要在窗外补充环境光。使用"VRay灯光"工具 `VRayLight` 在窗外创建一个灯光,位置如图7-145所示。

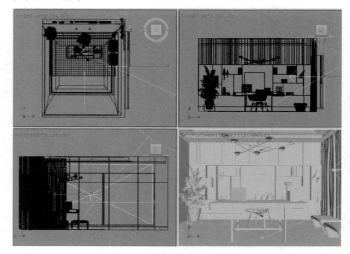

图7-145

05 选中创建的灯光,设置参数,如图7-146所示。

设置步骤

① 展开"常规"卷展栏,设置灯光"类型"为"平面",灯光与窗口差不多大即可,然后设置"倍增值"为15,"颜色"为浅蓝色。

② 展开"选项"卷展栏,勾选"不可见"选项。

图7-146

06 测试渲染效果，如图7-147所示。窗口位置出现曝光，可以适当将灯光强度调低，但添加材质后可能会出现灯光偏暗的问题，需要读者灵活处理。

图7-147

3.材质制作

01 制作柜面材质。新建一个VRayMtl，具体参数如图7-148所示。材质球效果如图7-149所示。

设置步骤

① 设置"漫反射"颜色为深蓝色。

② 设置"反射"颜色为深灰色，"光泽度"为0.6，"菲涅耳IOR"为2。

③ 在"反射"和"光泽度"通道中加载学习资源中的200422-14146.jpg文件，并设置两个通道量都为20。

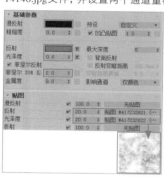
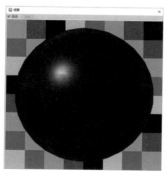

图7-148　　　　　　　　　图7-149

02 将材质赋予后方的书柜模型，并调整贴图坐标，效果如图7-150所示。

图7-150

03 制作乳胶漆材质。新建一个VRayMtl，具体参数如图7-151所示。材质球效果如图7-152所示。

设置步骤

① 设置"漫反射"颜色为浅灰色。

② 设置"反射"颜色为灰色，"光泽度"为0.7。

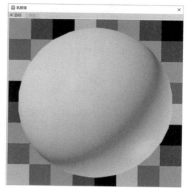

图7-151　　　　　　　　　图7-152

04 将材质赋予吊顶模型，效果如图7-153所示。

图7-153

05 制作墙漆材质。新建一个VRayMtl，具体参数如图7-154所示。材质球效果如图7-155所示。

设置步骤

① 设置"漫反射"颜色为咖啡色。

② 设置"反射"颜色为灰色，"光泽度"为0.7。

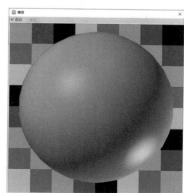

图7-154　　　　　　　　　图7-155

06 将墙漆材质赋予墙面模型，效果如图7-156所示。

图7-156

07 制作地板材质。新建一个VRayMtl，具体参数如图7-157所示。材质球效果如图7-158所示。

设置步骤

① 在"漫反射"通道中加载学习资源中的a23-08004.jpg文件。

② 在"反射"和"光泽度"通道中加载学习资源中的a23-08005.jpg文件，设置"光泽度"通道量为50。

③ 在"凹凸"通道中加载学习资源中的a23-08007.jpg文件，设置通道量为30。

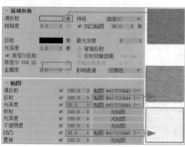

图7-157　　　　　　　　图7-158

08 将材质赋予地板模型，然后调整贴图坐标，效果如图7-159所示。

图7-159

09 制作地毯材质。新建一个VRayMtl，然后在"漫反射"和"凹凸贴图"通道中加载学习资源中的200422-14149.jpg文件，并设置"凹凸贴图"通道量为80，如图7-160所示。材质球效果如图7-161所示。

图7-160　　　　　　　　图7-161

10 将材质赋予地毯模型，并调整贴图坐标，效果如图7-162所示。添加了地板和地毯的材质，可以看到窗口部分的曝光得到一定的改善，没有特别强烈的发白现象。没有添加材质的软凳模型部分仍然处于曝光状态。

图7-162

11 制作软凳材质。新建一个VRayMtl，具体参数如图7-163所示。材质球效果如图7-164所示。

设置步骤

① 在"漫反射"通道中加载"衰减"贴图，设置"前"通道颜色为深褐色，"侧"通道颜色为褐色，"衰减类型"为"垂直/平行"。

② 在"反射"和"凹凸"通道中加载学习资源中的a23-08036.jpg文件，设置通道量都为60。

③ 在"光泽度"通道中加载学习资源中的a23-08037.jpg文件，设置通道量为20。

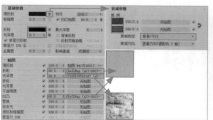

图7-163　　　　　　　　图7-164

12 将材质赋予座椅和软凳模型，并调整贴图坐标，效果如图7-165所示。添加材质后，软凳的曝光现象也得到了明显的改善。

13 制作黑铁材质。新建一个VRayMtl，具体参数如图7-166所示。材质球效果如图7-167所示。

设置步骤

① 设置"漫反射"颜色为黑色。

② 设置"反射"颜色为深灰色，"光泽度"为0.9，"菲涅耳IOR"为1.6，"金属度"为1。

③ 在"反射"和"光泽度"通道中加载学习资源中的200422-14146.jpg文件，设置通道量都为20。

图7-165

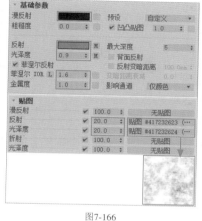

图7-166

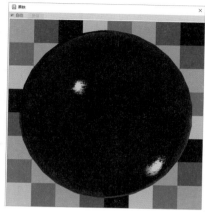

图7-167

14 将材质赋予座椅腿、桌腿、落地灯和花架模型，并调整贴图坐标，效果如图7-168所示。

15 制作桌面材质。新建一个VRayMtl，具体参数如图7-169所示。材质球效果如图7-170所示。

设置步骤

① 在"漫反射"通道中加载"衰减"贴图，设置"前"通道颜色为深棕色，"侧"通道颜色为棕色，"衰减类型"为"垂直/平行"。

② 设置"反射"颜色为灰色，"光泽度"为0.8。

③ 在"反射"和"光泽度"通道中加载学习资源中的200422-14146.jpg文件，设置通道量都为50。

图7-168

> ① **技巧提示**
>
> 桌面材质和软凳材质的参数大致相同，读者可以在软凳材质的基础上修改个别参数以生成桌面材质，这样能减少制作步骤。

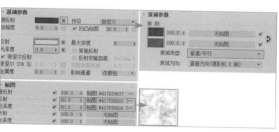

图7-169

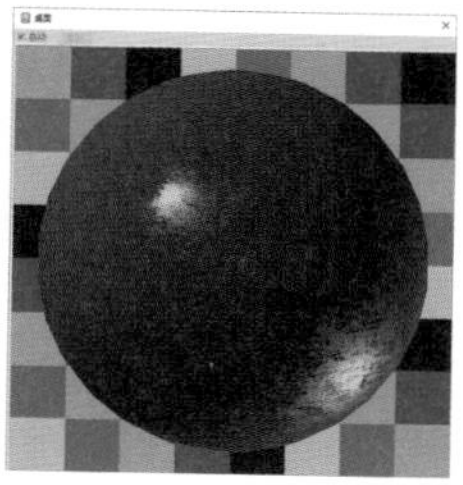

图7-170

16 将材质赋予桌面模型，并调整贴图坐标，效果如图7-171所示。

17 其他材质较为简单，这里不赘述。最终效果如图7-172所示。

图7-171

图7-172

4.效果图渲染

01 按F10键打开"渲染设置"窗口，设置"宽度"为2000，"高度"为1500，如图7-173所示。

02 在"渐进式图像采样器"卷展栏中设置"最大渲染时间（分钟）"为20，"噪点阈值"为0.001，如图7-174所示。

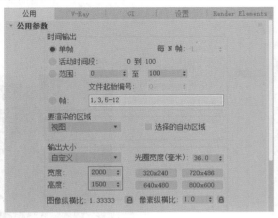

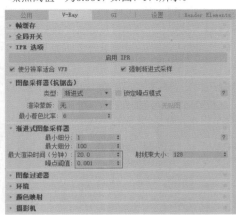

图7-173　　　　　　　　　　　　　　　　图7-174

03 在"灯光缓存"卷展栏中设置"细分"为2000，如图7-175所示。

04 按F9键渲染场景，案例最终效果如图7-176所示。

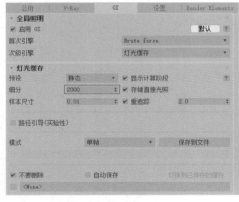

图7-175　　　　　　　　　　　　　　图7-176

第8章

3ds Max在效果图上的商业应用

▷ 基础视频：0集　　▷ 案例视频：4集　　⏱ 视频时长：168分钟

　　3ds Max在室内设计、建筑设计、环艺设计、产品设计等行业具有重要的地位。效果图是3ds Max重要的应用，常见的表现形式有室内家装和工装效果图、室外建筑效果图、市政园艺效果图和产品展示效果图等。商业效果图呈现良好效果的难度会更大，且需要营造一定的意境。

学完本章能做什么

　　学完本章之后，读者可以结合之前学习的内容制作商业效果图。

● 重点

8.1 商业项目实战：沐浴露海报

案例文件	案例文件>CH08>商业项目实战：沐浴露海报
技术掌握	电商产品效果图的制作流程
难易程度	★★★★★

三维软件制作的电商产品效果图比单纯运用平面软件生成的效果图更加真实。本案例运用新的方法，在简化制作量的同时达到同样的效果，如图8-1所示。

图8-1

8.1.1 案例概述

与以往电商产品效果图制作的方法不同，本案例只对产品进行建模，添加材质和灯光，从而渲染出产品单体模型，而背景部分则依靠Firefly生成，最后在Photoshop中合成一张完整的效果图。新的制作流程极大地减少了工作量，专攻产品部分的表现。

沐浴露是日常生活中常见的快消品，在制作模型时可以参考生活中见到的实物，如图8-2所示。无论是背景还是产品包装，都需要做到主题一致。

图8-2

8.1.2 沐浴露建模

01 使用"圆柱体"工具 圆柱体 在场景中创建圆柱体模型，作为沐浴露的瓶身，效果及参数如图8-3所示。

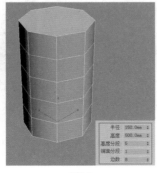

图8-3

02 将圆柱体模型转换为可编辑多边形，调整曲面上分段线的位置及大小，如图8-4所示。

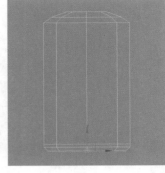

图8-4

03 选中顶部的多边形，如图8-5所示，使用"挤出"工具 挤出 将其向上挤出10mm，如图8-6所示。

| 图8-5 | 图8-6 |

04 选中图8-7所示的一圈多边形，将其向外挤出5mm，如图8-8所示。

| 图8-7 | 图8-8 |

05 在模型上添加"网格平滑"修改器，使瓶身模型变得圆滑，如图8-9所示。此时可以看到瓶身顶部的转角过于圆滑，不是很好看。

图8-9

06 切换到"边"层级 ，在瓶身模型上添加一条边，并调整顶部的布线，如图8-10所示。平滑后的效果如图8-11所示。

图8-10

图8-11

07 观察模型，发现瓶身有点粗，将其缩小，瓶口大小不变，效果如图8-12所示。

图8-12

08 选中瓶身模型底部的多边形，将其向内插入两次，并将中间的多边形向上移动一小段距离，如图8-13所示。平滑后效果如图8-14所示。

图8-13

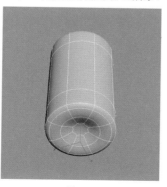

图8-14

09 将瓶身模型复制一份，暂时关闭"网格平滑"修改器，如图8-15所示。

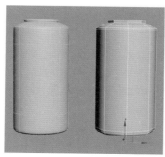

图8-15

10 删除复制的模型顶部的部分多边形，如图8-16所示，然后将空缺的部分进行封口，如图8-17所示。

图8-16

图8-17

① **技巧提示**

删除多边形后，在"边"层级选中缺口边缘的边，单击"封口"按钮即可快速封口。

11 选中封口的多边形，使用"插入"工具 插入 将其向内插入两次，并调整其造型，如图8-18所示。打开"网格平滑"修改器后的效果如图8-19所示。这样就做完了瓶身内的沐浴液部分。

图8-18

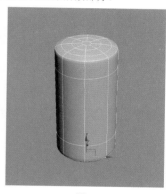

图8-19

12 选中瓶身模型，将顶部的多边形向下多次挤出并放大，形成瓶身的内壁，如图8-20所示。

13 将沐浴液模型移动到瓶身模型内，并将其缩小，如图8-21所示。

图8-20

图8-21

14 新建一个圆柱体模型，作为瓶盖上的旋钮部分，具体效果及参数如图8-22所示。

15 将圆柱体模型转换为可编辑多边形，然后选中顶部的多边形，将其向内插入20mm，如图8-23所示。

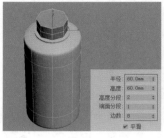
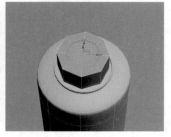

图8-22　　　　　　　　　图8-23

16 保持选中的多边形不变，将其向上挤出80mm，如图8-24所示。

17 使用"连接"工具 连接 在挤出的圆柱体模型上添加一条循环边，如图8-25所示。

图8-24　　　　　　　　　图8-25

18 选中图8-26所示的两个多边形，然后将其向右挤出100mm，如图8-27所示。

图8-26　　　　　　　　　图8-27

19 使用"选择并均匀缩放"工具 将选中的两个面压平，然后添加一条循环边，如图8-28所示。

20 调整模型顶部的形态，使其更加自然，如图8-29所示。

图8-28　　　　　　　　　图8-29

21 选中图8-30所示的一圈多边形，将其向外挤出5mm，如图8-31所示。

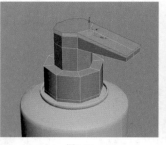
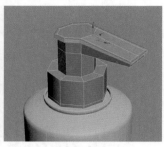

图8-30　　　　　　　　　图8-31

22 为做好的瓶盖模型添加"网格平滑"修改器，效果如图8-32所示。

23 平滑后的瓶盖模型体积变小，且部分转角位置变形严重，需要调整细节，调整后的效果如图8-33所示。

图8-32　　　　　　　　　图8-33

24 观察整个模型，发现瓶身部分高度有些不够，整体显得不是很好看。增加瓶身模型和瓶内沐浴液模型的高度，模型最终效果如图8-34所示。

图8-34

8.1.3 材质添加

01 制作较为简单的瓶盖部分的材质。瓶盖的材质是光滑的黑色塑料，在瓶盖的旋钮上存在凹凸纹理，这就需要分成两部分进行制作。光滑的黑色塑料材质的具体参数如图8-35所示。材质球效果如图8-36所示。

设置步骤

① 设置"漫反射"颜色为深灰色。

② 设置"反射"颜色为浅灰色，"光泽度"为0.9。

黑色塑料的"漫反射"颜色最好不要设置为纯黑色,深灰色的渲染效果会更加自然。

图8-35　　　　　　　　图8-36

02 带条纹的黑色塑料材质是在黑色塑料材质的基础上增加条纹的凹凸纹理,具体参数如图8-37所示。材质球效果如图8-38所示。

设置步骤

① 设置"漫反射"颜色为深灰色,在"凹凸贴图"通道中加载学习资源"案例文件>CH08>商业项目实战:沐浴露海报"文件夹中的"条纹贴图.png"文件,并设置通道量为60。

② 设置"反射"颜色为浅灰色,"光泽度"为0.9。

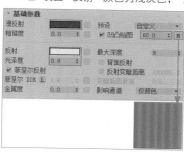

图8-37　　　　　　　　图8-38

03 将黑色塑料材质赋予瓶盖模型,效果如图8-39所示。

图8-39

04 在"多边形"层级中选中图8-40所示的多边形,然后赋予其条纹黑色塑料材质,如图8-41所示。

图8-40　　　　　　　　图8-41

05 观察条纹贴图会发现贴图显示还有些问题。为模型添加"UVW贴图"修改器,设置"贴图"为"长方体","长度""宽度""高度"都为120mm,如图8-42所示。

图8-42

用"UVW贴图"修改器基本能达到贴图没有明显拉伸变形的效果。如果读者想追求更好的纹理效果,可以使用"UVW展开"修改器展开这一部分模型的UV。

06 瓶身材质依然是塑料材质,但需要利用贴图形成半透明的效果,此时就需要用到VRay混合材质。首先制作透明塑料材质,具体参数如图8-43所示。材质球效果如图8-44所示。

设置步骤

① 设置"反射"颜色为白色,"光泽度"为0.9。

② 设置"折射"颜色为白色。

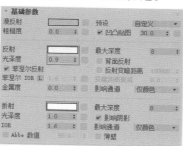

图8-43　　　　　　　　图8-44

07 将透明塑料材质转换为VRay混合材质的"基础材质",在"清漆层材质"中添加VRayMtl,具体参数如图8-45所示。材质球效果如图8-46所示。

设置步骤

① 在"漫反射"通道中加载学习资源中的"花.png"文件。

② 设置"反射"颜色为白色,"光泽度"为0.9。

③ 在"不透明度"通道中加载学习资源中的"花OP.jpg"文件。

图8-45　　　　　　　　图8-46

08 在"混合强度"通道中加载学习资源中的"花OP.jpg"文件，如图8-47所示，形成需要的效果。材质球效果如图8-48所示。

图8-47　　　　　　　　　　图8-48

09 将透明塑料材质复制到一个空白材质球上，作为一个单独的材质，然后赋予瓶身模型，效果如图8-49所示。

10 将瓶身模型整体转换为可编辑多边形，然后单独分离出需要赋予带花纹的塑料材质的区域，如图8-50所示。

图8-49　　　　　　　　　　图8-50

> ① **技巧提示**
>
> 分离模型时，要注意不要误分离内壁部分。

11 将带花纹的塑料材质赋予分离的模型，效果如图8-51所示。此时花纹被拉伸，需要调整贴图坐标，这里使用"UVW展开"修改器。

图8-51

12 为模型加载"UVW展开"修改器，然后打开"编辑UVW"窗口，此时的UV如图8-52所示。

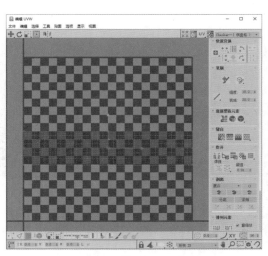

图8-52

13 选中所有UV，执行"贴图"＞"展开贴图"命令，将UV全部展开，如图8-53所示。

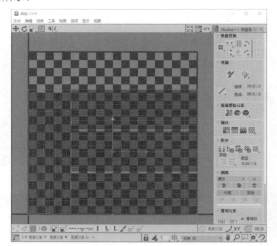

图8-53

14 通过UV观察对应模型的位置，将其拼成一条，如图8-54所示。

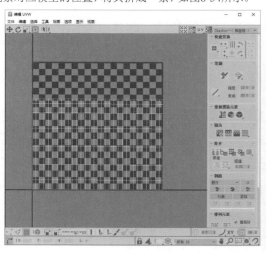

图8-54

15 在右上角的下拉列表中选择"花.png"贴图，然后调整UV的大小，使其铺满整个贴图，如图8-55所示。此时场景中模型的材质效果如图8-56所示。

图8-55　　　　　　　　　图8-56

16 沐浴液是淡黄色的半透明液体，材质具体参数如图8-57所示。材质球效果如图8-58所示。

设置步骤

① 设置"反射"颜色为浅灰色。

② 设置"折射"颜色为浅灰色，IOR为1.36。

③ 设置"雾颜色"为浅黄色，"深度（厘米）"为50。

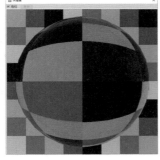

图8-57　　　　　　　　　图8-58

> ① **技巧提示**
>
> "雾颜色"和"深度（厘米）"的值仅供参考，需要根据添加灯光后的效果进行调整。

17 将沐浴液材质赋予瓶内的沐浴液模型，效果如图8-59所示。

图8-59

8.1.4　生成背景

在添加场景灯光之前，需要先用Firefly生成背景，根据背景图的光照方向确定模型场景的灯光设置。

01 打开Firefly生成图像的页面，在输入框中输入"充满春天的气息 开满茉莉花的小花园的特写镜头 中间有一小片空地 3d实景清晰的焦点"，选择"宽高比"为"纵向（3：4）"，生成4张图片，如图8-60所示。

图8-60

> ① **技巧提示**
>
> Firefly以提示词为识别单位，不需要输入标点符号，用空格隔开每个提示词即可。如果读者在使用时发现网页无法识别中文，就需要将提示词转换为英文。以上提示词仅供参考，读者也可以输入自己设定的提示词。提示词尽量描述得具体一些，这样生成的图片才会更加符合原本的设想。

02 第3张图片适合作为产品的背景，单独保存，如图8-61所示。读者用相同的提示词可能会生成其他样式的图片，选一个觉得合适的图片即可。

图8-61

8.1.5　摄影机和灯光布置

返回3ds Max中，下面为产品模型添加摄影机和灯光。

1.摄影机

观察上一小节生成的背景图片，可以发现画面的视角是正向的，因此在模型的前方创建一台摄影机。

01 在顶视图中使用"VRay物理摄影机"工具 `VRayPhysicalCamera` 从模型正前方创建摄影机，如图8-62所示。

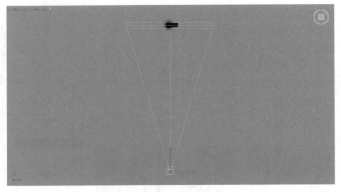

图8-62

02 按C键切换到摄影机视图，调整摄影机的高度，如图8-63所示。

图8-63

03 选中摄影机，设置"焦距（mm）"为50，"胶片感光度（ISO）"为1000，如图8-64所示。

图8-64

2.灯光

背景图片中主光是从上往下照射的，根据这一点布置灯光。

01 使用"VRay灯光"工具 `VRayLight` 在模型的顶部创建一个平面灯光，位置如图8-65所示。

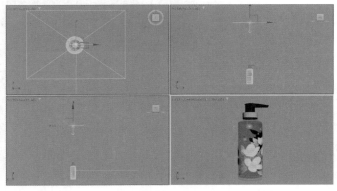

图8-65

02 选中上一步创建的灯光，设置参数，如图8-66所示。

设置步骤

① 展开"常规"卷展栏，设置灯光"类型"为"平面"，灯光比模型大一些即可，设置"倍增值"为80，"颜色"为白色。

② 展开"选项"卷展栏，勾选"不可见"选项。

03 在摄影机视图进行渲染，效果如图8-67所示。

图8-66 　　　　　　　　　　图8-67

---

① **技巧提示**

如果读者觉得瓶内的沐浴液颜色偏浅，可以加深"雾颜色"或者减小"深度（厘米）"的数值。为了方便观察灯光强度，笔者在模型后方创建了一个白色的无缝背景。

---

04 将灯光复制一份，放在模型的右侧，位置如图8-68所示。

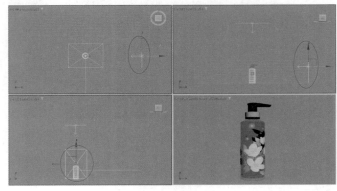

图8-68

05 选中上一步创建的灯光，设置"倍增值"为40，如图8-69所示。

06 在摄影机视图中进行渲染，效果如图8-70所示。

图8-69 　　　　　　　　　　图8-70

07 将右侧的灯光复制到模型左侧,位置如图8-71所示。

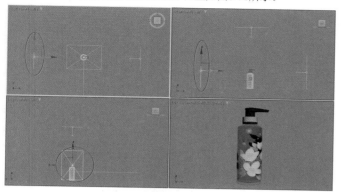

图8-71

08 选择上一步创建的灯光,设置"倍增值"为15,如图8-72所示。

09 在摄影机视图中进行渲染,效果如图8-73所示。

图8-72   图8-73

10 复制一个灯光并将其移动到模型的后方,位置如图8-74所示。

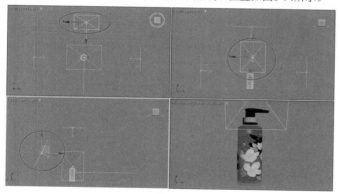

图8-74

11 选择上一步创建的灯光,设置"倍增值"为10,如图8-75所示。

12 在摄影机视图中进行渲染,效果如图8-76所示。

图8-75   图8-76

8.1.6 效果图渲染

效果图只需要场景中的沐浴露模型,并不需要白色的背景。因此在渲染效果图之前需要对背景进行处理。

01 选中背景模型,单击鼠标右键,在弹出的菜单中选择"V-Ray属性"命令,然后在弹出的对话框中设置"Alpha贡献"为-1,如图8-77所示。

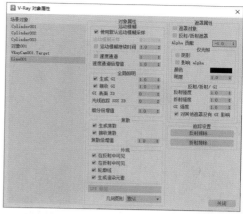

图8-77

02 按F10键打开"渲染设置"窗口,设置"宽度"和"高度"都为2000,如图8-78所示。

03 在"渐进式图像采样器"卷展栏中设置"最大渲染时间(分钟)"为15,"噪点阈值"为0.001,如图8-79所示。

04 在"灯光缓存"卷展栏中设置"细分"为2000,如图8-80所示。

图8-78   图8-79

图8-80

05 在"渲染元素"卷展栏中添加VrayDenoiser,减少画面中的噪点,如图8-81所示。

06 按F9键渲染场景,渲染效果如图8-82所示。

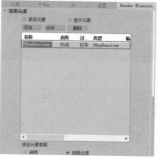

图8-81   图8-82

> ① **技巧提示**
>
> 因为图片包含Alpha通道,因此在保存图片时,选择.png这类可以携带Alpha通道的图片格式。

8.1.7 产品图合成

01 打开Photoshop，将渲染的沐浴露图片和Firefly生成的背景图添加到软件中，如图8-83所示。

02 渲染的产品图与背景格格不入，最明显的问题是产品图没有阴影。将产品图复制一份，镜像翻转并压缩，如图8-84所示。

图8-83

图8-84

> ⓘ **技巧提示**
> 镜像翻转的图片一定要位于原产品图的下方图层，这样才能形成正确的效果。

03 按快捷键Ctrl+T将镜像后的图片进行变换，根据背景图的投影方向调整为图8-85所示的效果。

04 将变形后的图片所在的图层栅格化，然后填充阴影的深绿色，如图8-86所示。

图8-85

图8-86

05 阴影的边缘是很柔和的，继续添加"高斯模糊"滤镜，效果如图8-87所示。

图8-87

06 此时阴影还是与背景图融合得不太完美。调整图层的"混合模式"为"正片叠底"，"不透明度"为70%，如图8-88所示。此时阴影部分就与背景图融合得比较好。

图8-88

07 在产品图上添加"曲线"调整图层，调整产品图的亮度和对比度，如图8-89所示。

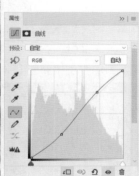
图8-89

> ⓘ **技巧提示**
> 进行这一步时必须要将调整图层作为产品图的剪切图层，否则这个曲线的效果也会影响背景图。

08 在产品图上添加"渐变映射"调整图层，设置渐变颜色为深绿色到明黄色，如图8-90所示。这样可以统一产品图与背景图的整体色调。

图8-90

09 将上一步添加的"渐变映射"调整图层的"混合模式"更改为"叠加",并设置"不透明度"为60%,如图8-91所示。

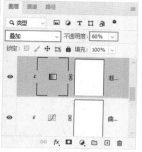

图8-91

10 添加"自然饱和度"调整图层,设置"自然饱和度"为15,如图8-92所示。

图8-92

11 添加"色彩平衡"调整图层,设置"高光""中间调""阴影"的色调,如图8-93所示。

图8-93

12 瓶身内的沐浴液显得较为浑浊,笔者希望它能表现出清透的质感。将背景图层复制一份放在"图层"面板顶端,设置"混合模式"为"叠加","不透明度"为20%,如图8-94所示。

图8-94

13 仔细观察会发现本来不该透明的花朵上也显示了背景图像。为复制背景图添加蒙版,使用黑色的画笔涂抹不需要显示背景图的部分,这样就只有透明瓶身和液体部分能隐约看到背景图,如图8-95所示。

图8-95

14 观察整体效果,可以让沐浴液更透明。调整复制背景图图层的"不透明度"为40%,如图8-96所示。

图8-96

15 液体会产生折射，透过沐浴液看到的背景会存在一定变形。将复制的背景图向内压缩一些，如图8-97所示。

16 调整完后会发现复制的背景图遮挡了原背景图，形成错层，如图8-98所示。在蒙版中将瓶身以外的区域填充为黑色，删掉这一部分，如图8-99所示。

图8-97

图8-98

图8-99

17 按快捷键Ctrl+Alt+Shift+E将所有图层盖印为一个新的图层，如图8-100所示。

18 选中盖印的图层，执行"图像">"调整">"匹配颜色"命令，通过调整参数让整体画面更加融合，如图8-101所示。

19 添加"曲线"调整图层，调整整体画面的亮度和对比度，如图8-102所示。

图8-100

图8-101

图8-102

20 新建一个黑色图层，执行"滤镜">"渲染">"镜头光晕"命令，在打开的对话框中设置"亮度"为200%，如图8-103所示。

21 设置添加了"镜头光晕"的图层"混合模式"为"柔光"，"不透明度"为35%，如图8-104所示。案例最终效果如图8-105所示。

图8-103

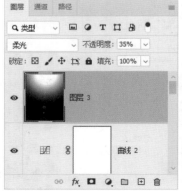
图8-104

图8-105

🔗 **知识链接**

读者如果对Photoshop的操作不是很熟练，可以阅读《Photoshop+Firefly从入门到精通》这本书。书里详细讲解了Photoshop的基础操作以及常见的商业应用，非常适合Photoshop的初学者以及想在平面设计相关领域有所提升的读者。

⚑ 重点

8.2 商业项目实战：现代风格客厅效果图

案例文件	案例文件>CH08>商业项目实战：现代风格客厅效果图
技术掌握	商业室内效果图的制作流程
难易程度	★★★★★

本案例制作现代风格的客厅空间效果图，案例效果如图8-106所示。

图8-106

8.2.1 案例概述

本案例的场景是一个现代风格的客厅空间，右侧有大面积的落地窗，需要突出采光优良的特点。从模型结构上看，该场景属于半封闭空间，光源由室外的自然光源和室内的人工光源两部分组成。本案例表现的是白天场景，因此环境光是室外的天光和阳光。室内的人工光源由落地灯等组成。

现代风格的样式比较自由，整体以简洁大气为主，软装会选择一些带有设计感的家具，让简单的空间看起来更具有艺术气息。图8-107是用Firefly生成的类似感觉的参考图。

图8-107

8.2.2 摄影机创建

01 打开本书学习资源"案例文件>CH08>商业项目实战：现代风格客厅效果图"文件夹中的"练习.max"文件，如图8-108所示。场景中的客厅模型已经完成了硬装部分，需要完善内部的软装，并添加摄影机、灯光和材质。

图8-108

02 使用"VRay物理摄影机"工具 VRayPhysicalCamera 在场景中创建一台摄影机，其位置如图8-109所示。

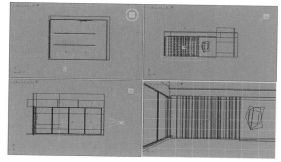

图8-109

03 选中上一步创建的摄影机，设置"焦距（mm）"为36，"胶片感光度（ISO）"为1000，如图8-110所示。

04 切换到摄影机视图，效果如图8-111所示。此时摄影机被墙体挡住，画面一片空白。

图8-110

图8-111

05 在摄影机参数的"剪裁与环境"卷展栏中勾选"剪裁"选项，设置"近裁剪平面"为2000mm，"远裁剪平面"为10000mm。在侧视图中可以看到房间内的模型处于两条红色的线之间，如图8-112所示。

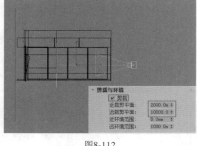

图8-112

06 按C键切换到摄影机视图，此时画面效果如图8-113所示。

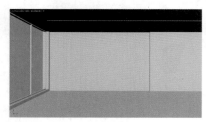

图8-113

8.2.3 软装模型

01 执行"文件">"导入">"合并"命令，合并学习资源中的"沙发.max"文件到场景中，将沙发模型放在背景墙的前方，如图8-114所示。

图8-114

> ⓘ **技巧提示**
>
> 一般从资源网站上下载的成品模型都会附带材质和贴图，能省去不少的制作步骤。

02 沙发模型的方向不太合适。使用"镜像"工具镜像模型，并摆放在画面靠右的位置，如图8-115所示。

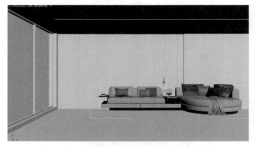

图8-115

03 合并学习资源中的"单人沙发.max"文件，然后将单人沙发模型摆放在窗户前方，如图8-116所示。

图8-116

04 合并学习资源中的"茶几.max"文件，将茶几模型摆放在沙发模型的前方，如图8-117所示。

图8-117

05 观察画面，发现右边的模型多于左边，显得有些不平衡。同样将茶几模型镜像，效果如图8-118所示。

图8-118

06 合并学习资源中的"边桌.max"文件，将边桌模型放在单人沙发模型的旁边，丰富画面的左侧，如图8-119所示。

图8-119

07 地面部分有些空,合并"地毯.max"文件,丰富地面部分,如图8-120所示。

08 合并"植物.max"文件,将植物模型放到窗户边,增加角落的丰富程度,如图8-121所示。

09 画面右侧的角落还有些空,合并"落地灯.max"文件到场景中,将落地灯模型摆放在沙发右侧的角落里,如图8-122所示。

图8-120 　　　　　　　　　图8-121 　　　　　　　　　图8-122

10 合并"窗帘.max"文件,将窗帘模型放到窗户边,如图8-123所示。此时会发现一个小问题,吊顶模型没有留出窗帘的位置,需要在吊顶上做出一个凹槽以摆放窗帘,如图8-124所示。

> **疑难问答:为何要把窗帘顶部藏起来?**
>
> 　　在现实生活的装修中,一般会将窗帘轨道藏在吊顶中,很少单独做窗帘盒,这么做是为了看起来简洁、美观。当然也有窗帘杆暴露在外的形式,多出现在北欧、简欧等风格且较为小型的空间中。本案例是一个简洁大气的现代风格客厅,不适合出现窗帘杆。

图8-123 　　　　　　　　　图8-124

11 吊顶上还有顶灯的凹槽,合并学习资源中的"顶灯.max"文件,将顶灯模型放到这两个凹槽中,如图8-125所示。

12 场景中的软装模型导入完成,根据画面呈现效果调整模型的位置,也可以适当调整摄影机的位置,形成好的构图,如图8-126所示。

> **! 技巧提示**
>
> 　　近年的一些装修趋势中,都会减少屋顶吊灯的使用,改用嵌入式的筒灯或射灯。如果是挑高空间或是大户型的房间,还是会运用吊灯。

图8-125 　　　　　　　　　图8-126

8.2.4 灯光布置

　　场景中的灯光由自然光源和人工光源两部分组成。自然光源由VRay太阳和VRay灯光提供。内部的人工光源是落地灯,其发出的微弱灯光能提高房间内部的亮度。

1.自然光源

01 使用"VRay太阳"工具 VRaySun 在窗外创建一个太阳光,位置如图8-127所示。

图8-127

02 选中上一步创建的太阳光,设置"强度倍增值"为0.1,"尺寸倍增值"为8,"天空模型"为"PRG晴天",如图8-128所示。

03 在摄影机视图渲染场景,效果如图8-129所示。

图8-128 　　　　　　　　　图8-129

04 观察画面，发现太阳光对屋内的照明效果还不够。使用"VRay灯光"工具 VRayLight 在窗外创建一个灯光，位置如图8-130所示。

图8-130

05 选中上一步创建的灯光，设置参数，如图8-131所示。

设置步骤

① 在"常规"卷展栏中设置灯光"类型"为"平面"，灯光和窗户大小相似即可，设置"倍增值"为2，"颜色"为浅蓝色。

② 在"选项"卷展栏中勾选"不可见"选项。

06 在摄影机视图渲染场景，效果如图8-132所示。至此，自然光源创建完成。

图8-131   图8-132

2.人工光源

场景中有落地灯和顶灯两种室内光源模型。因为场景表现的是光线充足的白天，因此顶灯没必要开启，只需要在落地灯上添加一个暖白色的光源即可。

01 使用"VRay灯光"工具 VRayLight 在落地灯的灯罩内创建一个灯光，位置如图8-133所示。

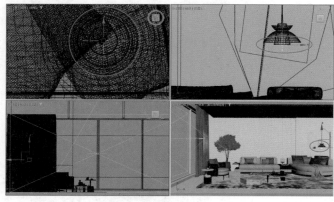

图8-133

02 选中上一步创建的灯光，设置参数，如图8-134所示。

设置步骤

① 在"常规"卷展栏中设置灯光"类型"为"圆盘"，灯光大小与灯罩大小相似，设置"倍增值"为200，"色温"为5000。

② 在"选项"卷展栏中勾选"不可见"选项。

03 在摄影机视图渲染场景，效果如图8-135所示。

图8-134   图8-135

8.2.5 材质制作

下面介绍场景中硬装材质的制作和软装材质的调整方法。

1.白色乳胶漆

01 吊顶使用白色乳胶漆材质。浅色的吊顶可以使空间看起来更加宽敞，不会显得压抑。新建一个VRayMtl，设置"漫反射"颜色为白色，如图8-136所示，材质球效果如图8-137所示。

图8-136   图8-137

02 将材质赋予吊顶模型，效果如图8-138所示。

图8-138

2.木地板

01 地板选择木地板，不会让空间显得冷清。具体材质参数如图8-139所示，材质球效果如图8-140所示。

设置步骤

① 在"漫反射"通道中加载学习资源中的352022-09-29_917381.jpg文件。

② 在"反射"和"光泽度"通道中加载学习资源中的352022-09-29_225763.jpg文件，设置"光泽度"为0.8，然后设置"反射"和"光泽度"的通道量都为50。

③ 在"凹凸"通道中加载学习资源中的352022-09-29_597486.jpg文件，设置通道量为30。

图8-139

图8-140

02 将材质赋予地板模型并调整贴图坐标，渲染效果如图8-141所示。

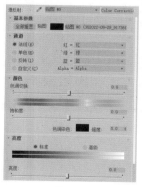

图8-141

03 地板的颜色稍微有些浅，感觉不是很能压住整个画面。进入"漫反射"加载贴图的通道，单击Bitmap按钮 Bitmap ，在弹出的对话框中选择Color Correction选项，并将原贴图保存为子贴图，如图8-142所示。

04 设置Color Correction贴图的"饱和度"为-15，"亮度"为-20，将贴图的颜色变暗，如图8-143所示。

图8-142　　　　　　图8-143

(!) **技巧提示**

读者也可以将漫反射中加载的木地板贴图导入Photoshop中降低亮度。

05 再次渲染场景，木地板效果如图8-144所示。

图8-144

3.护墙板

01 护墙板选择类似于黄铜的拉丝金属，增加空间的质感。具体材质参数如图8-145所示，材质球效果如图8-146所示。

设置步骤

① 设置"漫反射"颜色为浅咖色，在"凹凸贴图"通道中加载"噪波"贴图，设置"瓷砖X"为1500，并设置"凹凸贴图"通道量为80。

② 设置"反射"颜色为白色，"光泽度"为0.8，"金属度"为1。

③ 在"反射"和"光泽度"通道中加载学习资源中352022-09-29_90547.jpg文件，并设置"反射"通道量为30，"光泽度"通道量为70。

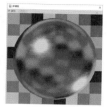

图8-145　　　　　　　　图8-146

02 将材质赋予护墙板模型和落地灯后的装饰模型并调整贴图坐标，渲染效果如图8-147所示。

图8-147

4.大理石

01 护墙板的旁边用大理石材质作为点缀，具体材质参数如图8-148所示，材质球效果如图8-149所示。

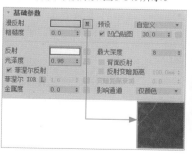

图8-148　　　　　　图8-149

02 将材质赋予相应的模型，渲染效果如图8-150所示。

图8-150

5.黑色不锈钢

01 窗框采用黑色不锈钢材质，显得场景大气、简洁。具体材质参数如图8-151所示，材质球效果如图8-152所示。

设置步骤

① 设置"漫反射"颜色为深灰色。

② 设置"反射"颜色为浅灰色，"光泽度"为0.8，"金属度"为1。

图8-151

图8-152

02 将材质赋予相应模型，效果如图8-153所示。

图8-153

6.窗帘

硬装模型的材质全部制作完成，下面调整软装模型所携带的材质。首先调整窗帘。

01 窗帘的颜色过深，显得左侧很暗。在材质编辑器中选择一个空白材质球，然后使用"从对象拾取材质"工具吸取窗帘模型的材质，在"漫反射"通道中调整材质的亮度，具体参数如图8-154所示，材质球效果如图8-155所示。

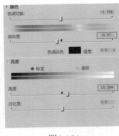
图8-154

图8-155

02 渲染场景，窗帘的效果如图8-156所示。

图8-156

7.外景

01 窗外显示的是VRay太阳自带的天空贴图，画面非常单调且不真实。使用"平面"工具 平面 在窗外创建一个平面，如图8-157所示。

图8-157

02 新建一个VRayMtl，具体参数如图8-158所示。材质球效果如图8-159所示。

设置步骤

① 在"漫反射"通道中加载学习资源中的082023-07-17_684946.jpg文件。

② 将"漫反射"通道中的贴图复制到"自发光"通道中，勾选GI选项和"补偿摄影机曝光"选项。

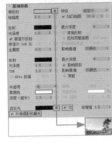
图8-158　　　　图8-159

03 将外景材质赋予窗外的平面模型，并调整贴图坐标，渲染效果如图8-160所示。

图8-160

04 观察渲染的画面，会发现房间内亮度不够，阳光也没有了，如图8-161所示，原因是窗外的平面模型阻挡了环境光。选中平面模型，单击鼠标右键，在弹出的菜单中选择"对象属性"命令，在对话框中取消勾选"接收阴影""投射阴影""应用大气"选项，如图8-162所示。

图8-161

图8-162

05 重新渲染场景，效果如图8-163所示。

图8-163

06 增加了材质后，场景中的灯光会变得比以前暗一些。将室外的灯光适当增强，提升整体的亮度，如图8-164所示。

图8-164

8.2.6 效果图渲染与后期处理

01 按F10键打开"渲染设置"窗口，设置"宽度"为1920，"高度"为1080，如图8-165所示。

02 在"渐进式图像采样器"卷展栏中设置"最大渲染时间（分钟）"为15，"噪点阈值"为0.001，如图8-166所示。

03 在"灯光缓存"卷展栏中设置"细分"为2500，如图8-167所示。

图8-166

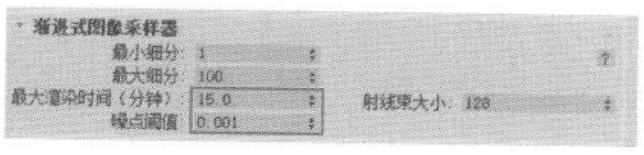

图8-165

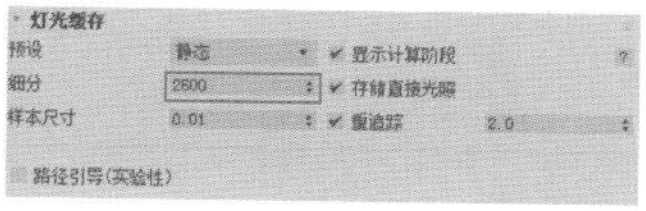

图8-167

04 按F9键渲染场景，渲染的效果图如图8-168所示。

图8-168

05 将渲染完成的图片导入Photoshop中，执行"滤镜">"Camera Raw滤镜"命令，在Camera Raw对话框中调整图片，如图8-169所示。

图8-169

06 在"基本"卷展栏中增大"纹理""清晰度""自然饱和度"的数值，如图8-170所示。

图8-170

07 在"曲线"卷展栏中调整图片的亮度和对比度，如图8-171所示。

图8-171

08 添加"亮度/对比度"调整图层，适当提升亮度，案例最终效果如图8-172所示。

图8-172

8.3 商业项目实战：工业风格咖啡厅效果图

案例文件	案例文件>CH08>商业项目实战：工业风格咖啡厅效果图
技术掌握	商业工装效果图的制作流程
难易程度	★★★★★

本案例制作日落时分的工业风格的咖啡厅效果图，案例效果如图8-173所示。

图8-173

8.3.1 案例概述

本案例的场景是一个工业风格的咖啡厅。从模型结构看，该场景属于半封闭空间，光源由室外的自然光源和室内的人工光源两部分组成。本案例表现的是傍晚日落时的场景，因此自然光源由室外的天光和夕阳组成。室内的人工光源由吊灯和射灯组成。

水泥、金属和涂料是工业风格中使用较多的材料，木质则相对较少，整个空间颜色简单，没有过多绚烂的颜色，图8-174是用Firefly生成的一些参考图。

图8-174

8.3.2 摄影机创建

01 打开本书学习资源"案例文件>CH08>商业项目实战：工业风格咖啡厅效果图"文件夹中的"练习.max"文件，如图8-175所示。

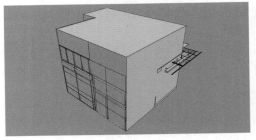

图8-175

02 使用"VRay物理摄影机"工具 `VRayPhysicalCamera` 在场景中创建一台摄影机，其位置如图8-176所示。

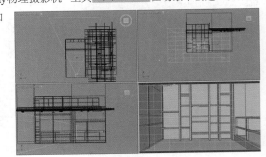

图8-176

03 选中上一步创建的摄影机，设置"焦距（mm）"为28，"胶片感光度（ISO）"为1000，如图8-177所示。

图8-177

04 切换到摄影机视图，效果如图8-178所示。摄影机被墙面挡住，需要开启"剪裁"功能，剪裁后的效果如图8-179所示。

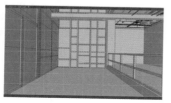

图8-178　　　　　　　　图8-179

05 按F10键打开"渲染设置"窗口，设置"宽度"为1280，"高度"为720，如图8-180所示。

06 按快捷键Shift＋F添加渲染安全框，此时画面效果如图8-181所示。

图8-180　　　　　　　图8-181

8.3.3 软装模型

现有的模型是咖啡店的硬装模型，需要添加桌椅、摆设和灯具等软装模型，丰富整个场景。

01 合并学习资源中的"桌椅组合.max"文件，将模型摆放在房间内，如图8-182所示。

图8-182

> ① 技巧提示
>
> "桌椅.max"文件中放置了多种样式的桌椅组合，读者可按照自己的喜好选取和摆放，案例中的摆放方式仅供参考。

02 合并学习资源中的"树.max"文件，将模型摆放在画面右侧，如图8-183所示。

图8-183

03 合并学习资源中的"吊灯.max"文件，将模型摆放在每张桌子的上方，如图8-184所示。

图8-184

> ① 技巧提示
>
> 吊灯模型的上部需要连接在横向的钢梁模型上，因此移动钢梁模型的位置使其与下方的桌椅模型对应，没有钢梁模型的地方就加上该模型，这样才能让效果图显得更加真实。

04 合并学习资源中的"射灯.max"文件，将模型摆放在右侧靠墙的桌椅模型的上方，如图8-185所示。

图8-185

05 正对镜头的架子上还很空，合并学习资源中的"室内装饰.max"文件，丰富室内的配景，如图8-186所示。

图8-186

06 本案例需要表现窗外的街景，相比于环境贴图，用实体模型会更加逼真。合并学习资源中的"室外配景.max"文件放在模型左侧作为配景，如图8-187所示。配景模型较为简单，需要多次复制楼房、树木和路灯的模型，并延长道路。

07 模型导入完成后，根据场景向前推进摄影机，使画面更加饱满，如图8-188所示。

> ⓘ **技巧提示**
>
> 选中玻璃模型，按快捷键Alt+X就能半透明显示该模型。读者需要注意，这里的半透明仅表示模型在视口中半透明，实际渲染时仍为不透明。

图8-187   图8-188

8.3.4 灯光布置

场景中的灯光由自然光源和人工光源两部分组成。自然光源由环境光和太阳光两部分组成，人工光源则由吊灯和射灯组成。

1.自然光源

01 使用"VRay太阳"工具 VRaySun 在左侧玻璃外创建一个太阳光，位置如图8-189所示。

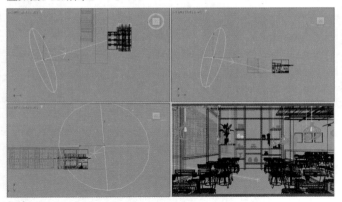

图8-189

> ⓘ **技巧提示**
>
> 场景设定的时间是夕阳西下的傍晚，因此创建的太阳光与地面的夹角在30°以内会较为合适。

02 选中上一步创建的灯光，设置"强度倍增值"为0.1，"大小倍增值"为10，"过滤颜色"为浅粉色，"天空模型"为"PRG晴天"，如图8-190所示。

03 在摄影机视图渲染场景，效果如图8-191所示。

图8-190   图8-191

04 观察画面发现太阳光的强度不够，需要为室内补充深蓝色的环境光。使用"VRay灯光"工具 VRayLight 在玻璃外创建一个平面灯光，位置如图8-192所示。

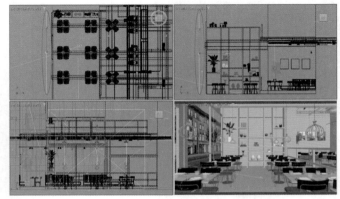

图8-192

05 选中上一步创建的灯光，设置参数，如图8-193所示。

设置步骤

① 在"常规"卷展栏中设置灯光"类型"为"平面"，灯光大小与玻璃大小相近，设置"倍增值"为10，"颜色"为深蓝色。

② 在"选项"卷展栏中勾选"不可见"选项。

06 在摄影机视图渲染场景，效果如图8-194所示。至此，自然光源创建完成。

图8-193   图8-194

2.人工光源

01 本案例的场景中有两种室内光源，一种是吊灯，另一种是射灯。首先制作吊灯。使用"目标灯光"工具 目标灯光 在球形灯罩下方创建一个灯光，然后以"实例"形式复制到其他灯罩下，位置如图8-195所示。

图8-195

02 选中上一步创建的灯光，设置参数，如图8-196所示。

设置步骤

① 在"常规参数"卷展栏中设置"阴影"为VRayShadow，"灯光分布（类型）"为"光度学Web"。

② 在"分布（光度学Web）"卷展栏中加载学习资源中的"比射灯好用小.ies"文件。

③ 在"强度/颜色/衰减"卷展栏中设置"开尔文"为4000，"强度"为5000。

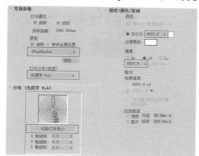

图8-196

03 在摄影机视图渲染场景，效果如图8-197所示。

图8-197

04 使用"目标灯光"工具 目标灯光 在右侧的射灯模型下创建目标灯光，并以"实例"形式复制到其他射灯模型下，位置如图8-198所示。

图8-198

05 选中上一步创建的灯光，设置参数，如图8-199所示。

设置步骤

① 在"常规参数"卷展栏中设置"阴影"为VRayShadow，"灯光分布（类型）"为"光度学Web"。

② 在"分布（光度学Web）"卷展栏中加载学习资源中的"北玄小射灯.ies"文件。

③ 在"强度/颜色/衰减"卷展栏中设置"开尔文"为3200，"强度"为50000。

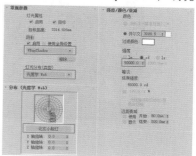

图8-199

06 在摄影机视图渲染场景，效果如图8-200所示。

图8-200

8.3.5 材质制作

场景中硬装部分还没有材质，需要制作这一部分的材质。而导入模型所携带的材质和贴图有些并不适合场景，需要修改。

1.黑色金属

01 黑色的天花板是工业风格和特点之一，整个空间的顶部全部使用黑色金属材质，具体材质参数如图8-201所示，材质球效果如图8-202所示。

设置步骤

① 设置"漫反射"颜色为深灰色。

② 设置"反射"颜色为浅灰色，"光泽度"为0.7，"金属度"为1。

图8-201

图8-202

02 将材质赋予天花板、栏杆和窗框等模型，效果如图8-203所示。

图8-203

2.水泥

01 水泥材质的地面也是工业风格空间的特点之一。具体材质参数如图8-204所示，材质球效果如图8-205所示。

设置步骤

① 在"漫反射"通道加载学习资源中的a223-44025.jpg文件。

② 在"反射"和"光泽度"通道中加载学习资源中的a223-44011.jpg文件。

③ 在"凹凸"通道中加载学习资源中的a223-44026.jpg文件，并设置通道量为10。

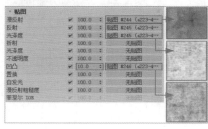

图8-204　　　　　　　　图8-205

02 将材质赋予相应的模型，渲染效果如图8-206所示。

图8-206

3.木质墙板

01 墙板为木质，具体材质参数如图8-207所示，材质球效果如图8-208所示。

设置步骤

① 在"漫反射"和"凹凸贴图"通道中加载学习资源中的a223-44010.jpg文件，并设置"凹凸贴图"通道量为10。

② 设置"反射"颜色为灰色，"光泽度"为0.7。

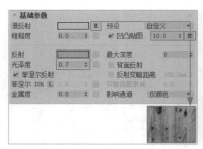
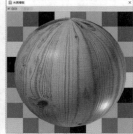

图8-207　　　　　　　　图8-208

02 将材质赋予墙面和柱子并调整贴图坐标，渲染效果如图8-209所示。

图8-209

4.玻璃

01 窗户的玻璃是普通的玻璃材质，具体参数如图8-210所示，材质球效果如图8-211所示。

设置步骤

① 设置"漫反射"颜色为黑色。

② 设置"反射"颜色为白色。

③ 设置"折射"颜色为白色，IOR为1.517。

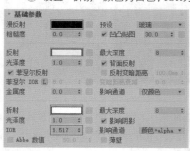
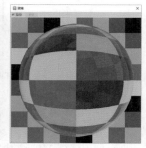

图8-210　　　　　　　　图8-211

02 将材质赋予玻璃模型，渲染效果如图8-212所示。

图8-212

5.桌椅组合

硬装部分的材质全部制作完成，下面调整部分导入模型的材质和贴图。

01 现有桌面的贴图颜色和纹理不太合适。在空白材质球上吸取桌面的材质，将其整体转换为VRayMtl，具体参数如图8-213所示，材质球效果如图8-214所示。

设置步骤

① 在"漫反射"和"凹凸贴图"通道中加载学习资源中的a223-44031.jpg文件，设置"凹凸贴图"通道量为15。

② 设置"反射"颜色为灰色，"光泽度"为0.7。

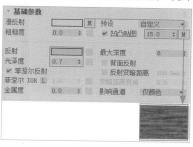

图8-213　　　　　　　　　　　图8-214

02 替换材质后调整贴图坐标，效果如图8-215所示。

图8-215

03 将黑色金属材质赋予桌腿和椅子腿模型，覆盖原有的灰色金属材质，效果如图8-216所示。

图8-216

04 原有的椅子靠背和坐垫的材质不合适，需要赋予新的皮革材质。具体参数如图8-217所示。材质球效果如图8-218所示。

设置步骤

① 在"漫反射"通道中加载"衰减"贴图，设置"前"通道颜色为深绿色，"侧"通道颜色为浅绿色，"衰减类型"为"垂直/平行"。

② 设置"反射"颜色为白色，并加载学习资源中的a223-44012.jpg文件，设置通道量为70，然后设置"光泽度"为0.8。

③ 在"凹凸"通道中加载学习资源中的a223-44030.jpg文件，设置通道量为-20。

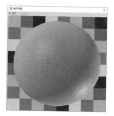

图8-217　　　　　　　　　　　图8-218

> ① **技巧提示**
>
> 读者也可以设置其他喜欢的颜色。

05 将材质赋予椅子坐垫和靠背模型，效果如图8-219所示。

图8-219

6.吊灯

01 原有的吊灯灯罩材质不是很合适，在空白材质球上吸取灯罩的材质进行修改，具体材质参数如图8-220所示，材质球效果如图8-221所示。

设置步骤

① 设置"漫反射"颜色为绿色。

② 设置"反射"颜色为浅灰色，"光泽度"为0.6，"金属度"为0.5。

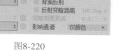

图8-220　　　　　　　　　　　图8-221

02 将材质赋予模型，并调整贴图坐标，效果如图8-222所示。

图8-222

03 选中吊灯中的灯丝模型，这是一个VRay网格灯光。调整"倍增值"为500，"色温"为3000，如图8-223所示。渲染效果如图8-224所示。这样灯泡的颜色会自然一些。

图8-223

图8-224

04 添加材质后，场景原有的灯光亮度会显得不够，画面较暗。增加所有灯光的亮度，效果如图8-225所示。

图8-225

⑦ **疑难问答**：添加玻璃材质后窗外的外景为什么会变形？

玻璃材质的折射再加上镜头的角度原因，导致窗外的外景产生了变形。在处理这个问题时，将玻璃材质的折射率改为1.01，就能完整显示窗外的外景。

8.3.6 效果图渲染与后期处理

01 按F10键打开"渲染设置"窗口，设置"宽度"为1920，"高度"为1080，如图8-226所示。

02 在"渐进式图像采样器"卷展栏中设置"最大渲染时间（分钟）"为15，"噪点阈值"为0.001，如图8-227所示。

03 在"灯光缓存"卷展栏中设置"细分"为2500，如图8-228所示。

图8-226

图8-227

图8-228

04 按F9键渲染场景，渲染的效果图如图8-229所示。

图8-229

⑦ **疑难问答**：为何渲染图的颜色与测试渲染图有差异？

测试渲染时，没有修改"显示色彩校正"图层中的显示模式，是以Gamma 2.2进行渲染的。在渲染效果图时，将显示模式切换为OCIO，渲染图的颜色就会变深一些，并不会影响最终呈现效果。

05 将渲染完成的图片导入Photoshop中，执行"滤镜">"Camera Raw滤镜"命令，在"基本"卷展栏中调整图片的亮度和饱和度，如图8-230所示。

图8-230

06 在"曲线"卷展栏中进一步调整图片的亮度信息，如图8-231所示。

图8-231

07 在"混色器"卷展栏中调整部分颜色的饱和度和明亮度，如图8-232所示。

图8-232

08 添加"色阶"调整图层,提亮画面的中间调,如图8-233所示。

图8-233

09 提亮后会发现右侧比较亮,画面显得不是很好看。使用黑色的画笔在蒙版上需要变暗的地方进行涂抹,使其回到原有的亮度,如图8-234所示。

图8-234

10 添加"色彩平衡"调整图层,调整"高光"和"阴影"的色调,增加画面的冷暖对比,如图8-235所示。

图8-235

11 外景天空部分太亮,不太符合真实的情况。添加灰蓝色的纯色调整图层,然后在蒙版上只留下天空部分,如图8-236所示。

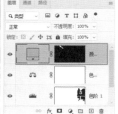

图8-236

12 窗外的楼房也有些偏亮。添加"色阶"调整图层,通过蒙版选取这一块的内容压暗,如图8-237所示。

图8-237

13 添加"自然饱和度"调整图层,适当降低外景的饱和度,如图8-238所示。

图8-238

① 技巧提示

选中步骤12中的蒙版,按住Alt键将其向上移动到步骤13的蒙版上松开鼠标,就能将步骤12的蒙版复制到步骤13的蒙版上。

14 添加黑白渐变的"渐变映射"调整图层,如图8-239所示。

图8-239

15 修改"渐变映射"调整图层的"混合模式"为"滤色","不透明度"为50%,案例最终效果如图8-240所示。

图8-240

□ 重点

8.4 商业项目实战：建筑街景效果图

案例文件	案例文件>CH08>商业项目实战：建筑街景效果图
技术掌握	商业建筑效果图的制作流程
难易程度	★★★★★

本案例制作雨后傍晚的小镇街道效果图。雨后的路面是案例制作的难点，需要读者重点学习，案例效果如图8-241所示。

图8-241

8.4.1 案例概述

本案例场景中是一组室外建筑模型，包括建筑、树木、街道等街道常见的元素。案例表现的是雨后傍晚的氛围，有街道残留的水迹、暖色的路灯以及建筑内透出的光，整体画面偏冷。图8-242是用Firefly生成的参考图，根据参考图布置灯光、制作材质会降低这个案例的制作难度。

图8-242

8.4.2 配景模型

01 打开本书学习资源"案例文件>CH08>商业项目实战：建筑街景效果图"文件夹中的"练习.max"文件，如图8-243所示。场景中有一块制作好的地面，下面导入配景模型。

图8-243

02 合并学习资源中的"房子.max"文件到场景中，如图8-244所示。文件提供了多种样式的房子模型。

03 将房子模型沿着道路摆放在两侧，如图8-245所示。

图8-244　　　　　　图8-245

⊕ **技巧提示**

房子模型的摆放可随意，读者不必完全按照图中的形式摆放。

04 合并学习资源中的"路灯.max"文件到场景中，将模型摆放在路边，效果如图8-246所示。

05 合并学习资源中的"植物.max"文件丰富场景，如图8-247所示。

图8-246　　　　　　图8-247

⊕ **技巧提示**

与房子模型一样，植物模型的摆放也不必完全按照图中的形式。

06 合并学习资源中的"汽车.max"文件，将模型放在道路上，如图8-248所示。

图8-248

8.4.3 摄影机创建

场景中的模型摆放完成后，创建摄影机进行构图。

01 使用"VRay物理摄影机"工具 `VRayPhysicalCamera` 创建一台摄影机，位置如图8-249所示。

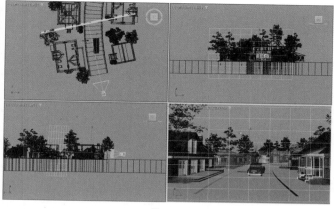

图8-249

02 选中创建的摄影机，设置"焦距（mm）"为28，"胶片感光度（ISO）"为1000，"F值"为6，如图8-250所示。

03 根据摄影机视图调整摄影机的位置，如图8-251所示。

图8-250

图8-251

8.4.4　灯光布置

场景中的灯光由自然光源和人工光源两部分组成。自然光源由HDR贴图提供。人工光源则较多，由室内灯光、路灯灯光和汽车车灯组成。

1.自然光源

01 按8键打开"环境和效果"窗口，在"环境贴图"通道中加载VRay位图贴图，如图8-252所示。

图8-252

02 将"环境贴图"通道中加载的贴图以"实例"形式复制到空白材质球上，然后在"位图"通道中加载学习资源中的2.hdr文件，并设置"映射类型"为"球形"，"水平旋转"为200，"垂直旋转"为15，如图8-253所示。

图8-253

03 将视口的背景切换为环境贴图，就可以直接观察到贴图的效果，如图8-254所示。

04 按F9键渲染场景，自然光源的效果如图8-255所示。

图8-254

图8-255

> **？ 疑难问答：贴图像素不够怎么办？**
>
> 现有的贴图像素不够，在视口中可以看到明显的锯齿。遇到这种情况没有关系，在后期处理时可以用别的天空贴图替换渲染图的天空。这里的贴图只起到照明的作用。

2.人工光源

01 路灯是场景中最明显的人工光源。使用"目标聚光灯"工具 目标聚光灯 在路灯模型下方创建一个聚光灯，并复制到其他路灯模型下方，位置如图8-256所示。

图8-256

02 选中上一步创建的灯光，设置参数如图8-257所示。

设置步骤

① 在"常规参数"卷展栏中设置"阴影"为VRayShadow。

② 在"强度/颜色/衰减"卷展栏中设置"倍增"为1，颜色为黄色。

③ 在"聚光灯参数"卷展栏中设置"聚光灯/光束"为10，"衰减区/区域"为100。

④ 在"VRayShadows参数"卷展栏中勾选"区域阴影"选项，设置"U尺寸""V尺寸""W尺寸"都为100mm。

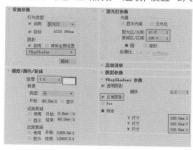

图8-257

03 在摄影机视图渲染场景，效果如图8-258所示。

04 汽车车灯也是类似路灯这样带方向的灯光。使用"目标聚光灯"工具 目标聚光灯 在汽车车灯模型前创建一个灯光，并复制到另一侧车灯模型前，位置如图8-259所示。

图8-258

图8-259

05 选中上一步创建的灯光，设置参数，如图8-260所示。

设置步骤

① 在"常规参数"卷展栏中设置"阴影"为VRayShadow。

② 在"强度/颜色/衰减"卷展栏中设置"倍增"为1，颜色为浅黄色。

③ 在"聚光灯参数"卷展栏中设置"聚光灯/光束"为10，"衰减区/区域"为30。

④ 在"VRayShadows参数"卷展栏中勾选"区域阴影"选项，设置"U尺寸""V尺寸""W尺寸"都为10mm。

06 在摄影机视图渲染场景，效果如图8-261所示。

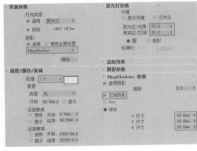

图8-260

图8-261

07 车灯照射的距离太远，且没有灯光衰减，会显得有些不真实。在"强度/颜色/衰减"卷展栏中，修改"倍增"为2，勾选"远距衰减"中的"使用"和"显示"选项，设置"开始"为0mm，"结束"为40000mm，如图8-262所示。渲染效果如图8-263所示。

08 房间里的灯光较为随意。创建VRay灯光，将"类型"设置为"球形"，将其放在房子内部，在灯光强度和颜色上加以区分，形成丰富的视觉效果，如图8-264所示。

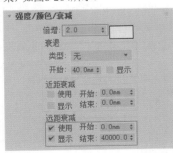

图8-262

图8-263

图8-264

8.4.5 材质制作

场景中只需要制作地面的材质，包括马路、路缘石和人行道。个别模型的材质也需要进行调整。

1.马路

01 马路除了要表现路面粗糙的纹理外，还要表现雨后的水渍。具体材质参数如图8-265所示，材质球效果如图8-266所示。

设置步骤

① 在"漫反射"通道中加载学习资源中的022023-05-26_51549.jpg文件。

② 在"反射"通道中加载学习资源中的022023-05-26_142906.jpg文件，并设置"菲涅耳IOR"为8。

③ 在"凹凸"通道中加载"混合"贴图，然后在"颜色#1"通道中加载本书学习资源中的022023-05-26_51549.jpg文件，在"颜色#2"通道中加载本书学习资源中的022023-05-26_142906.jpg文件，并设置"混合量"为80，通道量为10。

02 将材质赋予马路模型，然后调整模型的贴图坐标，效果如图8-267所示。

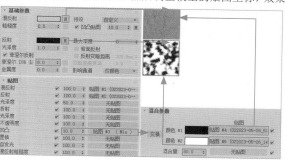
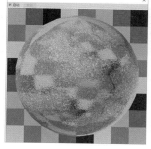

图8-265　　　　　　　　　　　图8-266　　　　　　　　　　　图8-267

2.路缘石

01 路缘石与马路类似，既要有粗糙纹理，又要有水渍。具体材质参数如图8-268所示，材质球效果如图8-269所示。

设置步骤

① 在"漫反射"通道中加载学习资源中的022023-05-26_265722.jpg文件。

② 在"反射"通道中加载学习资源中的022023-05-26_142906.jpg文件，并设置"菲涅耳IOR"为8。

③ 在"凹凸"通道中加载"混合"贴图，然后在"颜色#1"通道中加载本书学习资源中的022023-05-26_265722.jpg文件，在"颜色#2"通道和"混合量"通道中加载本书学习资源中的022023-05-26_142906.jpg文件，并设置通道量为10。

02 将材质赋予路缘石模型，然后调整贴图坐标，效果如图8-270所示。

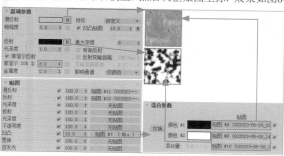

图8-268　　　　　　　　　　　图8-269　　　　　　　　　　　图8-270

3.人行道

01 人行道材质的制作思路类似，只是需要更换"漫反射"通道的贴图，具体材质参数如图8-271所示，材质球效果如图8-272所示。

设置步骤

① 在"漫反射"通道中加载学习资源中的022023-05-26_76227.jpg文件。

② 在"反射"通道中加载学习资源中的022023-05-26_142906.jpg文件，并设置"菲涅耳IOR"为8。

③ 在"凹凸"通道中加载"混合"贴图，然后在"颜色#1"通道中加载本书学习资源中的022023-05-26_76227.jpg文件，在"颜色#2"通道和"混合量"通道中加载本书学习资源中的022023-05-26_142906.jpg文件，并设置通道量为30。

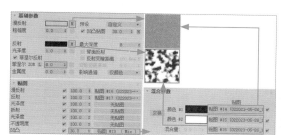

图8-271　　　　　　　　　　　图8-272

02 将材质赋予模型并调整贴图坐标，渲染效果如图8-273所示。

图8-273

4.路灯

01 路灯的灯罩没有明亮的效果，显得有些不真实。在空白材质球上吸取灯罩的材质，将其转换为VRay灯光材质，具体参数如图8-274所示，材质球效果如图8-275所示。

设置步骤

① 设置"颜色"为黄色，倍增值为5。

② 勾选"补偿摄影机曝光"选项。

③ 勾选"直接照明"中的"开启"选项。

02 调整材质后的渲染效果如图8-276所示。

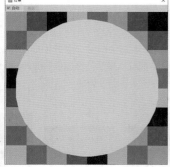

图8-274　　　　　　　　　图8-275　　　　　　　　　图8-276

8.4.6 效果图渲染与后期处理

01 按F10键打开"渲染设置"窗口，设置"宽度"为2000，"高度"为1200，如图8-277所示。

02 在"渐进式图像采样器"卷展栏中设置"最大渲染时间（分钟）"为30，"噪点阈值"为0.001，如图8-278所示。

03 在"灯光缓存"卷展栏中设置"细分"为2500，如图8-279所示。

04 按F9键渲染场景，渲染的效果图如图8-280所示。

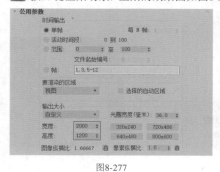

图8-277　　　　　　　　　图8-278　　　　图8-279　　　　　　　　图8-280

05 将图片保存为.png格式后，在Photoshop中打开，如图8-281所示。

06 导入学习资源中的"天空.jpg"文件，将其置于渲染图的下方，如图8-282所示。

图8-281

图8-282

07 在天空的图层上添加"曲线"调整图层，降低其亮度，如图8-283所示。

08 在天空的图层上添加"色相/饱和度"调整图层，调整整体色调，如图8-284所示。

图8-283

图8-284

09 选中渲染图的图层，打开Camera Raw对话框，在"基本"卷展栏中调整参数，增加画面的细节，如图8-285所示。

10 在"曲线"卷展栏中调整画面的亮度，如图8-286所示。

图8-285

图8-286

11 调整完成后会发现树梢的边缘与天空之间有白色的边线，如图8-287所示。添加"曝光度"调整图层，降低图层的亮度，就能将白色的边线隐藏，如图8-288所示。

图8-287

图8-288

12 添加图层蒙版，然后用黑色涂抹道路和房子部分，只让树木产生变深的效果，如图8-289所示。

图8-289

13 添加"渐变映射"调整图层，设置渐变颜色为黑到白，然后设置"渐变映射"的图层"混合模式"为"柔光"，"不透明度"为40%，如图8-290所示。

图8-290

14 添加"自然饱和度"调整图层，适当降低画面整体的自然饱和度，案例最终效果如图8-291所示。

图8-291

3

MAX

3ds Max 2024

① 技巧提示

② 疑难问答

◎ 知识课堂

⊘ 知识链接

第9章 粒子系统与空间扭曲

□ 基础视频：10集　　□ 案例视频：13集　　⊘ 视频时长：125分钟

粒子系统和空间扭曲用于制作特效动画，比之前章节学习的内容更加抽象，也更难。依靠不同的发射器生成的粒子，配合各种力场就能生成丰富的动画效果。这些动画效果既可以运用在静帧效果图中，也可以运用在商业动画中。

学习重点　　🔍

学完本章能做什么

学完本章后，读者能用粒子工具制作一些特效和流体动画效果。

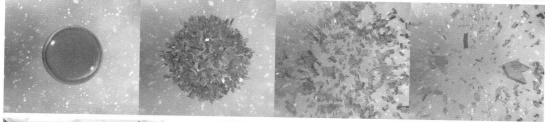

9.1 粒子系统

　　3ds Max的粒子系统是一种动画制作工具，可以通过设置粒子系统来控制密集对象群的运动效果。3ds Max 2024包含7种粒子，分别是"粒子流源""喷射""雪""超级喷射""暴风雪""粒子阵列""粒子云"，如图9-1所示。

图9-1

⬆重点
9.1.1 粒子流源

　　"粒子流源"是默认的发射器。在默认情况下，它显示为带有中心徽标的矩形，如图9-2所示，其参数如图9-3所示。

图9-2

图9-3

　　粒子视图 粒子的属性都要在"粒子视图"中进行设置，单击该按钮就能打开"粒子视图"窗口，如图9-4所示。除了粒子自带的属性，其他属性都需要在窗口中进行添加，以显示粒子的一些特定效果。在这些属性中常用的有"力""图形实例""材质静态"等。

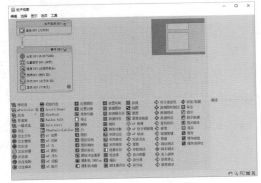

图9-4

　　徽标大小 创建的粒子徽标的大小。
　　图标类型 设置徽标的类型，如图9-5所示。
　　数量倍增 场景中的粒子数量太多会造成软件在计算粒子效果时出现卡顿，甚至意外退出。在"数量倍增"选项组中能设置视口中显示的粒子数量以及渲染的粒子数量，如图9-6所示。

图9-5

图9-6

⬆重点
✋案例训练：粒子动画

案例文件	案例文件>CH09>案例训练：粒子动画
技术掌握	粒子流源
难易程度	★★☆☆☆

　　本案例为文字模型添加粒子效果，案例效果如图9-7所示。

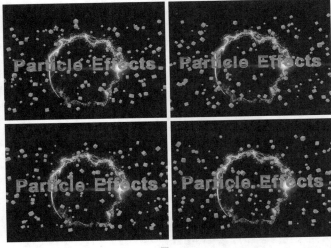

图9-7

　　01 打开本书学习资源"案例文件>CH09>案例训练：粒子动画"文件夹中的"练习.max"文件，如图9-8所示。

图9-8

02 使用"粒子流源"工具 粒子流源 在场景左侧创建一个发射器，如图9-9所示。

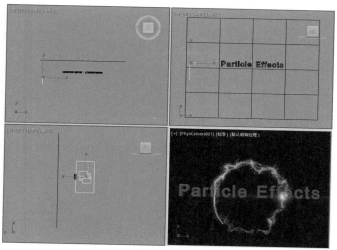

图9-9

03 选中创建的发射器，在"发射"卷展栏中设置"长度"为80mm，"宽度"为45mm，如图9-10所示。

04 滑动时间滑块，会观察到粒子从左往右移动，如图9-11所示。

图9-10　　　　　　图9-11

05 单击"粒子视图"按钮 粒子视图 打开"粒子视图"窗口，选中"出生001"属性，在右侧设置"发射停止"为100，"数量"为1000，如图9-12所示。

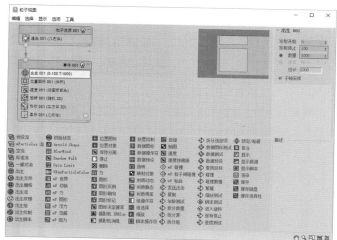

图9-12

06 选中"速度001"属性，然后在右侧设置"速度"为300mm，"变化"为50mm，如图9-13所示。

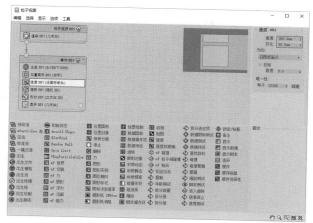

图9-13

07 选中"形状001"属性，然后在右侧设置3D为"立方体"，"大小"为2mm，"变化%"为50，如图9-14所示。

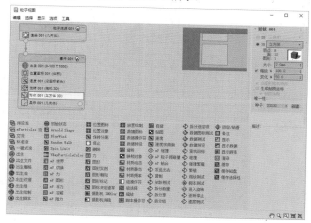

图9-14

08 选择"显示001"属性，然后在右侧设置"类型"为"几何体"，颜色为青色，如图9-15所示。此时视图中的粒子呈现为立方体，如图9-16所示。

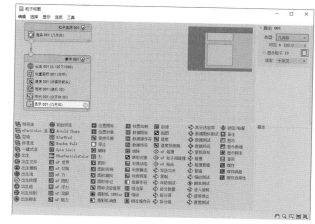

图9-15

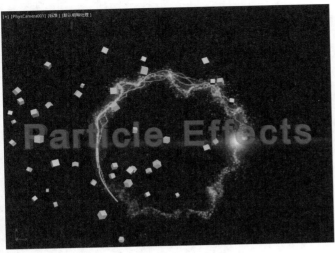

图9-16

09 移动时间滑块随意选择4帧进行渲染，效果如图9-17所示。

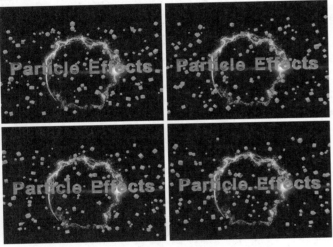

图9-17

👑重点
9.1.2 喷射

　　"喷射"粒子常用来模拟雨和喷泉等效果，其参数如图9-18所示。

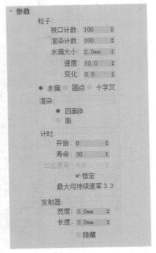

图9-18

　　视口计数/渲染计数 控制视口与渲染时的粒子数量。

　　水滴大小 控制粒子的大小，如图9-19所示。

图9-19

　　速度 控制水滴的运动速度。数值越大，水滴的运动速度越快，如图9-20所示。

图9-20

　　变化 粒子运动默认是匀速，如果想让粒子运动时产生速度变化，需要设置"变化"的数值，如图9-21所示。

图9-21

　　渲染 除了默认的"四面体"形态，还可以将粒子设置为"面"形态，如图9-22所示。

　　开始 控制粒子生成的帧数，如果想在第0帧就出现粒子，就需要将数值设置为负数。

图9-22

　　寿命 控制粒子持续存在的时间，如果粒子存在的时间小于时间轴的长度，就会在到达寿命时间后自动消失。

👑重点
👆 案例训练：下雨动画

案例文件	案例文件>CH09>案例训练：下雨动画
技术掌握	"喷射"粒子
难易程度	★★☆☆☆

　　本案例用"喷射"粒子制作下雨动画，案例效果如图9-23所示。

图9-23

01 新建一个空白场景，然后使用"喷射"工具 ▇喷射▇ 在场景中创建一个发射器，如图9-24所示。

02 在场景中创建一台摄影机，然后找到一个合适的角度，让发射器在画面的顶部，如图9-25所示。

图9-24　　　　　　　　　图9-25

① **技巧提示**

摄影机的类型不限，读者创建自己熟悉的摄影机即可。

03 选中发射器，在"修改"面板中设置"视口计数"为500，"渲染计数"为4000，"水滴大小"为15mm，"速度"为7，"变化"为0.56，"开始"为-100，"寿命"为100，如图9-26所示。可以看到在第0帧时画面中就出现了粒子，如图9-27所示。

图9-26　　　　　　　　　图9-27

04 按8键打开"环境和效果"窗口，在"环境贴图"通道中加载学习资源中的00001.jpg文件，如图9-28所示。

图9-28

05 将"环境贴图"通道中加载的贴图复制到材质编辑器中，然后设置"贴图"为"屏幕"，如图9-29所示。

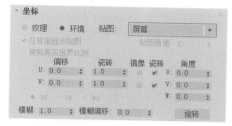

图9-29

06 制作雨水材质。选中一个空白材质球，将其转换为VRayMtl，然后设置材质参数，如图9-30所示。材质球效果如图9-31所示。

设置步骤

① 设置"漫反射"颜色为浅灰色。

② 设置"反射"颜色为深灰色。

③ 设置"折射"颜色为浅灰色，IOR为1.33。

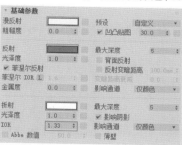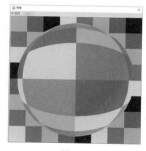

图9-30　　　　　　　　　图9-31

② **疑难问答：雨水材质和普通水材质有何区别？**

普通的水可以看作纯净水，没有杂质，它的反射和折射都是理想状态。雨水则是从高空落下，夹杂灰尘等杂质，再加上高速落下而造成的形态变化，会影响雨滴的反射和折射，甚至影响雨水本身的颜色。

07 将雨水材质赋予发射器，然后移动时间滑块随意渲染4帧，案例效果如图9-32所示。

图9-32

297

9.1.3 雪

"雪"粒子主要用来模拟飘落的雪花或洒落的纸屑等，其参数如图9-33所示。

图9-33

"雪"粒子参数与"喷射"粒子参数大致相同，下面介绍一些不同的参数。

翻滚 雪花在飘落的过程中不是直线下落的，而是会发生旋转，这时候就需要用"翻滚"参数进行模拟。

翻滚速率 可以控制翻滚的速度，如图9-34所示。

渲染 除了默认的"六角形"，"雪"粒子还可以渲染为"三角形"和"面"，如图9-35所示。

图9-34　　　　　　　　　　　　　　　　　　　图9-35

◆ 重点

9.1.4 超级喷射

"超级喷射"粒子可以用来制作暴雨和喷泉等，若将其绑定到"路径跟随"空间扭曲上，还可以生成瀑布效果，其参数如图9-36所示。

轴偏离 默认情况下粒子会沿着发射器的朝向发射，形成一条直线，如图9-37所示。"轴偏离"参数可以设置粒子与发射方向之间的夹角，如图9-38所示。

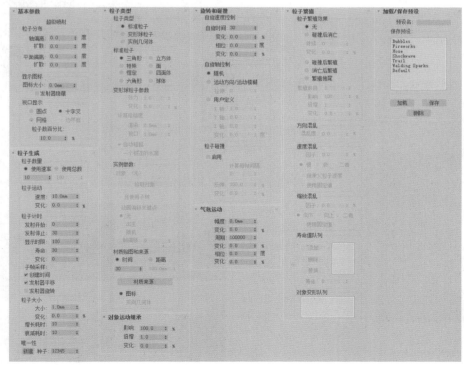

图9-36

图9-37

图9-38

扩散 可以控制粒子在发射方向平面的扩散效果,如图9-39所示。如果想让粒子在发射方向360°发射粒子,就需要设置"扩散"参数,如图9-40所示。

图9-39　　　　　　　　图9-40

使用速率 控制每帧发射的粒子数量,数值越大,每帧发射的粒子越多,如图9-41所示。

图9-41

大小 可以控制粒子的尺寸,如图9-42所示。

图9-42

变化 控制粒子的随机变化比例。

粒子类型 "超级喷射"粒子的形态有很多种,包括"三角形""立方体""特殊""面""球体"等8种类型的标准粒子,如图9-43所示,还可以设置变形的粒子和关联的几何体。

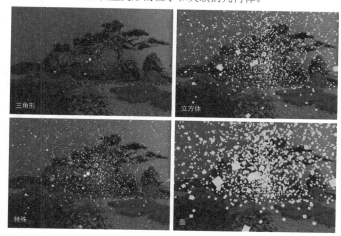

图9-43

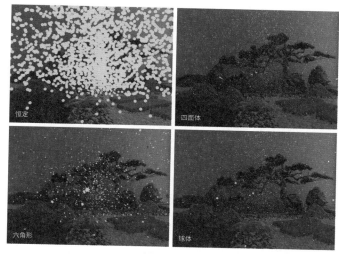

图9-43（续）

🖐 案例训练：彩色烟雾

案例文件	案例文件>CH09>案例训练：彩色烟雾
技术掌握	"超级喷射"粒子
难易程度	★★★☆☆

本案例用"超级喷射"粒子制作彩色烟雾动画,案例效果如图9-44所示。

图9-44

01 打开本书学习资源"案例文件>CH09>案例训练：彩色烟雾"文件夹中的"练习.max"文件,如图9-45所示。

图9-45

02 火箭模型已经建立了关键帧，移动时间滑块就可以看到火箭模型移动和旋转的效果，如图9-46所示。

03 在第0帧使用"超级喷射"工具 超级喷射 在火箭模型下方创建一个发射器，如图9-47所示。

图9-46　　　　　　　　　　图9-47

04 选中发射器，然后在主工具栏中单击"选择并链接"按钮，将发射器与火箭模型进行关联，如图9-48所示。

05 移动时间滑块，发射器会随着火箭模型一起移动，如图9-49所示。

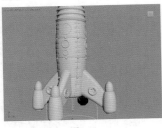

图9-48　　　　　　　　　　图9-49

06 选中发射器，在"修改"面板中依次设置"轴偏离"为5度，"扩散"为5度，"平面偏离"为51度，"扩散"为50度，如图9-50所示。

07 在"粒子生成"卷展栏中设置"使用速率"为600，"速度"为10cm，"变化"为20%，"发射停止"为100，"显示时限"为100，"寿命"为17，"大小"为1cm，"变化"为10%，如图9-51所示。

图9-50　　　　　　图9-51

08 移动时间滑块，观察粒子效果，如图9-52所示。

图9-52

09 在材质编辑器中新建一个VRayMtl，然后设置参数，如图9-53所示。材质球效果如图9-54所示。

设置步骤

① 在"漫反射"通道中加载"渐变"贴图，然后分别设置3个颜色通道的颜色，并设置"颜色2位置"为0.25。

② 在"不透明度"通道中加载"渐变"贴图，然后分别设置3个颜色通道的颜色，并设置"颜色2位置"为0.3。

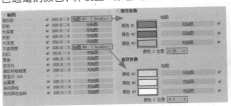
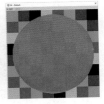

图9-53　　　　　　　　　图9-54

> ⚠ 技巧提示
>
> 粒子材质的颜色仅供参考，读者可根据上图的方法设置不同的颜色。

10 将材质赋予发射器，效果如图9-55所示。

11 使用"平面"工具 平面 在火箭模型后方创建一个平面模型，然后赋予学习资源中的timg.jpg文件，如图9-56所示。

图9-55　　　　　　　　　图9-56

> ⚠ 技巧提示
>
> 为了避免火箭模型在平面上产生投影，需要选中平面模型，在"对象属性"对话框中取消勾选"接收阴影"和"投射阴影"选项，如图9-57所示。

图9-57

12 移动时间滑块，然后任意选择4帧进行渲染，效果如图9-58所示。

图9-58

9.1.5 粒子阵列

"粒子阵列"用来创建复制对象的爆炸效果,其参数如图9-59所示。

图9-59

> ① 技巧提示
>
> "粒子阵列"的参数与"超级喷射"类似,这里不赘述。

案例训练:水晶球碎片动画

案例文件	案例文件>CH09>案例训练:水晶球碎片动画
技术掌握	粒子阵列
难易程度	★★★☆☆

本案例用粒子阵列制作水晶球碎片动画,案例效果如图9-60所示。

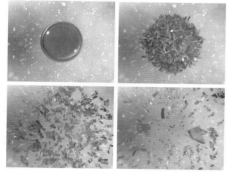

图9-60

01 打开本书学习资源"案例文件>CH09>案例训练:水晶球碎片动画"文件夹中的"练习.max"文件,如图9-61所示。

02 使用"粒子阵列"工具 粒子阵列 在场景中创建一个发射器,如图9-62所示。

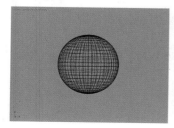

图9-61

图9-62

03 选中发射器,然后在"修改"面板中单击"拾取对象"按钮 拾取对象 ,并单击场景中的球体模型,如图9-63所示。这样就能将球体模型与发射器进行关联。

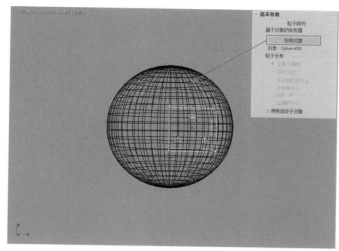

图9-63

04 滑动时间滑块,会观察到在球体模型的周围生成炸裂的碎片模型,如图9-64所示。

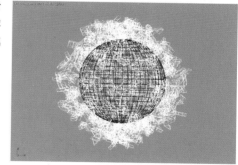

图9-64

05 选中发射器,然后在"粒子生成"卷展栏中设置"速度"为15mm,"变化"为90%,"散度"为10度,"发射开始"为10,如图9-65所示。此时移动时间滑块,会发现第0帧到第9帧不产生爆炸的碎片,从第10帧开始产生爆炸碎片,中间的球体模型则一直存在。

06 选中球体模型,单击"自动关键点"按钮 自动关键点 并移动时间滑块到第10帧,然后单击鼠标右键打开"对象属性"对话框,设置"可见性"为0,如图9-66所示。

> ① 技巧提示
>
> "可见性"输入框右侧显示的红框代表次参数被添加了关键帧,会产生动画效果。

图9-65

图9-66

07 将时间滑块移动到第9帧，然后打开"对象属性"对话框，设置"可见性"为1，如图9-67所示。同样在第0帧也设置球体模型的"可见性"为1，然后再次单击"自动关键点"按钮 自动关键点 关闭动画记录。

08 移动时间滑块，此时球体模型会在第0帧到第9帧显示，从第10帧开始消失，粒子爆炸效果则是从第10帧开始显示。使用"平面"工具 平面 在后方创建一个背景模型，然后赋予其带有学习资源中的timg(1).jpg文件的VRay灯光材质，如图9-68所示。

 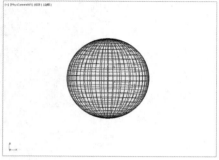

图9-67　　　　　　　　图9-68

09 任意选择4帧进行渲染，案例最终效果如图9-69所示。

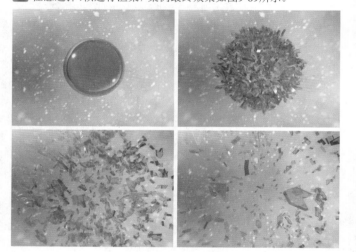

图9-69

9.2 空间扭曲

使用"空间扭曲"可以模拟真实世界中存在的"力"效果，当然"空间扭曲"需要与"粒子系统"配合使用才能制作出动画效果。

"空间扭曲"包括5种类型，分别是"力""导向器""几何/可变形""基于修改器""粒子和动力学"，如图9-70所示。

图9-70

▲ 重点

9.2.1 力

"力"可以为粒子系统提供外力影响，共有10种类型，分别是"推力""马达""漩涡""阻力""粒子爆炸""路径跟随""重力""风""置换""运动场"，如图9-71所示。

图9-71

推力 可以为粒子提供正向或负向的力，让粒子朝着推力的方向运动，如图9-72所示。

漩涡 可以让粒子移动的同时形成旋转的效果，如图9-73所示。

图9-72　　　　　　　　图9-73

阻力 可以减小运动粒子的速度，形成阻挡的效果，如图9-74所示。

重力 为粒子添加重力效果，在模拟喷泉等效果时是常用的工具，效果如图9-75所示。

图9-74　　　　　　　　图9-75

风 可以让粒子按风的方向移动，这样方便控制粒子的运动轨迹，如图9-76所示。

图9-76

无论是哪种力，都需要与粒子的"力"属性进行关联才能对粒子产生作用，如图9-77所示。如果不进行关联，则无法影响粒子的运动轨迹。

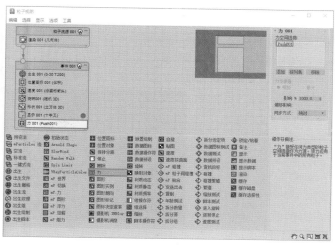

图9-77

👆 案例训练：泡泡动画

案例文件	案例文件>CH09>案例训练：泡泡动画
技术掌握	推力；超级喷射
难易程度	★★★☆☆

本案例用推力和超级喷射制作泡泡动画，案例效果如图9-78所示。

图9-78

01 打开本书学习资源中的"案例文件>CH09>案例训练：泡泡动画"文件夹中的"练习.max"文件，如图9-79所示。

02 使用"超级喷射"工具 超级喷射 在画面右下角创建一个发射器，如图9-80所示。

图9-79

图9-80

03 选中发射器并切换到"修改"面板，依次设置"轴偏离"为5度，"扩散"为5度，"平面偏离"为5度，"扩散"为42度，如图9-81所示。

04 在"粒子生成"卷展栏中设置"使用速率"为20，"速度"为15mm，"寿命"为60，"大小"为5mm，"变化"为50%，如图9-82所示。

图9-81

图9-82

05 在"粒子类型"卷展栏中设置粒子为"球体"，如图9-83所示。

06 移动时间滑块会观察到粒子从下往上喷射，如图9-84所示。

图9-83

图9-84

07 此时的粒子是直线喷射的，需要改变粒子的运动方向。使用"推力"工具 推力 在场景右侧创建一个推力图标，如图9-85所示。

08 使用"绑定到空间扭曲"工具 🔧 将推力和发射器进行链接，此时可以看到粒子朝左运动，如图9-86所示。

图9-85

图9-86

09 选中推力，在"修改"面板中设置"基本力"为2，如图9-87所示。粒子效果如图9-88所示。

图9-87

图9-88

10 在材质编辑器中新建一个VRayMtl，具体参数如图9-89所示。材质效果如图9-90所示。

设置步骤

① 设置"反射"颜色为白色。

② 设置"折射"颜色为白色，IOR为0.8。

图9-89　　　　　　　　　　图9-90

11 将材质赋予粒子，然后任意选择4帧进行渲染，案例效果如图9-91所示。

图9-91

学后训练：发光动画

案例文件	案例文件>CH09>案例训练：发光动画
技术掌握	路径跟随；超级喷射
难易程度	★★★☆☆

本案例用"路径跟随"和"超级喷射"制作发光动画，案例效果如图9-92所示。

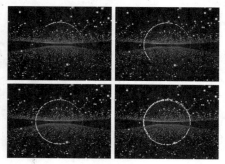

图9-92

9.2.2 导向器

"导向器"可以为粒子系统提供导向功能，共有6种类型，分别是"泛方向导向板""泛方向导向球""全泛方向导向""全导向器""导向球""导向板"，如图9-93所示。

无论是哪种类型的导向器，其用法都是类似的，只是在外形上有所不同。导向器需要与"碰撞"等多个粒子属性进行关联，形成不同的效果，如图9-94所示。

图9-93　　　　　　　　　　图9-94

案例训练：烟花动画

案例文件	案例文件>CH09>案例训练：烟花动画
技术掌握	粒子流源；导向板
难易程度	★★★☆☆

本案例使用粒子流源和导向板制作烟花动画，案例效果如图9-95所示。

图9-95

01 在场景中使用"粒子流源"工具 粒子流源 新建一个发射器，如图9-96所示。

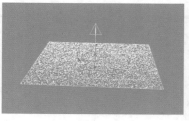

图9-96

02 使用"球体"工具 球体 在发射器上方新建一个球体模型，设置"半径"为5mm，如图9-97所示。

03 使用"平面"工具 平面 在发射器上方创建一个平面模型，如图9-98所示。平面模型的位置就是烟花爆炸的位置。

04 使用"导向板"工具 导向板 在场景中创建一个导向板，位置与平面模型齐平，如图9-99所示。使用"绑定到空间扭曲"工具 将导向板链接到平面模型上。

图9-97

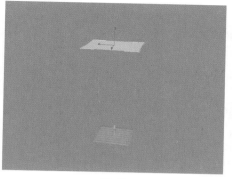
图9-98

图9-99

05 选中发射器，然后在"粒子视图"窗口中选择出生 001选项，然后设置"发射停止"为0，"数量"为20000，如图9-100所示。

06 选中速度 001属性，设置"速度"为300mm，如图9-101所示。

07 选中形状 001属性，设置"图形"为"球体"，"大小"为1.5mm，如图9-102所示。

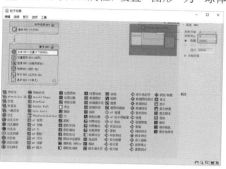
图9-100

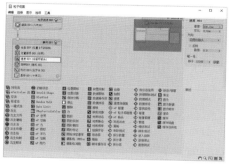
图9-101

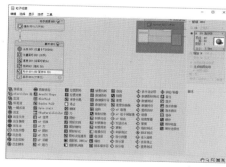
图9-102

08 添加"位置对象"属性，然后在右侧"发射器对象"中添加创建的球体模型，如图9-103所示。此时发射器的粒子都集中在球体模型上，如图9-104所示。

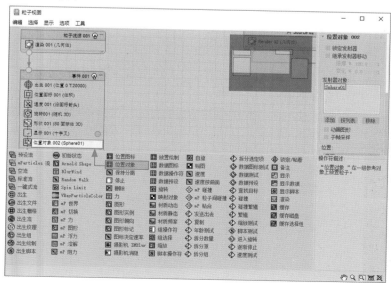
图9-103

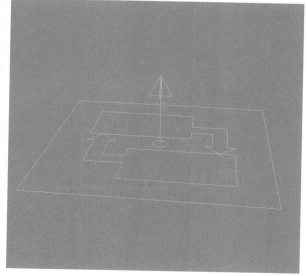
图9-104

09 添加"碰撞"属性，然后在右侧的"导向器"中添加场景中的导向板，如图9-105所示。

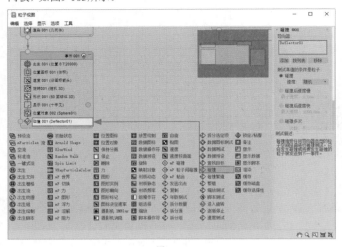

图9-105

10 滑动时间滑块，会发现粒子在碰到导向板后反弹回去，没有出现爆炸效果。选中"碰撞001"属性，设置"速度"为"随机"，如图9-106所示。此时滑动时间滑块就会发现粒子呈爆炸效果，如图9-107所示。

图9-106　　　　图9-107

11 按照同样的方法再创建一个发射器，效果如图9-108所示。

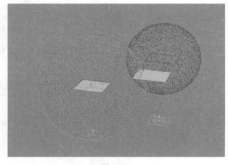

图9-108

12 创建摄影机并添加背景图，然后任意选择4帧进行渲染，案例最终效果如图9-109所示。

图9-109

9.3 粒子的常用对象属性

本节将讲解一些增强粒子效果的方法，包括调整粒子的发射位置、材质和形态，如图9-110所示。

粒子的常用对象属性

位置对象	材质静态	图形实例
发射器与参考对象关联	粒子静态材质	转换粒子形态

图9-110

🔶重点

9.3.1 位置对象

"位置对象"可以将粒子发射器与参考对象相互关联，从而让参考对象发出粒子。"位置对象"属性位于"粒子视图"窗口中，如图9-111所示。

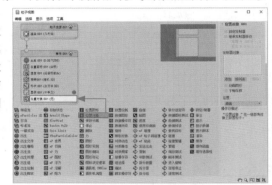

图9-111

将"位置对象"属性添加到粒子发射器的属性中，然后添加场景中的模型为"发射器对象"，就可以将粒子发射器与选中的模型相关联。

🔶重点

9.3.2 材质静态

默认的粒子呈纯色，如果想赋予其材质就需要添加"材质静态"属性。"材质静态"属性位于"粒子视图"窗口中，如图9-112所示。

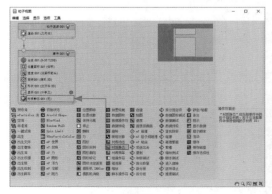

图9-112

将"材质静态"属性链接到粒子属性中,然后与材质编辑器中的材质球关联,粒子就可以显示材质效果。

> ① 技巧提示
>
> 如果要让粒子呈现多种材质的变化,就需要链接"材质动态"属性。

♛重点

9.3.3 图形实例

默认的粒子形态是有限的,无法赋予粒子一些特定的形状,使用"图形实例"属性就可以很好地解决这一问题。"图形实例"属性位于"粒子视图"窗口中,如图9-113所示。

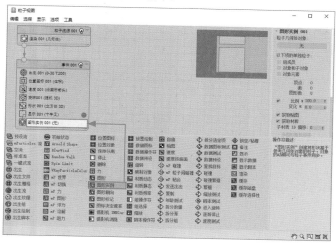

图9-113

♛重点

案例训练:花瓣飞舞动画

案例文件	案例文件>CH09>案例训练:花瓣飞舞动画
技术掌握	粒子流源
难易程度	★★★☆☆

本案例为发射的粒子添加位置对象并指定材质,案例效果如图9-114所示。

图9-114

01 打开本书学习资源"案例文件>CH09>案例训练:花瓣飞舞动画"文件夹中的"练习.max"文件,如图9-115所示。

02 使用"粒子流源"工具 粒子流源 在花瓶边创建一个发射器,如图9-116所示。

图9-115   图9-116

03 在"粒子视图"窗口中选中"出生001"属性,然后设置"发射开始"为-20,"发射停止"为100,"数量"为200,如图9-117所示。

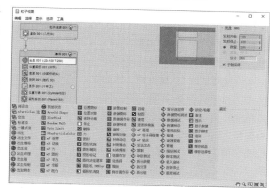

图9-117

04 选中"速度001"属性,设置"速度"为30cm,"变化"为10cm,如图9-118所示。此时发射器效果如图9-119所示。

图9-118

图9-119

05 本案例要让花束成为发射粒子的发射器，就需要将设置好的发射器与其关联。在"粒子视图"窗口中选择"位置对象"属性并添加在"显示001"属性后，然后单击"添加"按钮 添加，选择视口中的花束模型，将其添加到"发射器对象"中，如图9-120所示。此时摄影机视图中的效果如图9-121所示。

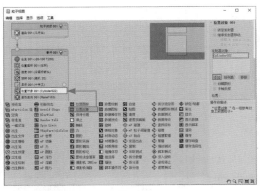

图9-120

图9-121

06 花束喷射的粒子是默认的形态，需要将其替换为桌面上散落的花瓣模型。在"粒子视图"窗口中，选择"图形实例"属性并添加在"位置对象001"属性后，然后单击"粒子几何体对象"下方的按钮 无，并选择桌面上散落的花瓣模型，如图9-122所示。在摄影机视图渲染场景，效果如图9-123所示。

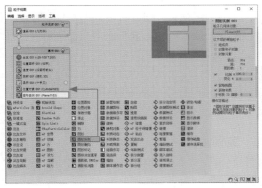

图9-122

图9-123

> ② 疑难问答：为何不能渲染出喷射花瓣的效果？
>
> 　　有些读者会疑惑为何按照上面的方法不能渲染出喷射花瓣的效果。当在"粒子视图"窗口中添加"图形实例"属性后，就需要将默认的"形状001"属性删除，否则粒子只会显示"形状001"中设定的形态，而不能显示"图形实例"中设定的形态。

07 若读者不满意花瓣的材质，可以替换花瓣的材质。在"粒子视图"窗口中选择"材质静态"属性并添加在"图形实例001"属性后，然后将在材质编辑器中选好的材质球拖曳到"指定材质"下方的通道中即可，如图9-124所示。

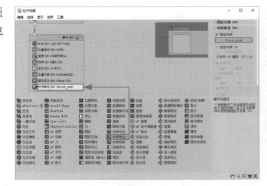

图9-124

08 移动时间滑块，任意选中几帧进行渲染，效果如图9-125所示。

图9-125

9.4 粒子的多种轨迹

本节将讲解改变粒子轨迹的方法，包括添加力场或添加导向板。

♛重点
9.4.1 改变粒子的运动轨迹

9.2.1小节中讲过，默认状态下粒子是沿直线进行运动的，如果想改变粒子的运动轨迹，就需要为其增加力场。例如，使用"空间扭曲"的"力"中的"漩涡"工具 旋涡 可以为粒子添加旋转的力场。

力场与粒子之间需要通过"力"属性进行关联，否则添加的力场无法影响粒子的运动轨迹，如图9-126所示。

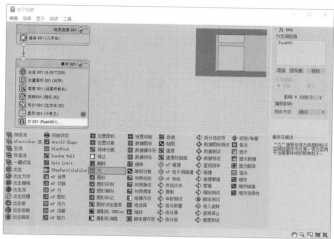

图9-126

♛重点
✍案例训练：书页飘落动画

案例文件	案例文件>CH09>案例训练：书页飘落动画
技术掌握	粒子流源；重力
难易程度	★★★☆☆

本案例为粒子添加"重力"力场，案例效果如图9-127所示。

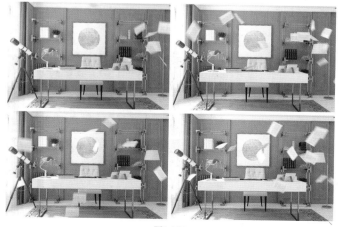

图9-127

01 打开本书学习资源"案例文件>CH09>案例训练：书页飘落动画"文件夹中的"练习.max"文件，如图9-128所示。

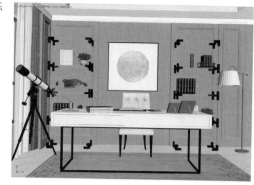

图9-128

02 使用"粒子流源"工具 粒子流源 在画面右侧创建一个发射器，位置如图9-129所示。

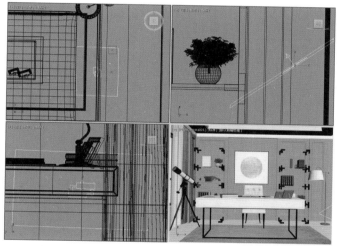

图9-129

03 打开"粒子视图"窗口，删除原有的"形状001"属性，然后添加"图形实例"属性，接着单击"粒子几何体对象"下的按钮 无 ，选择书桌上单独的书页模型，如图9-130所示。

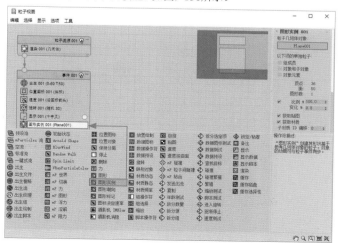

图9-130

04 选择"出生001"属性，设置"发射停止"为60，"数量"为50，如图9-131所示。

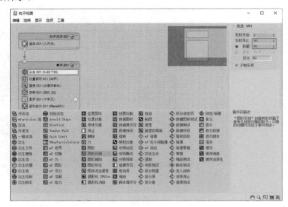

图9-131

05 选中"速度001"属性，设置"速度"为300mm，"变化"为100mm，"散度"为15，如图9-132所示。

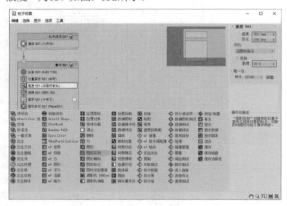

图9-132

---

① **技巧提示**

单击"种子"右侧的"新建"按钮 新建，系统会生成随机的粒子分布效果。

---

06 此时拖曳时间滑块会观察到粒子向斜上方直线运动，然而现实中的书页会受到重力影响最终向下飘落。使用"重力"工具 重力 在场景任意位置绘制重力图标，如图9-133所示。

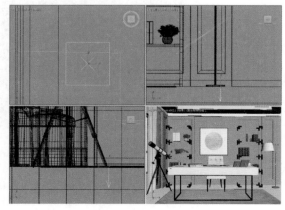

图9-133

07 在"粒子视图"窗口中添加"力"属性到"图形实例001"属性下方，然后单击"添加"按钮 添加，选中视口中的重力图标，如图9-134所示。

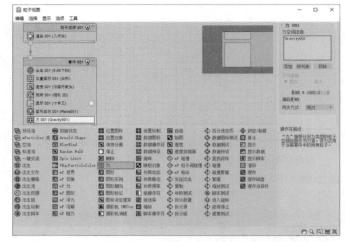

图9-134

08 在视口中选中重力图标，然后设置"强度"为0.5，如图9-135所示。

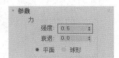

图9-135

09 移动时间滑块，选择几帧进行渲染，效果如图9-136所示。

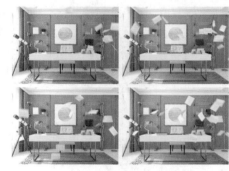

图9-136

🔓 **学后训练：粒子光效动画**

案例文件	案例文件>CH09>学后训练：粒子光效动画
技术掌握	粒子流源；漩涡
难易程度	★★★☆☆

本案例为粒子添加"漩涡"力场，案例效果如图9-137所示。

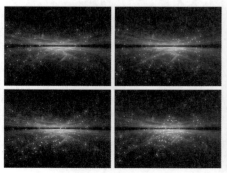

图9-137

9.4.2 粒子的反弹

在9.2.2小节中讲过，导向器可以为粒子系统提供导向功能，形成反弹效果，配合"碰撞"属性可以形成粒子停止、消失等效果。

案例训练：螺旋粒子动画

案例文件	案例文件>CH09>案例训练：螺旋粒子动画
技术掌握	粒子流源；导向球
难易程度	★★★☆☆

本案例为粒子添加导向球，从而形成随机的运动轨迹，案例效果如图9-138所示。

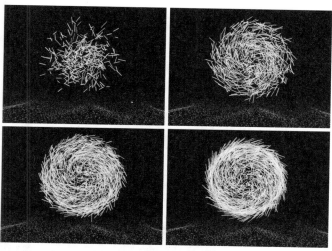

图9-138

01 使用"粒子流源"工具 粒子流源 在视口中创建一个发射器，如图9-139所示。

图9-139

> ① 技巧提示
>
> 发射器的位置和大小没有限制。

02 默认的粒子发射方向为图标箭头所指的方向，打开"粒子视图"窗口，选中"速度001"属性，然后设置"速度"为300mm，"变化"为50mm，接着设置"方向"为"随机3D"，如图9-140所示。此时移动时间滑块，可以看到粒子以发射器图标为中心向任意方向散射，如图9-141所示。

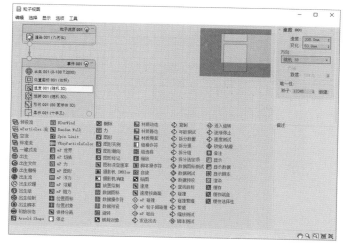

图9-140

图9-141

03 使用"导向球"工具 导向球 在发射器图标周围创建一个球体，如图9-142所示。导向球的大小没有硬性规定，读者可创建任意大小的导向球。

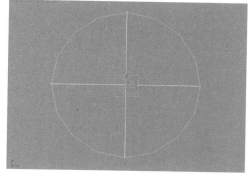

图9-142

04 在"粒子视图"窗口中选择"碰撞"属性，并添加到"显示001"属性下方，然后单击"添加"按钮 添加 选择创建好的导向球，并设置"速度"为"反弹"，如图9-143所示。

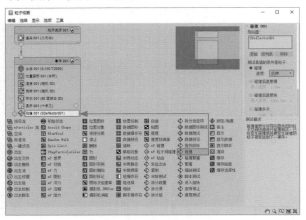

图9-143

① 技巧提示

除了"反弹"，还有"随机""继续""停止"3种速度类型，读者可以逐一探索它们之间的不同。

05 移动时间滑块，可以看到发射的粒子在导向球内无规律地运动，如图9-144所示。

06 使用"漩涡"工具 漩涡 在导向球中心位置创建一个漩涡图标，如图9-145所示。

图9-144

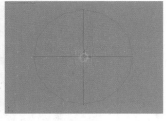

图9-145

07 在"粒子视图"窗口中添加"力"属性，然后单击"添加"按钮 添加，并选择上一步中创建的漩涡图标，如图9-146所示。

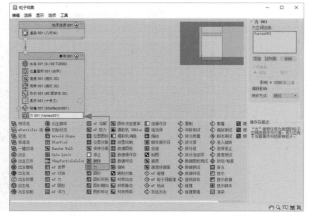

图9-146

08 在材质编辑器中创建一个VRay灯光材质，设置材质的自发光效果，如图9-147所示。

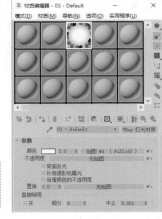

① 技巧提示

材质的设置较为简单，这里不详述。

图9-147

09 添加"材质静态"属性，并关联材质编辑器中的材质，如图9-148所示。

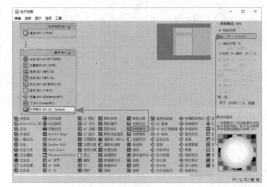

图9-148

10 移动时间滑块，选择合适的4帧进行渲染，效果如图9-149所示。

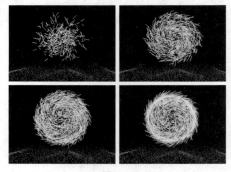

图9-149

◎ 知识课堂：创建形态不规则的导向器

"导向板"和"导向球"工具可以创建出平面和球体这两种形态的导向器，对于大多数场景，这两种形态的导向器即可实现预想的效果，但一些特殊的场景则需要形态不规则的导向器。

"全导向器"工具可以拾取场景中任意形态的几何体，从而创建出任意形态的导向器。使用"全导向器"工具在场景中创建一个导向器图标，然后在"修改"面板中单击"拾取对象"按钮，如图9-150所示，即可在场景中拾取需要作为导向器的几何体。

图9-150

9.5 综合训练营

下面通过两个综合训练将本章所学的内容应用到实际工作中。

☐ 重点

▧ 综合训练：茶壶倒水

案例文件	案例文件>CH09>综合训练：茶壶倒水
技术掌握	粒子流源；重力；导向板
难易程度	★★★★☆

本案例中茶壶的水是用粒子流源进行模拟的，案例效果如图9-151所示。

图9-151

01 打开本书学习资源"案例文件>CH09>综合训练：茶壶倒水"文件夹中的"练习.max"文件，如图9-152所示。

02 使用"粒子流源"工具 在壶嘴处创建一个圆形的发射器，其大小与壶嘴差不多即可，如图9-153所示。

图9-152　　　　　　　　图9-153

03 移动时间滑块，发现粒子朝左上方直线移动，并没有落入下面的杯子中。使用"重力"工具 重力 在场景中创建一个重力图标，方向向下，如图9-154所示。

① 技巧提示

　　重力图标的位置没有强制规定，可随意放置。

图9-154

04 打开"粒子视图"窗口，选中"出生001"属性，设置"发射停止"为100，"数量"为200，如图9-155所示。

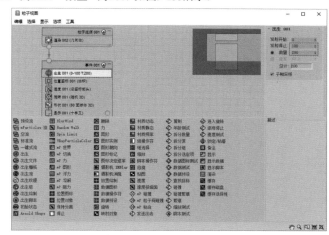

图9-155

05 选中"速度001"属性，设置"速度"为20cm，如图9-156所示。

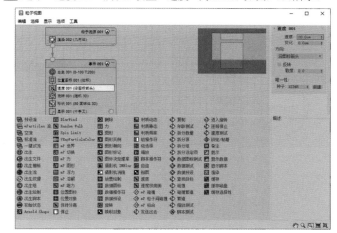

图9-156

06 选中"形状001"属性，设置3D为"80面球体"，"大小"为0.5cm，"变化%"为10，如图9-157所示。

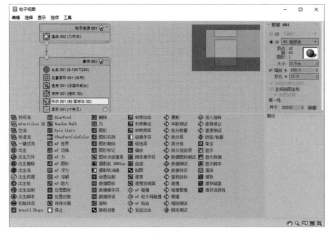

图9-157

07 添加"力"属性，然后链接创建的重力，如图9-158所示。

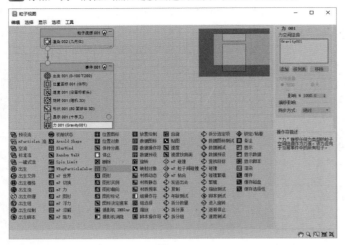

图9-158

08 移动时间滑块，发现粒子会穿过杯子一直向下运动，如图9-159所示。

09 使用"导向板"工具 导向板 在杯子底部创建一个导向板，如图9-160所示。

图9-159　　　　　　　图9-160

> ⚠ **技巧提示**
>
> 导向板的高度要与杯子底部的高度一致。

10 在"粒子视图"窗口中添加"碰撞"属性，然后链接上一步创建的导向板，并设置"速度"为"停止"，如图9-161所示，这样发射的粒子就会积攒在杯子底部。

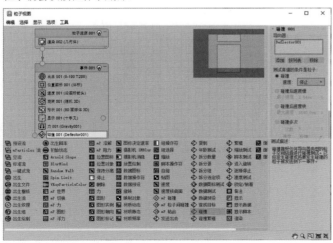

图9-161

11 在摄影机视图渲染场景，效果如图9-162所示。

12 此时粒子的形态与水差异较大，勾选摄影机的"启用运动模糊"选项，效果如图9-163所示，此时粒子形态接近于水。

图9-162　　　　　　　图9-163

13 在"粒子视图"窗口中添加"材质静态"属性，然后链接材质编辑器中的"水"材质，如图9-164所示。

图9-164

14 在摄影机视图渲染场景，效果如图9-165所示。

图9-165

👑 **重点**

综合训练：喷泉

案例文件	案例文件>CH09>综合训练：喷泉
技术掌握	超级喷射；重力；导向板
难易程度	★★★★☆

本案例用超级喷射模拟喷泉，案例效果如图9-166所示。

图9-166

01 打开本书学习资源"案例文件>CH09>综合训练：喷泉"文件夹中的"练习.max"文件，如图9-167所示。

图9-167

02 使用"超级喷射"工具 超级喷射 在假山上创建一个发射器，位置如图9-168所示。

图9-168

03 切换到"修改"面板，然后在"基本参数"卷展栏中设置"轴偏离"的"扩散"为15度，"平面偏离"的"扩散"为180度，如图9-169所示。

04 在"粒子类型"卷展栏中设置"粒子类型"为"标准粒子"，"标准粒子"为"球体"，如图9-170所示。

图9-169　　　　　　　图9-170

05 在"粒子生成"卷展栏中设置"使用速率"为800，"速度"为25mm，然后设置"发射停止""显示时限""寿命"都为100，接着设置"大小"为2.5mm，"变化"为30％，如图9-171所示。生成粒子的效果如图9-172所示。

图9-171　　　　　　　图9-172

06 要让喷泉的水朝下落，需要添加"重力"力场。使用"重力"工具 重力 在场景中创建一个"重力"力场，然后使用"绑定到空间扭曲"工具 将重力与发射器进行绑定，如图9-173所示。

图9-173

> ① 技巧提示
>
> 　如果想让喷泉喷得更高，可以适当减小重力的数值。

07 移动时间滑块，落下的粒子会穿过假山，需要使用导向板做出反弹的效果。使用"导向板"工具 导向板 在假山上创建导向板，位置如图9-174所示。

图9-174

08 选中导向板，然后切换到"修改"面板，接着设置"反弹"为0.1，如图9-175所示，再将导向板与发射器进行链接。

图9-175

09 移动时间滑块，可以看到下落的粒子碰到导向板会产生轻微的反弹效果，如图9-176所示。

图9-176

10 将"水"材质赋予发射器，然后调整摄影机位置并渲染场景，效果如图9-177所示。

图9-177

◎ **知识课堂：专业流体软件RealFlow**

RealFlow是一款由西班牙Next Limit公司出品的流体动力学模拟软件，如图9-178所示能模拟真实世界的流体效果，除此以外，还可以模拟动力学效果。

图9-178

RealFlow会根据粒子模拟的情况生成网格模型，从而避免了粒子之间存在空隙的问题。大多数的流体效果都是通过RealFlow进行制作，不仅模拟速度快、效果好，软件性能还很稳定，可以与很多三维软件进行连接，实现相互之间的模型调用，如图9-179所示。RealFlow连接三维软件时，需要在官网下载相应的连接插件，这样就可以将制作好的流体网格文件导入三维软件中赋予材质并进行渲染。

图9-179

如今，RealFlow在广告、片头动画、游戏、影视流体设计中被广泛地应用，常用于表现自然波动的水面，如湖泊、水池、海洋等，还能产生海水拍岸溅起浪花的效果。

3 MAX

3ds Max 2024

技巧提示

疑难问答

知识课堂

知识链接

第10章

动画技术

🎬 基础视频：18集　　📹 案例视频：15集　　🕐 视频时长：163分钟

动画技术是3ds Max的重要技术之一，三维领域会设立专业的动画师岗位。在动画的商业应用领域中，建筑动画和角色动画是两个重要的门类，前者较为简单，后者更加复杂。无论哪种类型的动画，都是建立在各种基础动画技术之上的，希望读者能耐心学习。

学习重点 🔍

学完本章能做什么

本章讲解各种动画的制作方法，其中动力学动画能模拟真实世界中的运动效果，动画制作工具则能模拟各种动画效果。在实际工作中，角色动画和建筑动画使用较频繁。

10.1 动力学动画

3ds Max中的动力学系统可以快速制作出物体与物体之间真实的物理作用效果，是制作动画必不可少的一部分。动力学可用于定义物理属性和外力，当对象遵循物理定律相互作用时，可以让场景自动生成动画关键帧，如图10-1所示。

动力学刚体	运动学刚体	静态刚体	mCloth
模拟对象之间的可碰撞效果	运动对象产生的碰撞效果	与刚体对象产生碰撞的对象	模拟布料动力学

图10-1

👑 重点

10.1.1 MassFX工具栏

默认的主工具栏中并没有MassFX工具栏的图标，在主工具栏的空白处单击鼠标右键，然后在弹出的菜单中勾选"MassFX工具栏"命令，如图10-2所示，就可以调出MassFX工具栏，如图10-3所示。

图10-2　　　　　　图10-3

> ⚠️ 技巧提示
>
> 为了方便操作，可以将MassFX工具栏拖曳到操作界面主工具栏下方，使其停靠于此，如图10-4所示。另外，在MassFX工具栏上单击鼠标右键，然后在弹出的菜单中选择"停靠"子菜单中的命令，可以将其停靠在操作界面的其他位置，如图10-5所示。

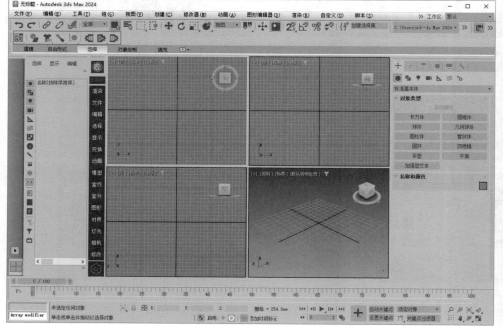

图10-4

图10-5

MassFX工具栏中有8个按钮。单击第1个"MassFX工具"按钮 会弹出"MassFX工具"面板，如图10-6所示。在面板中可以详细设置动力学的各种参数。

长按"刚体"按钮 会弹出下拉菜单，在菜单中可以设置对象的"刚体"类型，如图10-7所示。动力学刚体不需要提前设置关键帧控制运动效果，例如从静止到下落的小球。运动学刚体则需要提前设置关键帧控制运动轨迹，例如滚动的小球。静态刚体是与刚体对象产生碰撞的对象，如果没有静态刚体，动力学对象会一直运动不会停止。

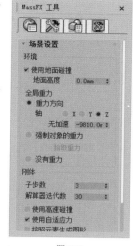

图10-6

> ① 技巧提示
> 由于操作界面设计的问题，下拉菜单中的文字内容显示不全。

长按mCloth按钮 会弹出下拉菜单，在菜单中可以设置对象的mCloth类型，如图10-8所示。mCloth是通过动力学计算的布料效果，操作简便，易于使用。

图10-7

图10-8

长按"约束"按钮 会弹出下拉菜单，在菜单中可以设置对象的"约束"类型，如图10-9所示。约束会限制动力学对象间的运动，以实现一些特定的动画效果。

图10-9

长按"碎布玩偶"按钮 会弹出下拉菜单，在菜单中可以设置对象的"碎布玩偶"类型，如图10-10所示。碎布玩偶是制作布偶类对象的动力学效果，例如随意散落的布娃娃。

图10-10

当动力学参数设置好后，需要在视口中观察动画效果，这时就需要单击"开始模拟"按钮 。单击该按钮后系统会开始模拟设定的动力学效果，形成动画，直到时间结束。当模拟的效果不理想时，单击"重置模拟"按钮 就可以退回原始状态，方便用户修改参数。如果想逐帧观察模拟效果，单击"逐帧模拟"按钮 即可。

10.1.2 "MassFX工具"面板

在MassFX工具栏中单击"MassFX工具"按钮 可以打开"MassFX工具"面板。面板中有"世界参数""模拟工具""多对象编辑器""显示选项"4个选项卡，如图10-11所示。

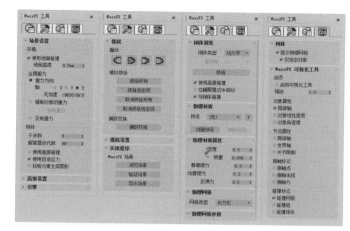

图10-11

使用地面碰撞 如果勾选了该选项，系统会将栅格所在的平面看作一个无限大的静态刚体，动力学对象可以直接与栅格所在的平面发生碰撞，不需要额外设置静态刚体对象，如图10-12所示。如果不勾选该选项，系统会将设置为静态刚体的对象作为碰撞体，该对象可以在任何高度，如图10-13所示。

图10-12

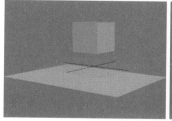
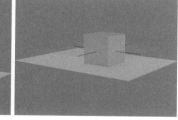

图10-13

重力方向 场景中的重力方向默认是z轴的负方向，根据制作的需求也可以改变为x轴或y轴。

强制对象的重力 如果在场景中创建了单独的"重力"力场，就可以选择"强制对象的重力"选项，然后拾取场景中创建的"重力"力场。

烘焙所有 当场景中的动力学动画都模拟完成后，单击该按钮就可以将模拟的动力学动画转换为关键帧动画。

取消烘焙所有 如果要撤销烘焙的动画，就需要单击"取消烘焙所有"按钮。

密度/质量 控制动力学对象的质量，不同的质量会产生不同的动画效果。

静摩擦力 控制动力学对象开始运动时产生的摩擦力，这个力太大的话，有可能无法产生运动效果。

动摩擦力 控制运动时动力学对象的摩擦力，摩擦力越大，滑动的对象就会越快停止。

反弹力 控制碰撞对象间的反弹效果，数值越大反弹的效果也越明显。

---

⑦ 疑难问答：无法打开"MassFX工具"面板怎么办？

在某些情况下，单击"MassFX工具"按钮 会打不开"MassFX工具"面板，且脚本窗口中弹出一些脚本代码，如图10-14所示。这种情况代表软件中的动力学插件无法正常使用，需要重新安装软件或用其他版本的软件进行动力学模拟。

图10-14

3ds Max 2024卸载后可能会在系统中遗留一些文件导致无法重装。如果想重装就需要彻底删除遗留在系统中的文件，或者重装系统。如果读者需要使用动力学组件，有以下3种办法可以解决。

第1种 可以选择安装其他低版本的3ds Max软件，将制作完成的动画导入3ds Max 2024中继续制作。

第2种 如果读者掌握了Cinema 4D软件，则可以在该软件中模拟动力学动画，其动力学组件的便利性和稳定性都要优于3ds Max。

第3种 RealFlow除了能模拟粒子动画，还可以模拟动力学动画，安装对应的版本就可以在3ds Max中使用。

👑重点

10.1.3 动力学刚体

使用"将选定项设置为动力学刚体"工具 可以将未实例化的"MassFX Rigid Body"（MassFX刚体）修改器应用到每个选定对象上，并将"刚体类型"设置为"动力学"，然后为每个对象创建一个"凸面"物理网格，如图10-15所示。如果选定对象已经具有"MassFX刚体"修改器，则现有修改器的"刚体类型"将更改为"动力学"，而不重新应用。

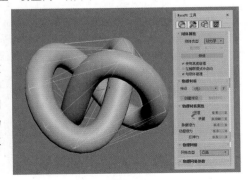

图10-15

"MassFX刚体"修改器的参数分为6个卷展栏，分别是"刚体属性""物理材质""物理图形""物理网格参数""力""高级"卷展栏，如图10-16所示。

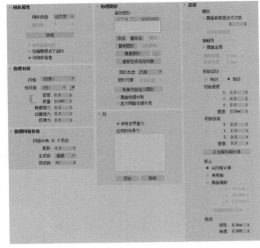

图10-16

刚体类型 包含"动力学""运动学""静态"3种类型，这3种类型的刚体对象可以相互切换，如图10-17所示。

直到帧 当"刚体类型"为"运动学"时，激活"直到帧"选项。这个参数代表从第几帧开始产生动力学碰撞效果，如图10-18所示。

图10-17   图10-18

---

① 技巧提示

其他参数与"MassFX工具"面板中的相同，这里不赘述。

👑重点

10.1.4 运动学刚体

使用"将选定项设置为运动学刚体"工具 可以将未实例化的"MassFX刚体"修改器应用到每个选定对象上，并将"刚体类型"设置为"运动学"，然后为每个对象创建一个"凸面"物理网格，如图10-19所示。

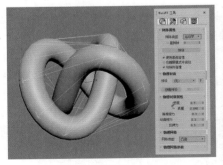

图10-19

---

① 技巧提示

"将选定项设置为运动学刚体"工具的参数与"将选定项设置为动力学刚体"工具相同，这里不再赘述。

10.1.5 静态刚体

使用"将选定项设置为静态刚体"工具 可以将未实例化的"MassFX刚体"修改器应用到每个选定对象上,并将"刚体类型"设置为"静态",然后为每个对象创建一个"凸面"物理网格,如图10-20所示。

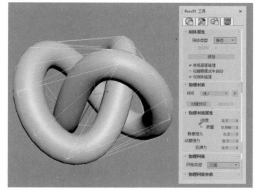

图10-20

> ① 技巧提示
>
> "将选定项设置为静态刚体"工具的参数与"将选定项设置为动力学刚体"工具相同,这里不再赘述。

10.1.6 mCloth对象

使用"将选定对象设置为mCloth对象"工具 可以将mCloth修改器应用到选定的对象上,从而模拟布料的动力学效果,参数如图10-21所示。

图10-21

mCloth的使用方法与动力学刚体类似。将对象转换为mCloth对象后,单击"开始模拟"按钮 ,就可以模拟布料的动力学效果,如图10-22所示。

图10-22

"纺织品物理特性"卷展栏中的参数可以设置布料的一些属性,让布料的效果更加接近理想的效果。

密度 设置布料的密度,密度越大,布料的质量也就越大。

延展性 控制布料的拉伸性,不同数值的对比效果如图10-23所示。

图10-23

弯曲度 控制布料的弯曲程度,不同数值的对比效果如图10-24所示。

图10-24

案例训练:沙发毯

案例文件	案例文件>CH10>案例训练:沙发毯
技术掌握	mCloth对象;静态刚体
难易程度	★★★☆☆

本案例用mCloth模拟一块自然搭在沙发凳上的毯子,案例效果如图10-25所示。

图10-25

01 打开本书学习资源"案例文件>CH10>案例训练:沙发毯"文件夹中的"练习.max"文件,如图10-26所示。场景中已经用"平面"工具制作了毯子模型。

图10-26

02 选中毯子模型，然后在MassFX工具栏中选择"将选定对象设置为mCloth对象"选项，如图10-27所示。

图10-27

03 选中沙发凳模型，将其转换为静态刚体，如图10-28所示。

图10-28

04 单击"开始模拟"按钮▶模拟动力学效果，可以看到毯子滑落在沙发凳上，如图10-29所示。

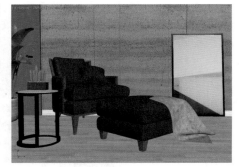

图10-29

05 在"MassFX工具"面板中单击"烘焙所有"按钮 烘焙所有 烘焙动画关键帧，然后选择效果较好的一帧进行渲染，案例最终效果如图10-30所示。

图10-30

> ② **疑难问答：为何渲染的图片不清晰？**
>
> 当选中的模型是成组的模型时，无法直接将其转换为刚体。如果需要将选中的成组模型转换为刚体，就要将成组的模型解组，然后将单个模型统一塌陷为一个整体模型，接着转换为刚体。

学后训练：台布

案例文件	案例文件>CH10>学后训练：台布
技术掌握	mCloth对象；静态刚体
难易程度	★★★☆☆

本案例的台布是由mCloth制作的，案例效果如图10-31所示。

图10-31

10.2 动画制作工具

本节将讲解动画制作的常用工具，包括关键帧工具、曲线编辑器和时间配置，如图10-32所示。

动画制作工具

⌄

关键帧工具	曲线编辑器	时间配置
制作动画必备	调整动画速度	调节动画时间

图10-32

👑**重点**

10.2.1 关键帧工具

3ds Max的操作界面的右下角是一些设置动画关键帧的相关工具，如图10-33所示。

图10-33

设置关键点 ➕ 单击该按钮（或按K键）可以记录对象在当前帧的属性。

自动关键点 关键帧工具中常用的工具。单击该按钮（或按N键）就可以激活动画记录状态，视口的周围和时间轴上呈现红色，如图10-34所示。在该状态下，物体的模型、材质、灯光和渲染都将被记录为不同属性的动画。

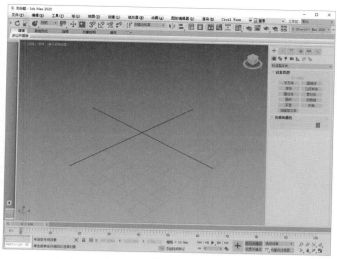

图10-34

关键点过滤器 单击该按钮会打开"设置关键点过滤器"对话框，如图10-35所示。在对话框中可以设置哪些属性需要添加关键帧。如果要对对象的参数建立关键帧，就需要勾选"对象参数"选项。

图10-35

👁 **知识课堂：设置关键帧的常用方法**

设置关键帧的常用方法有以下两种。

第1种 使用"自动关键点"工具 自动关键点 进行设置。当开启"自动关键点"功能后，就可以通过定位当前帧记录动画。图10-36展示了一个球体模型，当前时间滑块处于第0帧。将时间滑块拖曳到第10帧，然后调整球体模型的位置，这时系统会在第0帧和第10帧自动记录下动画信息，如图10-37所示。此时单击"播放动画"按钮▶或拖曳时间滑块就可以看到球体模型的位移动画。

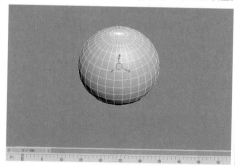

图10-36

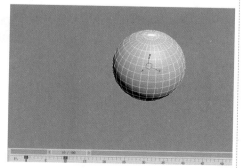

图10-37

第2种 手动设置关键点。单击"设置关键点"按钮 设置关键点 开启"设置关键点"功能，然后将时间滑块拖曳到第20帧，调整球体模型的位置，单击"设置关键点"按钮➕即可，如图10-38所示。

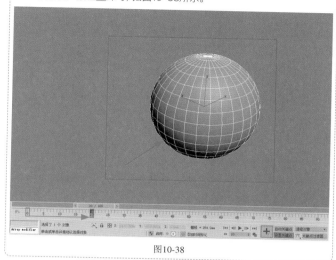

图10-38

👑 重点

10.2.2 曲线编辑器

曲线编辑器是制作动画时经常使用的一个编辑器。使用曲线编辑器可以快速地调节曲线，控制物体的运动状态。单击主工具栏中的"曲线编辑器"按钮，打开曲线编辑器，如图10-39所示。

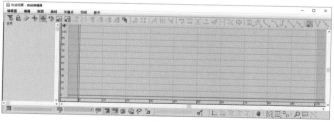

图10-39

移动关键点➕ 可以在曲线上任意移动关键点的位置，同时也会影响视口中对象的动画效果。

添加/移除关键点➕ 可以快速在曲线上创建关键点，按住Shift键单击关键点则会将其移除。

将切线设置为线性╲ 如果想将曲线快速转换为切线，单击该按钮即可，如图10-40所示。

图10-40

将切线设置为自动 如果想将切线转换为曲线，就需要单击该按钮。

参数曲线超出范围类型 一些循环动画需要将设置的动画曲线在范围外继续生成，这时就需要单击该按钮，在弹出的对话框中可以选择超出范围的显示类型，如图10-41所示。

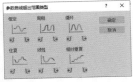
图10-41

框显值范围选定关键点 当设置完动画打开曲线编辑器时，很难快速找到所有的动画曲线，单击该按钮就可以快速显示编辑器中的所有曲线。

◎ 知识课堂：动画曲线与速度的关系

曲线编辑器中横轴代表时间轴，纵轴代表距离，因此生成的动画曲线的斜率就代表物体运动的速度，常见的动画曲线有3种类型。

第1种 斜率一致的直线，代表匀速运动，如图10-42所示。

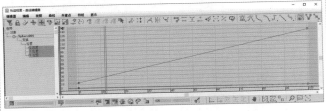
图10-42

第2种 斜率由小到大，代表加速运动，如图10-43所示。

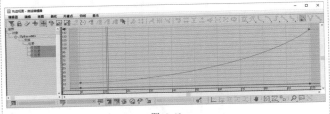
图10-43

第3种 斜率由大到小，代表减速运动，如图10-44所示。

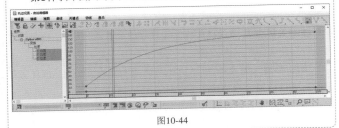
图10-44

♛ 重点

🖑 **案例训练：钟表动画**

案例文件	案例文件>CH10>案例训练：钟表动画
技术掌握	自动关键点；旋转动画
难易程度	★★★☆☆

本案例用"自动关键点"工具 制作钟表的时针和分针动画，案例效果如图10-45所示。

图10-45

01 打开本书学习资源"案例文件>CH10>案例训练：钟表动画"文件夹中的"练习.max"文件，如图10-46所示。

02 制作分针动画。选中分针模型，然后单击"自动关键点"按钮 开启"自动关键点"功能，如图10-47所示。

图10-46

图10-47

03 将时间滑块移动到第100帧，然后使用"选择并旋转"工具 将分针模型旋转3600°，如图10-48所示。

04 制作时针动画。选中时针模型，然后将时间滑块移动到第100帧，使用"选择并旋转"工具 将时针模型沿y轴旋转300°，如图10-49所示。

图10-48

图10-49

ⓘ 技巧提示

分针转3600°相当于过了10个小时，时针一个小时转30°，10个小时就转300°。

05 关闭"自动关键点"功能，移动时间滑块会发现模型缓慢开始运动，再缓慢停止，并不是匀速运动，这不符合现实生活中的钟表转动效果。打开曲线编辑器，选中两个动画曲线，如图10-50所示。

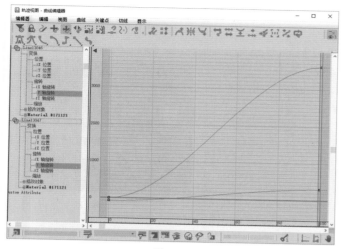

图10-50

06 选中两个曲线的关键点，然后单击"将切线设置为线性"按钮 ，将曲线变成直线，如图10-51所示。

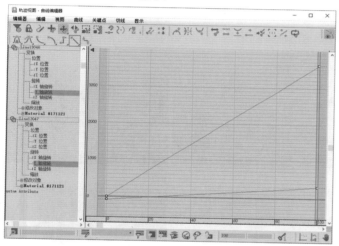

图10-51

07 再次播放动画会观察到模型呈匀速运动。任意选择4帧进行渲染，效果如图10-52所示。

图10-52

案例训练：灯光动画

案例文件	案例文件>CH10>案例训练：灯光动画
技术掌握	自动关键点；参数动画
难易程度	★★★☆☆

本案例用"自动关键点"工具 自动关键点 制作灯光变换的动画，案例效果如图10-53所示。

图10-53

01 打开本书学习资源"案例文件>CH10>案例训练：灯光动画"文件夹中的"练习.max"文件，如图10-54所示。场景中已经创建了灯光。

图10-54

02 选中画面右侧的"VRay灯光001"，然后单击"自动关键点"按钮 自动关键点 ，在第0帧设置"倍增值"为30，如图10-55所示。此时场景的渲染效果如图10-56所示。

图10-55　　　　图10-56

有些读者在为灯光属性添加关键帧时，会发现单击"自动关键点"按钮 自动关键点 后无法添加关键帧。遇到这种情况，需要单击"关键点过滤器"按钮 关键点过滤器 ，此时"设置关键点过滤器"对话框中只有部分属性被勾选，如图10-57所示。默认勾选的属性可以添加动画关键帧。

在对话框中勾选"全部"选项后，对话框中所有的选项都会被勾选，如图10-58所示。这样就可以为灯光属性添加动画关键帧了。

图10-57

图10-58

03 将时间滑块移动到第10帧，然后设置"倍增值"为0，如图10-59所示。

04 选中场景右侧的"VRay灯光003"，然后在第0帧设置"倍增值"为0，如图10-60所示。

图10-59

图10-60

05 将时间滑块移动第10帧，然后设置"倍增值"为30，如图10-61所示。此时渲染效果如图10-62所示。

图10-61

图10-62

06 选中马灯模型中的"VRay灯光002"，然后在第0帧和第8帧设置"倍增值"为0，如图10-63所示。

图10-63

07 将时间滑块移动到第11帧，设置"倍增值"为80，如图10-64所示。此时渲染效果如图10-65所示。

图10-64

图10-65

08 继续移动时间滑块到第15帧，设置"倍增值"为150，如图10-66所示，然后关闭"自动关键点"功能。此时渲染效果如图10-67所示。

图10-66

图10-67

🔒 **学后训练：飞舞的蝴蝶**

案例文件	案例文件>CH10>学后训练：飞舞的蝴蝶
技术掌握	自动关键点；位移动画；旋转动画
难易程度	★★☆☆☆

本案例用"自动关键点"工具 自动关键点 制作蝴蝶飞舞动画，案例效果如图10-68所示。

图10-68

10.2.3 时间配置

单击"时间配置"按钮 🕒 会弹出"时间配置"对话框，如图10-69所示。在"时间配置"对话框中可以设置动画播放的帧速率、时间显示方式、播放速度和时间长短。

图10-69

帧速率 默认NTSC制式的帧率约为每秒30帧,而在日常制作中一般使用帧率为每秒25帧的PAL制式。如果选择"自定义"选项,则能随意设置帧率。

动画 默认的时间轴长度为0帧~100帧,如果需要延长或缩短时间轴长度,就需要调整"开始时间"和"结束时间"的数值。例如,设置"开始时间"为0,"结束时间"为50,就会观察到时间轴末端为50帧,如图10-70所示。

图10-70

10.3 约束

在"动画">"约束"子菜单中罗列了系统自带的约束工具,可以进行多种类型的物体约束,如图10-71所示。下面讲解"路径约束"和"注视约束"两种常用的约束。

图10-71

⭐ 重点

10.3.1 路径约束

"路径约束"可以使一个对象沿着样条线进行移动,其参数如图10-72所示。

添加路径 使用"路径约束"时场景中一定要有绘制的样条路径,单击该按钮就可以将样条路径与路径约束进行关联。添加的样条路径会显示在下方的输入框中,如图10-73所示。

图10-72

图10-73

删除路径 如果要删除路径,就单击"删除路径"按钮。

%沿路径 对象在路径上的位置通过"%沿路径"的数值进行控制,不同数值的对比效果如图10-74所示。

图10-74

跟随 勾选该选项后,对象会沿着路径的方向进行运动,勾选前后的对比效果如图10-75所示。

图10-75

轴 可以选择对象的轴与路径间的对齐效果,如图10-76所示。

图10-76

⭐ 重点

👆 案例训练:行车轨迹

案例文件	案例文件>CH10>案例训练:行车轨迹
技术掌握	路径约束
难易程度	★★★☆☆

本案例用路径约束制作小汽车的行车轨迹动画,案例效果如图10-77所示。

图10-77

01 打开本书学习资源"案例文件>CH10>案例训练:行车轨迹"文件夹中的"练习.max"文件,如图10-78所示。

02 使用"线"工具沿着道路绘制一条曲线,如图10-79所示。

图10-78　　　　　　　　　图10-79

03 选中小汽车模型，执行"动画">"约束">"路径约束"命令，将其链接到绘制的曲线上，如图10-80所示。

图10-80

> ① 技巧提示
>
> 小汽车模型链接曲线后会出现轮子嵌入路面下的情况，需要调整曲线的高度，使小汽车模型与路面不产生穿模问题。

04 移动时间滑块，会发现小汽车模型只能沿一个方向移动，并没有与路面的方向一致，如图10-81所示。

图10-81

05 选中小汽车模型，在"运动"面板中勾选"跟随"选项，并设置"轴"为Y，如图10-82所示。

图10-82

06 此时观察场景中的小汽车模型，虽然运动方向正确，但模型变得很小，如图10-83所示。

图10-83

07 选中小汽车模型，将其放大到合适的大小，使其车轮与路面相接，如图10-84所示。

图10-84

08 移动时间滑块就能观察到小汽车的运动动画，然后任意选择4帧进行渲染，案例最终效果如图10-85所示。

图10-85

🔒 学后训练：气球漂浮动画

案例文件	案例文件>CH10>学后训练：气球漂浮动画
技术掌握	路径约束
难易程度	★★★☆☆

本案例用路径约束制作气球漂浮动画，案例效果如图10-86所示。

图10-86

👍 重点

10.3.2 注视约束

使用"注视约束"可以控制对象的方向，并使它一直注视另一个对象，参数如图10-87所示。

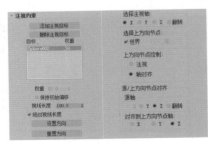

图10-87

选择注视轴 可以控制注视对象的方向，如图10-88所示。当移动目标对象时，注视对象会跟随目标对象的位置进行旋转，如图10-89所示。

图10-88

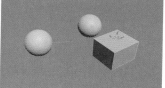

图10-89

👑 重点

✍ **案例训练：眼睛动画**

案例文件	案例文件>CH10>案例训练：眼睛动画
技术掌握	注视约束
难易程度	★★★☆☆

本案例中卡通人物的眼睛动画是用注视约束制作的，案例效果如图10-90所示。

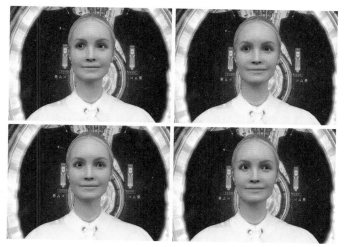

图10-90

01 打开本书学习资源"案例文件>CH10>案例训练：眼睛动画"文件夹中的"练习.max"文件，如图10-91所示。

图10-91

02 在"辅助对象"中单击"点"按钮 点 ，在人物模型的眼睛前方创建一个虚拟的点，如图10-92所示。

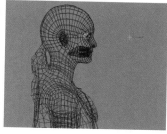

> ⓘ **技巧提示**
> 在渲染场景时，这个虚拟的点不会被渲染出来。

图10-92

03 选中创建的点，然后在"修改"面板中勾选"长方体"选项，并设置"大小"为50mm，如图10-93所示。这样可以增大虚拟点的大小，方便后续操作。

04 选中一个眼球模型，然后执行"动画">"约束">"注视约束"命令，将延伸出的虚线链接到虚拟点上，如图10-94所示。

图10-93　　　　图10-94

05 按照同样的方法链接另一个眼球模型，效果如图10-95所示。这时能明显观察到眼球模型的位置出现问题。

图10-95

06 选中眼球模型，在"运动"面板中勾选"保持初始偏移"选项，如图10-96所示。此时可以看到眼球模型呈现正确的效果，如图10-97所示。

图10-96　　　　　　图10-97

07 移动虚拟点，观察到眼球的运动情况正确无误，如图10-98所示。

图10-98

08 任意移动虚拟点，然后渲染4帧，效果如图10-99所示。

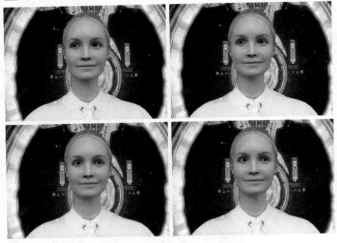

图10-99

10.4 变形器

本节将介绍制作变形动画的3个重要变形器，即"变形器"修改器、"路径变形（WSM）"修改器和"切片"修改器。

👑 重点

10.4.1 "变形器"修改器

"变形器"修改器可以用来改变网格、面片和NURBS曲线的形状，同时还支持材质变形，一般用于制作3D角色的口型动画和与其同步的面部表情动画，其参数如图10-100所示。

图10-100

在按钮上单击鼠标右键，在弹出的菜单中选择"从场景中拾取"命令，然后在场景中拾取已经变形的对象，就可以将其添加到变形通道中，如图10-101所示。

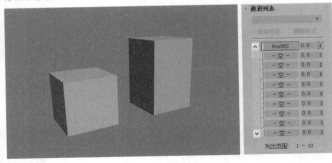

图10-101

在通道后的输入框内添加动画关键帧，就可以制作出变形动画效果，如图10-102所示。

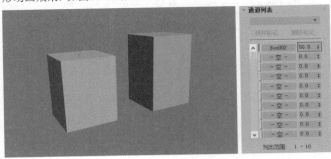

图10-102

👑 重点

🖐 案例训练：水滴变形动画

案例文件	案例文件>CH10>案例训练：水滴变形动画
技术掌握	FFD修改器；"变形器"修改器
难易程度	★★★☆☆

本案例中的水滴变形动画是用"变形器"修改器制作的，案例效果如图10-103所示。

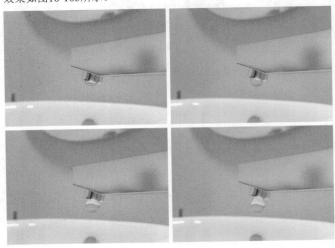

图10-103

01 打开本书学习资源"案例文件>CH10>案例训练：水滴变形动画"文件夹中的"练习.max"文件，如图10-104所示。

02 使用"球体"工具 球体 在水龙头模型下创建一个球体模型作为水滴，如图10-105所示。

图10-104

图10-105

03 将球体模型复制一个，作为变形的水滴，如图10-106所示。

> ① **技巧提示**
>
> 复制球体模型时一定不能选择"实例"复制模式，否则无法进行下面的步骤。

图10-106

04 为复制的球体模型添加FFD 4×4×4修改器，然后将复制的球体模型调整为图10-107所示的效果。

05 选中原有的球体模型，然后添加"变形器"修改器，接着在第1个通道上单击鼠标右键，在弹出的菜单中选择"从场景中拾取"命令，如图10-108所示。

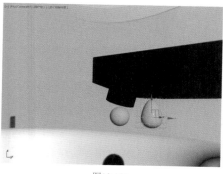

图10-107

图10-108

06 选中场景中添加了FFD 4×4×4修改器的球体，将其链接到通道中，如图10-109所示。

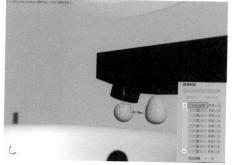

图10-109

07 单击"自动关键点" 自动关键点 按钮，然后将时间滑块移动到第50帧，在"变形器"修改器的"修改"面板中设置通道量为100，如图10-110所示。此时添加了"变形器"修改器的球体模型转换为变形的水滴，如图10-111所示。

图10-110

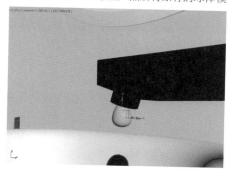

图10-111

08 隐藏添加了FFD 4×4×4修改器的球体模型，然后将原有的球体模型移动到水龙头模型下方合适的位置，如图10-112所示。

图10-112

09 为水滴模型赋予材质编辑器中的"水"材质，然后任意选择4帧进行渲染，案例最终效果如图10-113所示。

图10-113

★ 重点

10.4.2 "路径变形（WSM）"修改器

"路径变形（WSM）"修改器可以根据图形、样条线或NURBS曲线的形状来变形对象，其参数如图10-114所示。

图10-114

拾取路径 对象要进行变形时，一定要单击该按钮拾取变形路径，这样对象才能按照路径的形状进行变形，如图10-115所示。

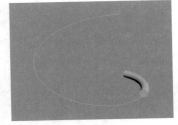

图10-115

百分比 可以让对象按照路径的百分比进行移动，不同数值的对比效果如图10-116所示。

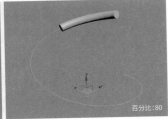

图10-116

拉伸 如果想沿着路径拉伸对象，就需要设置"拉伸"的数值，不同数值的对比效果如图10-117所示。

图10-117

转到路径 单击该按钮可以让对象移动到路径的起点。

路径变形轴 控制对象在路径上的旋转轴。

♛重点

10.4.3 "切片"修改器

"切片"修改器可以将网格模型进行部分移除，从而制作出动画效果，其参数如图10-118所示。

图10-118

平面/径向 默认情况下，模型的表面会出现橙色的横向切片平面。在下拉列表中还可以选择"径向"选项，此时切片平面的方向会变成纵向，如图10-119所示。

平面　　　径向

图10-119

> ① **技巧提示**
> 选择"平面"或"径向"选项，下方呈现的参数有所区别。

切片方向 单击 X 、 Y 或 Z 3个按钮选择不同的切片平面方向，也可以同时选择两个或3个方向，如图10-120所示。

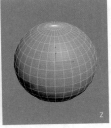

图10-120

与面对齐 设置对齐切片平面的轴向。当展开"切片"修改器选择"切片平面"时，橙色的线框会变成黄色，如图10-121所示，然后单击该按钮，选择对象的一个面，就能将切片平面的轴向与选择的面对齐，如图10-122所示。

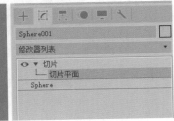

图10-121

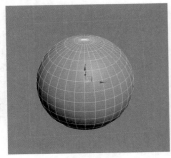

图10-122

拾取对象 单击该按钮，可以从场景中选择一个对象作为切片平面的参考。

优化网格 沿着几何体与切片平面的相交处添加新的顶点和边。平面切割的面可细分为新的面。

分割网格 沿着平面边界添加两组顶点和边，从而生成两个单独的网格（分别位于切片平面的两侧），这样可以根据需要进行不同的修改。图10-123所示是在切片平面的位置生成一条新的边，将原有的面分割为上下两部分。

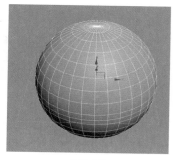

图10-123

> ① **技巧提示**
>
> 在"切片平面"中可以调整添加的分割线的位置。

移除正/移除负 按照切片平面的位置移除模型的上半部分或下半部分，如图10-124所示。

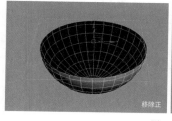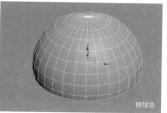

图10-124

封口 勾选后可以对模型缺口部分进行封口，使其变成封闭模型，如图10-125所示。

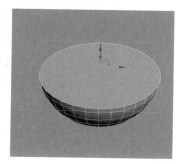

图10-125

角度1/角度2 在"径向"模式中，设置切片的最小角度和最大角度，如图10-126所示。

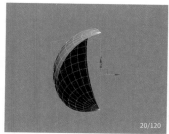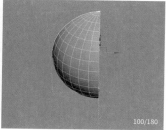

图10-126

☞ **重点**

🐾 案例训练：木桥生长动画

案例文件	案例文件>CH10>案例训练：木桥生长动画
技术掌握	"切片"修改器；可见性
难易程度	★★★☆☆

本案例中的木桥生长动画是用"切片"修改器制作的，案例效果如图10-127所示。

图10-127

01 打开本书学习资源"案例文件>CH10>案例训练：木桥生长动画"文件夹中的"练习.max"文件，如图10-128所示。案例需要为画面中的木桥制作生长动画。

图10-128

02 选中木桥模型，将其孤立显示，方便后续进行动画制作，如图10-129所示。

图10-129

03 选中木桥模型底部的外框模型，添加"切片"修改器，设置"切片方向"为Z，"切片类型"为"移除正"，如图10-130所示。

图10-130

04 在第0帧时，将切片平面移动到外框模型下方，使其完全消失，并添加关键帧，如图10-131所示。

图10-131

05 在第10帧时，移动切片平面到外框模型上方，使其完全显示，如图10-132所示。

图10-132

06 选中木桥模型中间的木板模型，添加"切片"修改器，设置"切片方向"为Y，"切片类型"为"移除正"，如图10-133所示。

图10-133

07 在第10帧时，移动切片平面到木板模型后方，使其完全消失，如图10-134所示，然后在第20帧时，移动切片平面到木板模型前方，使其完全显示，如图10-135所示。

图10-134   图10-135

08 选中两个横向的栏杆模型，添加"切片"修改器，设置"切片方向"为X，"切片类型"为"移除正"，如图10-136所示。

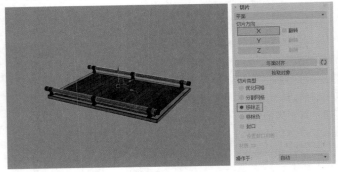

图10-136

09 在第25帧移动切片平面到栏杆模型左侧，使其完全消失，如图10-137所示，然后在第35帧时，移动切片平面到栏杆模型右侧，使其全部显示，如图10-138所示。

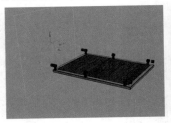

图10-137   图10-138

10 选中6个竖向的扶手支撑模型，添加"切片"修改器，设置"切片方向"为Z，"切片类型"为"移除正"，如图10-139所示。

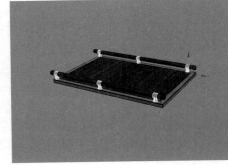
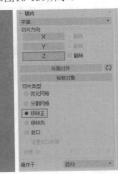

图10-139

11 在第20帧移动切片平面到扶手支撑模型下方，使其完全消失，如图10-140所示，然后在第25帧时，移动切片平面到扶手支撑模型上方，使其全部显示，如图10-141所示。

图10-140   图10-141

12 选中扶手模型两端的封口模型，在第35帧时打开"对象属性"面板，设置"可见性"为0，如图10-142所示，然后在第40帧时设置"可见性"为1，如图10-143所示。

图10-142

图10-143

13 显示所有模型，移动时间滑块，检查动画效果无误后任意选择4帧进行渲染，案例最终效果如图10-144所示。

图10-144

> ⑦ **疑难问答：如何移动已经建立好的关键帧？**
> 　在制作动画时，建立的关键帧可能位置不合适，需要根据动画节奏和顺序进行移动。选中需要移动的关键帧，然后在时间轴上直接将其拖曳到合适的位置即可，如图10-145所示。
>
>
>
> 图10-145

10.5　骨骼和蒙皮

　　骨骼是制作高级动画的基础，包括"骨骼"和"IK解算器"，Biped可以生成一套完整的骨骼模型。蒙皮则是将骨骼与模型建立联系的工具，通过蒙皮可以让骨骼控制模型的运动。

☆重点
10.5.1　骨骼

　　3ds Max中的骨骼可以理解为真实的骨骼，它作为模型的主体连接起模型的各个部分。赋予骨骼一些关键帧动画可以使模型产生动画动作，其参数如图10-146所示。

　　骨骼的参数只能调整骨骼的大小，并不能实现移除、连接、指定根骨和修改颜色等操作，这些操作只能在"骨骼工具"窗口中进行。

　　执行"动画">"骨骼工具"命令可以打开"骨骼工具"窗口，如图10-147所示。

图10-146　　　　图10-147

　　骨骼编辑模式 在场景中创建骨骼后，单击该按钮，选中需要修改的骨骼，将其拉长或缩短，这样就能将骨骼与模型进行对应，如图10-148所示。

图10-148

　　创建骨骼 若是想在原有的骨骼上继续创建新的骨骼，可以单击该按钮，新的骨骼与原骨骼相连，如图10-149所示。

图10-149

　　移除骨骼 若是不想要其中一段骨骼，单击该按钮就可以将这段骨骼移除，且不会破坏骨骼的整体性，如图10-150所示。

图10-150

删除骨骼 与"移除骨骼"不同，"删除骨骼"会将这段骨骼移除，且破坏骨骼整体性，如图10-151所示。

图10-151

连接骨骼 如果删除了两段骨骼之间的一段骨骼，选择一段骨骼，单击该按钮，然后选择另一段骨骼的末端，就能将两段骨骼连接在一起，如图10-152所示。

图10-152

重指定根 选中骨骼并单击该按钮后，就会将选中的这段骨骼变成整段骨骼的父层级，可以控制子层级中其他骨骼的方向，如图10-153所示。

图10-153

◉ 知识课堂：骨骼的父子关系

了解了骨骼工具后还需要掌握骨骼的父子关系。

骨骼的父子关系是控制骨骼的要素。所谓骨骼的父子关系，即父层级骨骼能控制子层级骨骼的位移、旋转，但子层级骨骼不能控制父层级骨骼，只能自身移动、旋转，如图10-154所示。以手臂为例，肩关节能控制肘部、手腕、手指关节整体的位移和旋转，但手指关节自行弯曲和移动却不会带动肩关节的位移和旋转，读者可自行活动肩部进行感受。

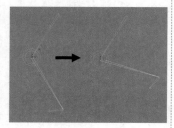

图10-154

人体模型以胯关节为最高层级的关节，向上延伸出胸部、肩部和头部的关节，肩部再分出两个手臂；向下延伸出膝盖和脚踝等关节。

只有在创建骨骼时使用了正确的父子关系，后续的IK创建才不会出错。骨骼的父子关系需要读者亲身体验才能完全理解。

👍 重点

10.5.2 IK解算器

IK解算器可以创建反向运动学解决方案，用于旋转和定位链中的链接。通过IK解算器，可以更好地控制骨骼，其参数如图10-155所示。

图10-155

选中一段骨骼后才能激活"IK解算器"子菜单，执行子菜单中的命令后会延伸出来一条虚线，单击解算器另一端的骨骼才能建立完整的解算器效果，如图10-156所示。

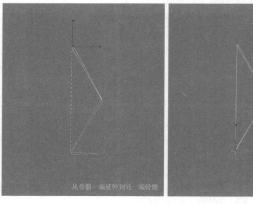

图10-156

勾选"目标显示"的"启用"选项后，会在结束关节显示十字形控制器，如图10-157所示。控制器默认大小为15，可以根据骨骼进行调整，方便后续制作，如图10-158所示。

图10-157　　　　　　图10-158

案例训练：卡通蛇骨骼

案例文件	案例文件>CH10>案例训练：卡通蛇骨骼
技术掌握	骨骼；IK解算器
难易程度	★★★☆☆

本案例的卡通蛇的骨骼是由骨骼和IK解算器创建的，案例效果如图10-159所示。

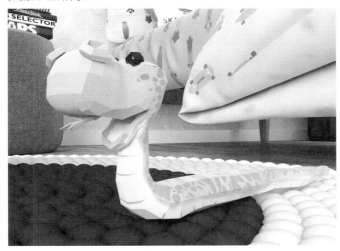

图10-159

01 打开本书学习资源"案例文件>CH10>案例训练：卡通蛇骨骼"文件夹中的"练习.max"文件，如图10-160所示。

02 使用"骨骼"工具 骨骼 沿着卡通蛇模型创建骨骼模型，如图10-161所示。

图10-160   图10-161

> ① **技巧提示**
>
> 蛇是软体动物，所创建的骨骼数量没有明确的限制。

03 打开"骨骼工具"窗口，然后使用"骨骼编辑模式"工具 骨骼编辑模式 调整骨骼模型的位置，确保关节大小基本一致，如图10-162所示。

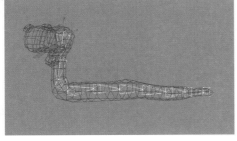

图10-162

04 骨骼创建完成后，下面创建IK解算器。使用"IK解算器"工具在蛇的骨骼模型上创建3个解算器模型，如图10-163所示。此时移动IK解算器，卡通蛇并不会随之发生改变。

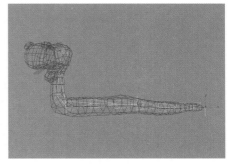

图10-163

> ① **技巧提示**
>
> 如果读者创建的骨骼数量与案例不一致，按照读者创建的骨骼来创建IK解算器，这里的解算器位置仅供参考。

10.5.3 Biped

Biped工具可以创建一整套人体骨骼模型，如图10-164所示。与其他工具不同，Biped工具需要在创建之前进行参数设置，一旦建立了骨骼模型就不能再调整参数了，如图10-165所示。

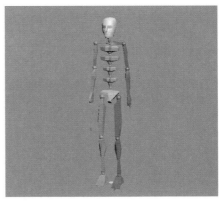

图10-164   图10-165

Biped工具一共可以创建4种类型的骨骼，分别为"骨骼""男性""女性""标准"，如图10-166~图10-169所示。

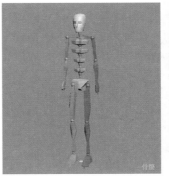

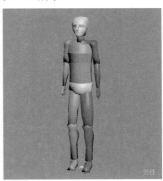

图10-166   图10-167

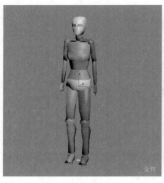

图10-168　　　　　　　　　　图10-169

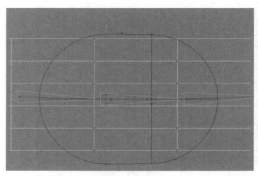

图10-174

> ### ◎ 知识课堂：骨骼与Biped的区别
>
> 骨骼和Biped都是控制运动模型。与普通的骨骼相比，Biped更特殊，它有完整的运动系统，主要用途是模拟人体骨骼。若是用普通的骨骼制作人体，则还需要为其添加IK解算器，相对更为复杂。
>
> 下面简单介绍Biped创建骨骼的流程。
>
> **第1步** 将创建好的角色模型摆放为T字形，如图10-170所示。
>
>
>
> 图10-170
>
> **第2步** 使用Biped在模型中创建人体骨骼。在创建骨骼时，可以按快捷键Ctrl+X将角色模型半透明化，尽量将骨骼放置在模型内部，如图10-171所示。
>
> **第3步** 当骨骼确定好后，就可以使用"蒙皮"修改器进行处理，这样就可以利用绑定的骨骼控制角色模型，如图10-172所示。
>
> 　　
>
> 图10-171　　　　　　　　图10-172

"权重"是控制骨骼对模型影响程度的工具，"权重表" 权重表 和"绘制权重" 绘制权重 两个工具都可以设置骨骼的权重，如图10-175所示。

图10-175

权重表会以表格的形式显示所有骨骼的权重，如图10-176所示，权重值为1表示该顶点完全受到骨骼的控制，权重值为0表示该顶点完全不受骨骼的控制。

图10-176

★ 重点

10.5.4 蒙皮

"蒙皮"修改器中有两个重要的工具，即"编辑封套"和"权重"。

"编辑封套"工具 编辑封套 通过胶囊状控制器控制骨骼与模型的对应区域，如图10-173所示。浅红色范围内是完全受骨骼控制的模型区域，深红色范围内是部分受骨骼控制的模型区域。移动控制点可以扩大或缩小控制器的范围，如图10-174所示。

图10-173

"绘制权重"工具 绘制权重 则是用笔刷绘制权重的范围和大小，红色部分权重大，蓝色部分权重小，如图10-177所示。

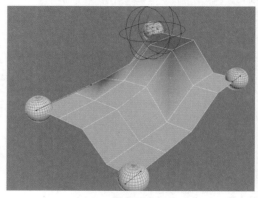

图10-177

👆 案例训练：卡通蛇蒙皮

案例文件	案例文件>CH10>案例训练：卡通蛇蒙皮
技术掌握	"蒙皮"修改器
难易程度	★★★☆☆

本案例为卡通蛇模型添加蒙皮并调整造型，案例效果如图10-178所示。

01 打开本书学习资源"案例文件>CH10>案例训练：卡通蛇蒙皮"文件夹中的"练习.max"文件，如图10-179所示，这是我们已经创建了骨骼模型和IK解算器的卡通蛇模型。

图10-178   图10-179

02 此时移动IK解算器还不能同步改变卡通蛇的造型，需要为其加载"蒙皮"修改器进行连接。选中卡通蛇模型，然后在修改器堆栈中加载"蒙皮"修改器，再添加所有的骨骼模型，如图10-180所示。

图10-180

03 移动IK解算器，卡通蛇的造型随之发生改变，但一些转折的地方出现了问题，需要调整蒙皮的权重。单击"编辑封套"按钮 编辑封套，然后调整骨骼的权重，如图10-181和图10-182所示。

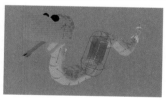

图10-181   图10-182

> **⑦ 疑难问答：为什么调整蒙皮时要改变卡通蛇的造型？**
>
> 原有的卡通蛇造型不能很好地反映蒙皮的权重，改变卡通蛇的造型能更好地观察骨骼与模型之间的控制区域，这样调整出来的效果会更加自然。

04 逐一调整每一个关节对应的模型区域，随时切换线框和实体观察效果，最终效果如图10-183所示。

图10-183

10.6 综合训练营

本节将用3个综合训练案例为读者讲解角色动画、建筑动画和室外动画的制作方法。

📚 综合训练：小人走路动画

案例文件	案例文件>CH10>综合训练：小人走路动画
技术掌握	角色动画
难易程度	★★★★★

本案例用小人模型制作走路动画，案例效果如图10-184所示。

图10-184

01 打开本书学习资源"案例文件>CH10>综合训练：小人走路动画"文件夹中的"练习.max"文件，如图10-185所示。

02 单击"自动关键点"按钮 自动关键点，在第0帧将小人模型摆出图10-186所示的造型。

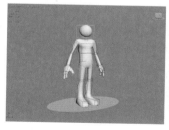
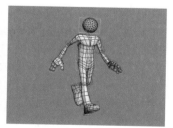

图10-185   图10-186

03 在第3帧摆出图10-187所示的造型。

> **① 技巧提示**
>
> 在侧视图中调整腿部和胳膊的位置，在前视图中调整肩部和胯部的弯曲角度。

图10-187

04 在第6帧摆出图10-188所示的造型，需要注意这一帧小人模型的重心最高。

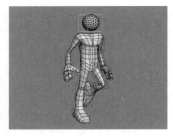

> ① **技巧提示**
>
> 注意手部和脚部的旋转角度，让动画看起来更加柔和流畅。

图10-188

05 在第9帧摆出图10-189所示的造型，肩部会朝迈出腿的一侧微微倾斜。

06 在第12帧摆出图10-190所示的造型，这个造型与第0帧的造型完全相反，这样小人模型就迈出了一步。

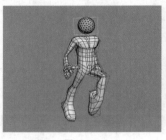

图10-189　　　　　　　　图10-190

07 按照相同的方法摆出第15帧的造型，与第3帧完全相反，如图10-191所示。

08 在第18帧摆出图10-192所示的造型，与第6帧完全相反。

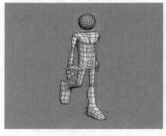

图10-191　　　　　　　　图10-192

09 在第21帧摆出图10-193所示的造型，与第9帧完全相反。

10 在第24帧摆出图10-194所示的造型，与第0帧完全相同。为了确保造型完全相同，可以将第0帧复制，然后粘贴到第24帧。

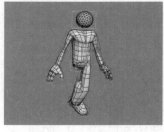
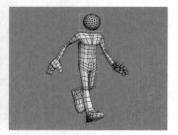

图10-193　　　　　　　　图10-194

> ① **技巧提示**
>
> 选中第0帧，然后按住Shift键拖曳到第24帧即可。

11 单击"时间配置"按钮，然后在弹出的对话框中设置"帧速率"为PAL，接着设置"结束时间"为25，如图10-195所示，这样时间轴就只有制作动画的25帧。

图10-195

> ◎ **知识课堂：动画预览**
>
> 　　动画预览是将制作的关键帧输出为影片格式，这样就可以更加直观地观察动画中的动作和节奏是否正确。在一些大型动画制作中，会将预览动画进行剪辑并提交给甲方进行修改反馈，这样能减少动画修改带来的工作量，提升工作效率。
>
> 　　执行"工具">"预览-抓取视口">"创建预览动画"命令（快捷键Shift+V），弹出"生成预览"对话框，如图10-196所示。
>
>
>
> 图10-196
>
> 　　预览动画的具体设置步骤如下。
>
> 　　**第1步** 设置预览范围，一般选择"活动的时段"选项。
>
> 　　**第2步** 设置输出百分比。按照"输出百分比"中设定的渲染尺寸比例进行输出，一般设置为100。
>
> 　　**第3步** 在"视觉样式"选项组中设置"按视图预设"参数，在下拉列表中选择输出的质量，如图10-197所示。
>
>
>
> 图10-197
>
> 　　**第4步** 设置"渲染视口"为摄影机视图，然后单击"创建"按钮。
>
> 　　系统创建完预览动画后会自动弹出播放器播放动画，如图10-198所示。
>
>
>
> 图10-198

12 随意选择其中4帧进行渲染，效果如图10-199所示。

图10-199

👁 知识课堂：走路动画和跑步动画

走路动画是角色动画的基础，以人物为例可以分为5个关键帧，如图10-200所示。按照图片上的顺序依次摆出这5个造型并创建关键帧，然后播放动画就可以看到连续的走路动画效果，中间的过渡部分计算机会自行生成，不需要进行修改。在制作走路动画时一定要注意人物重心的高度变化，同时还要控制好走路的节奏。

从人物正面来看，角色的肩部和胯部呈现相反的方向，如图10-201所示。

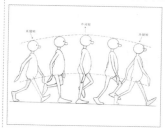

图10-200

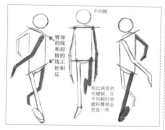

图10-201

那么怎样控制人物走路的步速？下面列举一些常见的步速。

4帧：很快地跑步（一秒6步）。

6帧：跑步或者快走（一秒4步）。

8帧：慢跑或者是卡通中的步行（一秒3步）。

12帧：普通的步行（一秒两步）。

16帧：散步（2/3秒一步）。

20帧：老人或者是很累的人走路。

24帧：慢走（一秒一步）。

跑步动画是在走路动画的基础上进行一定的改变，图10-202所示是其关键帧效果。跑步的速度要比走路快，相比于走路的12帧一步，跑步只要4~8帧一步。

图10-202

👑 重点

综合训练：建筑生长动画

案例文件	案例文件>CH10>综合训练：建筑生长动画
技术掌握	建筑动画
难易程度	★★★★★

本案例通过对家具进行单独形态变化将其组合成复杂的建筑生长动画，效果如图10-203所示。

图10-203

01 打开本书学习资源"案例文件>CH10>综合训练：建筑生长动画"文件夹中的"练习.max"文件，如图10-204所示。

图10-204

02 使家具逐一成组并进行命名，然后隐藏除背景和沙发以外的模型，如图10-205所示。

03 单击"自动关键点"按钮 自动关键点 ，然后在第0帧将沙发从画面上方移出，只剩下背景，如图10-206所示。

图10-205   图10-206

04 将时间滑块移动到第5帧，然后将沙发移动到原来的位置，这样就形成了沙发从画面上方往下落的动画效果，图10-207所示是第3帧的效果。

05 选中沙发，然后打开曲线编辑器，将沙发下落的曲线调整为加速状态，如图10-208所示。

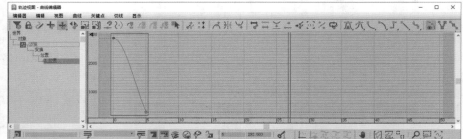

图10-207　　　　　　　　　　　　　　　　　　　　　　　图10-208

① **技巧提示**

加速的下落过程更符合实际。

06 选中沙发上的毯子，然后在第5帧将其从画面上方移出，并复制该帧到第0帧，接着在第9帧将其移动到原来的位置，如图10-209所示。

07 选中沙发上左侧的抱枕，然后在第9帧将其从画面上方移出，并复制该帧到第0帧，在第12帧将其移动到原来的位置，如图10-210所示。

08 右侧抱枕的动画与左侧相同，从第10帧进入画面，第13帧落在沙发上，如图10-211所示。

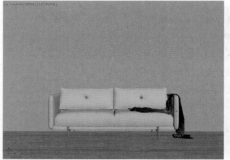　　　　

图10-209　　　　　　　　　　　图10-210　　　　　　　　　　　图10-211

① **技巧提示**

将第5帧复制到第0帧，前5帧毯子就不会出现在画面中，而是从第5帧进入画面，第9帧落在沙发上。

09 沙发部分的动画制作完成，下面制作地毯的动画。选中地毯，在第15帧将其沿x轴拉伸到110，如图10-212所示。

图10-212

? **疑难问答：怎样精确放大物体？**

选中需要放大的物体，然后右键单击"选择并均匀缩放"按钮，接着在弹出的"缩放变换输入"窗口的X选项中输入数值就可以实现精确拉伸，如图10-213所示。

图10-213

10 将时间滑块移动到第10帧，然后将地毯沿x轴缩小到0，并复制到第0帧，如图10-214所示。

11 将时间滑块移动到第20帧，然后将地毯沿x轴拉伸到89.248，如图10-215所示。

12 地毯动画制作完成，下面制作左侧的仙人掌动画。选中仙人掌，将时间滑块移动到第20帧，将其沿z轴缩小到0，并复制到第0帧，如图10-216所示。

图10-214

图10-215

图10-216

13 将时间滑块移动到第25帧，然后将仙人掌沿z轴拉伸到120，如图10-217所示。

14 将时间滑块移动到第30帧，然后将仙人掌沿z轴缩小至100，如图10-218所示。

图10-217

图10-218

15 仙人掌动画制作完成，下面制作比较复杂的茶几动画。茶几动画包含位移和透明度两种属性的变化。将时间滑块移动到第10帧，选中茶几模型，单击鼠标右键选择"对象属性"命令，再在弹出的"对象属性"对话框中设置"可见性"为0，如图10-219所示，此时效果如图10-220所示。

图10-219

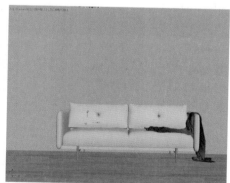
图10-220

> ① **技巧提示**
>
> 在"对象属性"对话框设置动画成功后，会在参数框上显示红框标记。

16 按照同样的方法在第0帧也设置"可见性"为0，然后移动时间滑块到第15帧，接着设置茶几"可见性"为1，并调整其高度，如图10-221所示。

17 将时间滑块移动到第18帧，然后将茶几放置在地毯上，如图10-222所示。

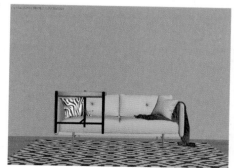
图10-221

图10-222

18 按照抱枕动画的制作方法，在第24帧、第27帧和第35帧将两本书和小花盆下落到茶几上，如图10-223所示。

19 制作墙上的两幅挂画动画。选中右侧的挂画，然后在第30帧将其整体缩小为0，如图10-224所示。

20 将时间滑块移动到第34帧，然后将其整体放大到140，如图10-225所示。

图10-223 　　　　　　　　　　　图10-224 　　　　　　　　　　　图10-225

21 移动时间滑块到第37帧，然后将其整体缩小到100，如图10-226所示。

22 以同样的方法，在第35帧、第39帧和第42帧做出左侧挂画的动画效果，如图10-227所示。

23 制作落地灯动画。落地灯的动画包含位移和缩放两种属性的变化。将时间滑块移动到第38帧，然后将落地灯模型从画面上方移出，接着在第41帧落在地板上并沿z轴缩小到86.6，如图10-228所示。

图10-226 　　　　　　　　　　　图10-227 　　　　　　　　　　　图10-228

24 将时间滑块移动到第43帧，然后将其沿z轴放大到120，如图10-229所示。

25 将时间滑块移动到第48帧，然后将其沿z轴缩小到100，如图10-230所示。

26 随意选取4帧渲染，效果如图10-231所示。

图10-229 　　　　　　　　　　　图10-230

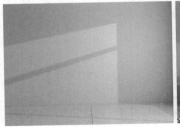

图10-231

◎ 知识课堂：预览序列帧

渲染完成的序列帧可以在3ds Max自带的RAM播放器中进行预览。执行"渲染">"比较RAM播放器中的媒体"命令，如图10-232所示，会弹出"RAM播放器"窗口，如图10-233所示。

图10-232

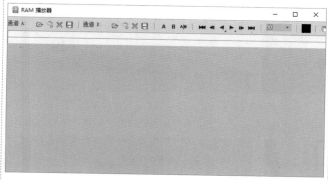

图10-233

单击左上角的"打开通道A"按钮，然后选择渲染好的序列帧的第一帧图片，如图10-234所示，接着单击"打开"按钮 打开(0)，弹出确认导入信息的对话框，如图10-235所示。

导入后系统会逐帧读取图片信息，并显示在"加载文件"对话框中，如图10-236所示。

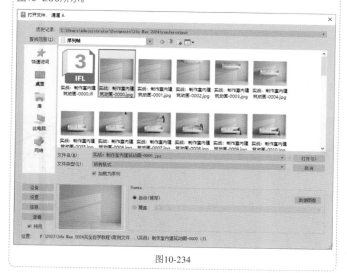

图10-234

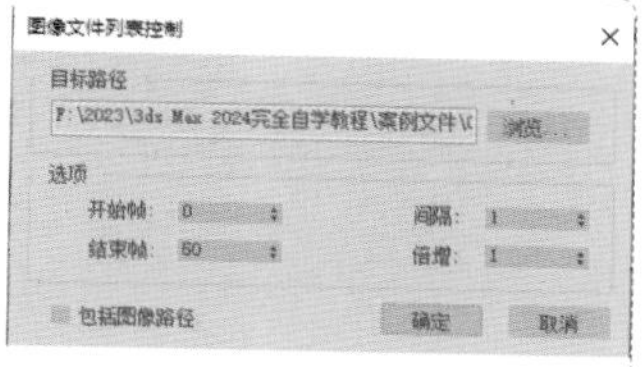

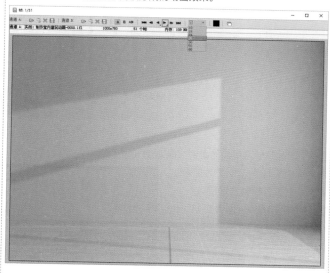

图10-235

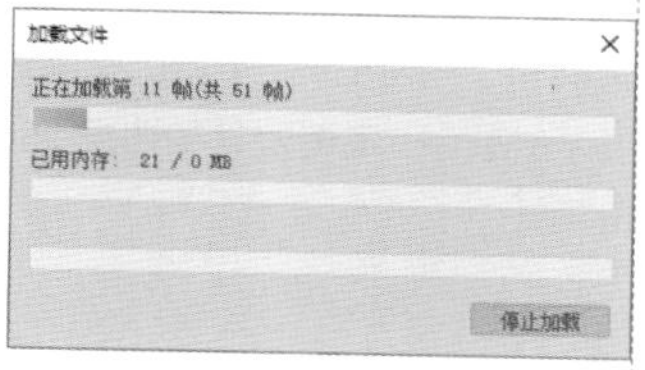

图10-236

加载完毕后设置动画的播放帧率，然后单击"向前播放"按钮 ▶，如图10-237所示，即可预览序列帧形成的动画效果。

图10-237

系统会自动在序列帧的文件夹里生成.ifl格式的动态文件，如图10-238所示。

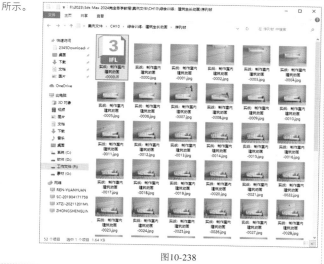

图10-238

👑 重点

综合训练：项目展示动画

案例文件	案例文件>CH10>综合训练：项目展示动画
技术掌握	室外动画
难易程度	★★★★★

本案例中的场景是一个集装箱码头场景，需要为场景中的摄影机和一些模型制作动画，在项目展示时使用，案例效果如图10-239所示。

图10-239

01 打开本书学习资源"案例文件>CH10>综合训练：项目展示动画"文件夹中的"练习.max"文件，如图10-240所示。这是一个较为简单的集装箱码头场景，需要为摄影机和场景中的车辆创建动画。

02 在顶视图中创建摄影机，位置如图10-241所示。

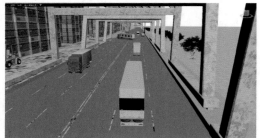

图10-240

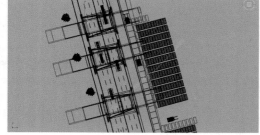

图10-241

ⓘ **技巧提示**

摄影机的位置仅供参考，尽量将更多的模型纳入摄影机范围内，让画面显得更加丰富。

---

03 选中创建的摄影机，然后设置"焦距（mm）"为28，"胶片感光度（ISO）"为1000，如图10-242所示。

04 选中创建的摄影机，然后单击"自动关键点"按钮 自动关键点 ，在第0帧调整摄影机的高度和角度，如图10-243所示。

05 移动时间滑块到第100帧，向前移动摄影机，并降低摄影机的高度，如图10-244所示。

图10-242

图10-243

图10-244

06 选中摄影机，然后打开曲线编辑器，接着将摄影机的速度调整为匀速，如图10-245所示。

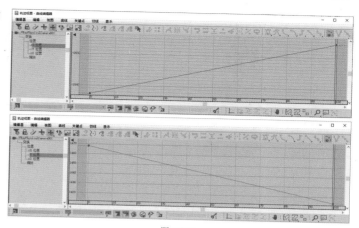

图10-245

① 技巧提示

　　若没有特殊要求，摄影机一般都为匀速运动，这样在剪辑时更容易与其他镜头进行衔接。

07 单击"播放动画"按钮 ▶，观察摄影机的效果，图10-246所示是第0帧、第50帧和第100帧的效果。

图10-246

① 技巧提示

　　检查摄影机效果是否合适，通常查看起始帧、中间帧和末尾帧。

08 制作车辆动画。在第0帧选中图10-247所示的车辆模型，单击"自动关键点"按钮，然后在第100帧将模型向前移动一段距离，位置如图10-248所示。

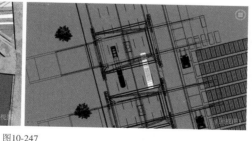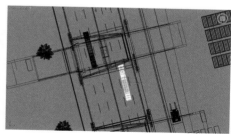

图10-247

图10-248

09 选中添加了关键帧的车辆模型，打开曲线编辑器，将车辆运动曲线调整为匀速运动的直线，如图10-249所示。

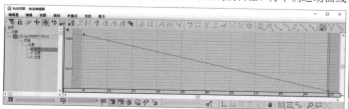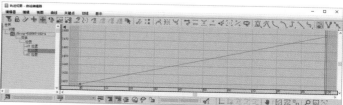

图10-249

10 按照步骤08和09的方法制作其他车辆模型的动画，如图10-250所示。

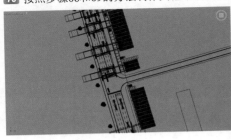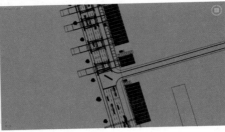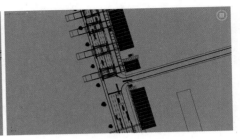

图10-250

① **技巧提示**

直线运动的车辆需要将运动曲线调整为直线，形成匀速运动效果。有转弯的车辆则不需要调整为匀速，可以呈现一定的速度变化，这样动画会更加自然。

11 渲染4帧效果图，如图10-251所示。

图10-251

◎ **知识课堂：制作非角色动画需要注意的问题**

非角色动画相对于角色动画要简单一些，下面列举一些需要注意的问题。

第1点 同角色动画一样，不要出现完全静止的画面。在制作一些项目时，项目经理可能会要求制作者在每个镜头最后留出几十帧完全静止的画面，这样是为了方便后期剪辑。

第2点 将需要制作动画的模型进行分类。制作动画时一般先制作摄影机动画，确定镜头走势，然后制作场景内的模型动画，最后制作一些小的动画，例如车流和人物走动等。分类制作会让制作者的思路更加清晰，动画的节奏也会更加流畅。

第3点 善于使用插件。在网络上有很多制作各类动画的插件，善于使用这些插件可以极大地提高工作效率。例如，建筑生长的插件可以呈现各种建筑生长效果，不需要再手动进行关键帧的设定；车流插件可以将车辆模型与绘制的车流线进行绑定，从而实现车流效果；树木插件可以在制作鸟瞰动画时一次性建立几百万个树木模型。

第4点 熟悉各种园林搭配。在实际制作项目时，渲染师会拿到建模师制作好的建筑和地面模型。渲染师不仅要调整建筑与地面的材质、灯光，还要制作镜头动画、建筑动画，甚至园林搭配和一些配景的放置都由渲染师来完成。这就需要平时多收集园林搭配的资料，熟悉各种常见园林植物的特性，以便在制作项目时更快通过镜头审核。

第5点 了解专业性的知识。在制作一些专业项目时，需要根据甲方提供的资料用动画还原运动过程。例如，制作火车动画就需要理解火车连接处的机械装置如何运动；制作建筑施工动画就需要理解一些专业操作如何实现。在制作这些专业的演示动画时，不能凭空想象、随意制作，而需要根据甲方提供的资料逐步还原。

附录A 常用快捷键一览表

1.主界面快捷键

操作	快捷键	操作	快捷键
自适应降级（开关）	O	撤销视图操作	Shift+Z
选择类似对象	Shift+Ctrl+A	子对象层级1	1
对齐	Alt+A	用前一次的参数进行渲染	F9
角度捕捉（开关）	A	渲染设置	F10
自动关键点	N	变换Gizmo平面约束循环	F8
设置关键点	K	约束到x轴	F5
前进一个时间单位	.	约束到y轴	F6
返回一个时间单位	,	约束到z轴	F7
切换到顶视图	T	环绕视图模式	Ctrl+R
切换到摄影机视图	C	保存文件	Ctrl+S
切换到前视图	F	透明显示所选物体（开关）	Alt+X
切换到正交用户视图	U	选择父物体	PageUp
切换到透视视图	P	选择子物体	PageDown
循环改变选择方式	Ctrl+F	根据名称选择物体	H
默认灯光（开关）	Ctrl+L	选择锁定（开关）	Space（Space键即空格键）
删除物体	Delete	减淡所选物体的面（开关）	F2
Swift循环	Alt+1	隐藏几何体	Shift+G
专家模式，全屏（开关）	Ctrl+Alt+X	子对象层级3	3
主栅格	Alt+Ctrl+H	子对象层级4	4
取回	Alt+Ctrl+F	反选	Ctrl+I
冻结所定对象	Ctrl+F	显示/隐藏渲染安全框	Shift+F
跳到最后一帧	End	Windows	J
跳到第一帧	Home	打开/关闭捕捉	S
显示/隐藏摄影机	Shift+C	间隔放置物体	Shift+I
显示/隐藏几何体	Shift+G	切换到灯光视图	Shift+4
显示/隐藏栅格	G	仅影响轴模式切换	Ins
显示/隐藏辅助物体	Shift+H	子物体选择（开关）	Ctrl+B
显示/隐藏灯光	Shift+L	加大动态坐标	+
显示/隐藏粒子系统	Shift+P	减小动态坐标	−
切换SteeringWheels	Shift+W	启动全局搜索	X
从视图创建摄影机（物理）	Ctrl+C	变换输入对话框切换	F12
材质编辑器	M	显示统计切换	7
最大化当前视图（开关）	Alt+W	子对象层级5	5
脚本侦听器	F11	更新背景图像	Alt+Shift+Ctrl+B
新建场景	Ctrl+N	显示几何体外框（开关）	F4
法线对齐	Alt+N	视口背景	Alt+B
视口缩小	数字键盘−	虚拟视口向下移动	数字键盘2
视口放大	数字键盘+	虚拟视口向左移动	数字键盘4
打开文件	Ctrl+O	虚拟视口向右移动	数字键盘6
平移视图	Ctrl+P	虚拟视口向上移动	数字键盘8
平移视口	I	实色显示场景中的几何体（开关）	F3
保持	Ctrl+H	全部视图显示所有物体	Shift+Ctrl+Z
播放/停止动画	/	最大化显示选定对象	Z
渲染	Shift+Q或Shift+F9	缩放区域模式	Ctrl+W
全选	Ctrl+A	视口放大	[
快速对齐	Shift+A	视口缩小	]
撤销场景操作	Ctrl+Z		

2.轨迹视图快捷键

操作	快捷键
加入关键帧	K
前一时间单位	.
下一时间单位	,
展开对象切换	O
展开轨迹切换	T
锁定所选物体	Ctrl+L
向下移动高亮显示	↓
向上移动高亮显示	↑
向左轻移关键帧	←
向右轻移关键帧	→
向下收拢	Ctrl+↓
向上收拢	Ctrl+↑

3.渲染器设置快捷键

操作	快捷键
用前一次的参数进行渲染	F9
渲染设置	F10

4.时间轴快捷键

操作	快捷键
下一时间单位	>
前一时间单位	<

5.视频后期处理快捷键

操作	快捷键
平移	Ctrl+P
执行序列	F9
区域	Ctrl+W
新建序列	Ctrl+N

6.NURBS编辑快捷键

操作	快捷键
CV约束法向移动	Alt+N
CV约束U向移动	Alt+U
CV约束V向移动	Alt+V
显示曲线	Shift+Ctrl+C
显示明暗处理晶格	Alt+L
根据名字选择物体的子层级	Ctrl+L
锁定2D所选物体	Space（Space键即空格键）
选择U向的下一个	Ctrl+→
选择V向的下一个	Ctrl+↑
选择U向的上一个	Ctrl+←
选择V向的上一个	Ctrl+↓
根据名字选择子物体	H
转换到曲线CV层级	Alt+Shift+Z
转换到曲线层级	Alt+Shift+C
转换到点层级	Alt+Shift+P
转换到曲线CV层级	Alt+Shift+V
转换到曲面层级	Alt+Shift+S
转换到层级	Alt+Shift+T
转换降级	Ctrl+X

7.FFD修改器快捷键

操作	快捷键
转换到控制点层级	Alt+Shift+C

附录B 常用模型尺寸表

B.1 常用家具尺寸

单位：mm

家具	长度	宽度	高度	深度	直径
衣橱		700（推拉门）	400~650（衣橱门）	600~650	
推拉门		750~1500	1900~2400		
矮柜		300~600（柜门）		350~450	
电视柜			600~700	450~600	
单人床	1800、1806、2000、2100	900、1050、1200			
双人床	1800、1806、2000、2100	1350、1500、1800			
圆床					>1800
室内门		800~950、1200（医院）	1900、2000、2100、2200、2400		
卫生间、厨房门		800、900	1900、2000、2100		
窗帘盒			120~180	120（单层布）、160~180（双层布）	
单人式沙发	800~950		350~420（坐垫）、700~900（背高）	850~900	
双人式沙发	1260~1500			800~900	
三人式沙发	1750~1960			800~900	
四人式沙发	2320~2520			800~900	
小型长方形茶几	600~750	450~600	380~500（380最佳）		
中型长方形茶几	1200~1350	380~500或600~750			
正方形茶几	750~900	430~500			
大型长方形茶几	1500~1800	600~800	330~420（330最佳）		
圆形茶几			330~420		750、900、1050、1200
方形茶几		900、1050、1200、1350、1500	330~420		
固定式书桌			750	450~700（600最佳）	
活动式书桌			750~780	650~800	
餐桌		1200、900、750（方桌）	750~790（中式）、680~720（西式）		
长方桌	1500、1650、1800、2100、2400	800、900、1050、1200			
圆桌					900、1200、1350、1500、1800
书架	600~1200	800~900		250~400（每格）	

B.2 室内物体常用尺寸

1.墙面尺寸

单位：mm

物体	高度
踢脚板	60~200
墙裙	800~1500
挂镜线	1600~1800

2.餐厅

单位：mm

物体	高度	宽度	直径	间距
餐桌	750~790			>500（其中座椅占500）
餐椅	450~500			
二人圆桌			500或800	
四人圆桌			900	

续表

物体	高度	宽度	直径	间距
五人圆桌			1100	
六人圆桌			1100~1250	
八人圆桌			1300	
十人圆桌			1500	
十二人圆桌			1800	
二人方餐桌		700~850		
四人方餐桌		850~1350		
八人方餐桌		850~2250		
餐桌转盘			700~800	
主通道		1200~1300		
内部工作道宽		600~900		
酒吧台	900~1050	500		
酒吧凳	600~750			

3.商场营业厅

单位：mm

物体	长度	宽度	高度	厚度	直径
单边双人走道		1600			
双边双人走道		2000			
双边三人走道		2300			
双边四人走道		3000			
营业员柜台走道		800			
营业员货柜台			800~1000	600	
单靠背立货架			1800~2300	300~500	
双靠背立货架			1800~2300	600~800	
小商品橱窗			400~1200	500~800	
陈列地台			400~800		
敞开式货架			400~600		
放射式售货架					2000
收款台	1600	600			

4.饭店客房

物体	长度/mm	宽度/mm	高度/mm	面积/m^2	深度/mm
标准间				25（大）、16~18（中）、16（小）	
床			400~450、850~950（床靠）		
床头柜		500~800	500~700		
写字台	1100~1500	450~600	700~750		
行李台	910~1070	500	400		
衣柜		800~1200	1600~2000		500
沙发		600~800	350~400、1000（靠背）		
衣架			1700~1900		

5.卫生间

物体	长度/mm	宽度/mm	高度/mm	面积/m^2
卫生间				3~5
浴缸	1220、1520、1680	720	450	
坐便器	750	350		
冲洗器	690	350		
盥洗盆	550	410		
淋浴器		800~1200		
化妆台	1350	450		

7.灯具

单位：mm

物体	高度	直径
大吊灯	≥2400	
壁灯	1500~1800	
反光灯槽		≥2倍灯管直径
壁式床头灯	1200~1400	
照明开关	1000	

6.交通空间

单位：mm

物体	宽度	高度
楼梯间休息平台	≥2100	
楼梯跑道	≥2300	
客房走廊		≥2400
两侧设座的综合式走廊	≥2500	
楼梯扶手		850~1100
门	850~1000	≥1900
窗	400~1800	
窗台		800~1200

8.办公用具

单位：mm

物体	长度	宽度	高度	深度
办公桌	1200~1600	500~650	700~800	
办公椅	450	450	400~450	
沙发		600~800	350~450	
前置型茶几	900	400	400	
中心型茶几	900	900	400	
左右型茶几	600	400	400	
书柜		1200~1500	1800	450~500
书架		1000~1300	1800	350~450

附录C 常见材质参数设置表

C.1 玻璃材质

材质名称	示例图	贴图	参数设置		用途
普通玻璃材质		—	漫反射	漫反射颜色=红:129,绿:187,蓝:188	家具装饰
			反射	反射颜色=红:20,绿:20,蓝:20;光泽度=0.95	
			折射	折射颜色=红:240,绿:240,蓝:240;雾颜色=红:242,绿:255,蓝:253;深度（厘米）=0.02	
			其他	—	
窗玻璃材质		—	漫反射	漫反射颜色=红:193,绿:193,蓝:193	窗户装饰
			反射	反射颜色=红:134,绿:134,蓝:134;光泽度=0.99	
			折射	折射颜色=白色;光泽度=0.99;雾颜色=红:242,绿:243,蓝:247;深度（厘米）=0.001	
			其他	—	
彩色玻璃材质		—	漫反射	漫反射颜色=黑色	家具装饰
			反射	反射颜色=白色	
			折射	折射颜色=白色;烟雾颜色=自定义;深度（厘米）=0.04	
			其他	—	
磨砂玻璃材质		—	漫反射	漫反射颜色=红:180,绿:189,蓝:214	家具装饰
			反射	反射颜色=红:57,绿:57,蓝:57;光泽度=0.95	
			折射	折射颜色=红:180,绿:180,蓝:180;光泽度=0.95;IOR=1.517;雾颜色=自定义;深度（厘米）=0.04	
			其他	—	
龟裂缝玻璃材质			漫反射	漫反射颜色=红:213,绿:234,蓝:222	家具装饰
			反射	反射颜色=红:119,绿:119,蓝:119;光泽度=0.9	
			折射	折射颜色=红:217,绿:217,蓝:217;雾颜色=红:145,绿:133,蓝:155;深度（厘米）=0.001	
			其他	凹凸通道=贴图;凹凸强度=-20	
镜子材质		—	漫反射	漫反射颜色=红:24,绿:24,蓝:24	家具装饰
			反射	反射颜色=红:239,绿:239,蓝:239;菲涅耳IOR=20	
			折射	—	
			其他	—	
水晶材质		—	漫反射	漫反射颜色=红:248,绿:248,蓝:248	家具装饰
			反射	反射颜色=红:250,绿:250,蓝:250	
			折射	折射颜色=红:200,绿:200,蓝:200;IOR=2	
			其他	—	

C.2 陶瓷材质

材质名称	示例图	贴图	参数设置		用途
白陶瓷材质		—	漫反射	漫反射颜色=白色	陈设品装饰
			反射	反射颜色=红:131,绿:131,蓝:131;菲涅耳IOR=1.8	
			折射	—	
			其他	—	
青花瓷材质			漫反射	漫反射通道=贴图;粗糙度=0.01	陈设品装饰
			反射	反射颜色=白色;菲涅耳IOR=1.8	
			折射	—	
			其他	—	
马赛克材质			漫反射	漫反射通道=马赛克贴图	墙面装饰
			反射	反射颜色=红:100,绿:100,蓝:100;光泽度=0.95;菲涅耳IOR=1.8	
			折射	—	
			其他	凹凸通道=灰度贴图	

C.3 布料材质

材质名称	示例图	贴图	参数设置		用途
绒布材质		—	漫反射	漫反射通道=衰减贴图	家具装饰
			反射	反射颜色=红:200,绿:200,蓝:200; 光泽度=0.6	
			其他	凹凸强度=10;凹凸通道=噪波贴图;噪波大小=2(注意,这组参数需要根据实际情况进行设置)	
单色花纹绒布材质			漫反射	漫反射通道=纹理贴图	家具装饰
			反射	反射颜色=红:200,绿:200,蓝:200 光泽度=0.6	
			其他	凹凸通道=贴图;凹凸强度=-180(注意,这组参数需要根据实际情况进行设置)	
麻布材质			漫反射	漫反射通道=贴图	家具装饰
			反射	—	
			折射	—	
			其他	凹凸通道=贴图;凹凸强度=20	
抱枕材质			漫反射	漫反射通道=抱枕贴图;粗糙度=0.05	家具装饰
			反射	反射颜色=红:34,绿:34,蓝:34;光泽度=0.7	
			折射		
			其他	凹凸通道=凹凸贴图	
毛巾材质			漫反射	漫反射颜色=红:252,绿:247,蓝:227	家具装饰
			反射	—	
			折射	—	
			其他	置换通道=贴图;置换强度=8	
半透明窗纱材质		—	漫反射	漫反射颜色=红:240,绿:250,蓝:255	家具装饰
			反射	—	
			折射	折射通道=衰减贴图;前通道颜色=红:180,绿:180,蓝:180;侧通道颜色=黑色;光泽度=0.88;IOR=1.001	
			其他		
花纹窗纱材质（注意,材质类型为混合材质）			材质1	材质1通道=VRayMtl;漫反射颜色=红:98,绿:64,蓝:42	家具装饰
			材质2	材质2通道=VRayMtl;漫反射颜色=红:164,绿:102,蓝:35 反射颜色=红:162,绿:170,蓝:75;光泽度=0.82	
			遮罩	遮罩通道=贴图	
			其他		
软包材质		—	漫反射	漫反射通道=衰减贴图	家具装饰
			反射	—	
			折射	—	
			其他	凹凸通道=软包凹凸贴图;凹凸强度=45	
普通地毯			漫反射	漫反射通道=衰减贴图;衰减类型=Fresnel	家具装饰
			反射	—	
			折射	—	
			其他	凹凸通道=地毯凹凸贴图;凹凸强度=60;置换通道=地毯凹凸贴图;置换强度=8	
普通花纹地毯			漫反射	漫反射通道=贴图	家具装饰
			反射	—	
			折射	—	
			其他	—	

C.4 木纹材质

材质名称	示例图	贴图	参数设置		用途
高光木纹材质			漫反射	漫反射通道=贴图	家具及地面装饰
			反射	反射颜色=红:200，绿:200，蓝:200；光泽度=0.9	
			折射	—	
			其他	—	
亚光木纹材质			漫反射	漫反射通道=贴图	家具及地面装饰
			反射	反射颜色=红:100，绿:100，蓝:100；光泽度=0.7	
			折射	—	
			其他	凹凸通道=贴图；凹凸强度=60	
木地板材质			漫反射	漫反射通道=贴图	地面装饰
			反射	反射颜色=红:200，绿:200，蓝:200；光泽度=0.8	
			折射	—	
			其他	凹凸通道=贴图；凹凸强度=60	

C.5 石材材质

材质名称	示例图	贴图	参数设置		用途
大理石地面材质			漫反射	漫反射通道=贴图	地面装饰
			反射	反射颜色=红:228，绿:228，蓝:228；光泽度=0.9	
			折射	—	
			其他	—	
人造石台面材质			漫反射	漫反射通道=贴图	台面装饰
			反射	反射颜色=红:228，绿:228，蓝:228；光泽度=0.85	
			折射	—	
			其他	—	
拼花石材材质			漫反射	漫反射通道=贴图	地面装饰
			反射	反射颜色=红:228，绿:228，蓝:228	
			折射	—	
			其他	—	
仿旧石材材质			漫反射	漫反射通道=贴图；光泽度=0.6	墙面装饰
			反射	—	
			折射	—	
			其他	凹凸通道=贴图；凹凸强度=10；置换通道=贴图；置换强度=10	
文化石材质			漫反射	漫反射通道=贴图	墙面装饰
			反射	反射通道=贴图；光泽度=0.6	
			折射	—	
			其他	凹凸通道=贴图；凹凸强度=50	
砖墙材质			漫反射	漫反射通道=贴图	墙面装饰
			反射	反射颜色=红:18，绿:18，蓝:18；光泽度=0.6	
			折射	—	
			其他	凹凸通道=灰度贴图；凹凸强度=120	
玉石材质		—	漫反射	漫反射颜色=红:88，绿:146，蓝:70	陈设品装饰
			反射	反射颜色=红:111，绿:111，蓝:111	
			折射	折射颜色=白色；光泽度=0.9；雾颜色=红:88，绿:146，蓝:70；深度（厘米）=0.01	
			其他	SSS；散射颜色=红:182，绿:207，蓝:174；SSS强度=0.4	

C.6 金属材质

材质名称	示例图	贴图	参数设置		用途
亮面不锈钢材质		—	漫反射	漫反射颜色=红:128，绿:128，蓝:128	家具及陈设品装饰
			反射	反射颜色=红:210，绿:210，蓝:210；金属度=1	
			折射		
			其他	BRDF=Microfacet GTR (GGX)	
亚光不锈钢材质		—	漫反射	漫反射颜色=红:40，绿:40，蓝:40	家具及陈设品装饰
			反射	反射颜色=红:180，绿:180，蓝:180；光泽度=0.8；金属度=1	
			折射		
			其他	BRDF=Microfacet GTR (GGX)	
拉丝不锈钢材质			漫反射	漫反射颜色=红:58，绿:58，蓝:58	家具及陈设品装饰
			反射	反射颜色=红:152，绿:152，蓝:152；反射通道=贴图；光泽度=0.9 金属度=1；菲涅耳IOR=20	
			折射		
			其他	BRDF=Microfacet GTR (GGX)；各向异性=0.6；旋转=-15；凹凸通道=贴图；凹凸强度=3	
银材质		—	漫反射	漫反射颜色=红:136，绿:141，蓝:146	家具及陈设品装饰
			反射	反射颜色=红:98，绿:98，蓝:98；光泽度=0.8；金属度=0.8	
			折射		
			其他	BRDF=Microfacet GTR (GGX)	
黄金材质		—	漫反射	漫反射颜色=红:80，绿:23，蓝:0	家具及陈设品装饰
			反射	反射颜色=红:223，绿:164，蓝:50；光泽度=0.85；菲涅耳IOR=10	
			折射		
			其他	BRDF=Microfacet GTR (GGX)	
亮铜材质		—	漫反射	漫反射颜色=红:40，绿:40，蓝:40	家具及陈设品装饰
			反射	反射颜色=红:240，绿:178，蓝:97；光泽度=0.9；菲涅耳IOR=5；金属度=1	
			折射		
			其他	BRDF=Microfacet GTR (GGX)	

C.7 漆类材质

材质名称	示例图	贴图	参数设置		用途
白色乳胶漆材质		—	漫反射	漫反射颜色=红:250，绿:250，蓝:250	墙面装饰
			反射	反射颜色=红:60，绿:60，蓝:60；光泽度=0.85	
			折射	—	
			其他	—	
彩色乳胶漆材质		—	漫反射	漫反射颜色=自定义	墙面装饰
			反射	反射颜色=红:68，绿:68，蓝:68； 光泽度=0.85	
			其他		
烤漆材质			漫反射	漫反射颜色=黑色	电器及乐器装饰
			反射	反射颜色=红:233，绿:233，蓝:233；光泽度=0.9	
			折射	—	
			其他		

C.8 壁纸材质

材质名称	示例图	贴图	参数设置		用途
壁纸材质			漫反射	漫反射通道=贴图	墙面装饰
			反射		
			折射	—	
			其他	—	

C.9 塑料材质

材质名称	示例图	贴图	参数设置		用途
普通塑料材质		—	漫反射	漫反射颜色=自定义	陈设品装饰
			反射	反射颜色=红:200，绿:200，蓝:200；光泽度=0.85；菲涅耳IOR=1.6	
			折射	—	
			其他	—	
半透明塑料材质		—	漫反射	漫反射颜色=自定义	陈设品装饰
			反射	反射颜色=红:200，绿:200，蓝:200；光泽度=0.85；菲涅耳IOR=1.6	
			折射	折射颜色=红:221，绿:221，蓝:221；光泽度=0.9；IOR=1.6；雾颜色=漫反射颜色 深度（厘米）=0.05	
			其他		
塑钢材质		—	漫反射	漫反射颜色=自定义	家具装饰
			反射	反射颜色=红:233，绿:233，蓝:233；光泽度=0.9；菲涅耳IOR=3	
			折射	—	
			其他	—	

C.10 液体材质

材质名称	示例图	贴图	参数设置		用途
清水材质		—	漫反射	漫反射颜色=红:123，绿:123，蓝:123	室内装饰
			反射	反射颜色=白色	
			折射	折射颜色=红:241，绿:241，蓝:241；IOR=1.33	
			其他	凹凸通道=噪波贴图；噪波大小=0.3（该参数要根据实际情况而定）	
游泳池水材质		—	漫反射	漫反射颜色=红:15，绿:162，蓝:169	公用设施装饰
			反射	反射颜色=红:132，绿:132，蓝:132；光泽度=0.97	
			折射	折射颜色=红:241，绿:241，蓝:241；IOR=1.33；雾颜色=漫反射颜色；深度（厘米）=0.01	
			其他	凹凸通道=噪波贴图；噪波大小=1.5（该参数要根据实际情况而定）	
红酒材质		—	漫反射	漫反射颜色=红:146，绿:17，蓝:60	陈设品装饰
			反射	反射颜色=红:57，绿:57，蓝:57	
			折射	折射颜色=红:222，绿:157，蓝:191；IOR=1.33；雾颜色=红:169，绿:67，蓝:74	
			其他	—	

C.11 自发光材质

材质名称	示例图	贴图	参数设置		用途
灯管材质（注意，材质类型为VRay灯光材质）		—	颜色	颜色=白色；强度=25（该参数要根据实际情况而定）	电器装饰
计算机显示器材质（注意，材质类型为VRay灯光材质）			颜色	颜色=白色；强度=25（该参数要根据实际情况而定）；颜色通道=贴图	电器装饰
灯带材质（注意，材质类型为VRay灯光材质）		—	颜色	颜色=自定义；强度=25（该参数要根据实际情况而定）	陈设品装饰
环境材质（注意，材质类型为VRay灯光材质）			颜色	颜色=白色；强度=25（该参数要根据实际情况而定）；颜色通道=贴图	室外环境装饰

C.12 皮革材质

材质名称	示例图	贴图	参数设置		用途
高光皮革材质			漫反射	漫反射通道=贴图	家具装饰
			反射	反射颜色=红:79，绿:79，蓝:79；光泽度=0.85	
			折射		
			其他	凹凸通道=凹凸贴图	
亚光皮革材质			漫反射	漫反射颜色=红:250，绿:246，蓝:232	家具装饰
			反射	反射颜色=红:45，绿:45，蓝:45；光泽度=0.7	
			折射		
			其他	凹凸通道=贴图	

C.13 其他材质

材质名称	示例图	贴图	参数设置		用途
叶片材质			漫反射	漫反射通道=叶片贴图	室内/外装饰
			不透明度	不透明度通道=黑白遮罩贴图	
			反射	光泽度=0.6	
			其他	—	
水果材质			漫反射	漫反射通道=贴图	室内/外装饰
			反射	反射颜色=红:15，绿:15，蓝:15；光泽度=0.65	
			折射		
			其他	SSS；散射颜色=红:251，绿:48，蓝:21；凹凸通道=贴图；凹凸强度=15	
草地材质			漫反射	漫反射通道=草地贴图	室外装饰
			反射	反射颜色=红:28，绿:43，蓝:25；光泽度=0.85	
			折射		
			其他	凹凸通道=贴图；凹凸强度=15	
镂空藤条材质			漫反射	漫反射通道=藤条贴图	家具装饰
			不透明度	不透明度通道=黑白遮罩贴图	
			反射	反射颜色=红:200，绿:200，蓝:200；光泽度=0.75	
			其他		
沙盘楼体材质		—	漫反射	漫反射颜色=红:17，绿:17，蓝:17；加载VRay边纹理贴图；颜色=白色；像素=0.3	陈设品装饰
			反射		
			折射	折射颜色=红:218，绿:218，蓝:218；IOR=1.1	
			其他		
书本材质			漫反射	漫反射通道=贴图	陈设品装饰
			反射	反射颜色=红:80，绿:80，蓝:80	
			折射		
			其他		
画材质			漫反射	漫反射通道=贴图	陈设品装饰
			反射	—	
			折射	—	
			其他	—	
毛发地毯材质（注意，该材质用VRayFur工具进行制作）		—	根据实际情况对VRayFur的参数如长度、半径、重力、弯曲、节数、方向变量和长度变量等进行设定。另外，毛发颜色通过材质漫反射或贴图确定		地面装饰

附录D 3ds Max 2024优化与常见问题速查

D.1 软件的安装环境

3ds Max 2024必须在Windows 10或Windows 11的64位系统中才能正确安装。所以，要正确使用3ds Max 2024，首先要将计算机的系统换成Windows 10或Windows 11的64位系统，如下图所示。

D.2 软件的流畅性优化

3ds Max 2024对计算机的配置要求比较高，如果用户的计算机配置比较低，运行起来可能会比较困难，但是可以通过优化来提高软件的流畅度。

更改显示驱动程序： 3ds Max 2024默认的显示驱动程序是Nitrous Direct3D 11，该驱动程序对显卡的要求比较高，我们可以将其换成对显卡要求比较低的驱动程序。执行"自定义">"首选项"命令，打开"首选项设置"对话框，然后切换到"视口"选项卡，接着在"显示驱动程序"选项组中单击"选择驱动程序"按钮 选择驱动程序 ，在弹出的对话框中选择"旧版OpenGL"驱动程序，如下图所示。旧版OpenGL驱动程序对显卡的要求比较低，同时也不会影响用户的正常操作。

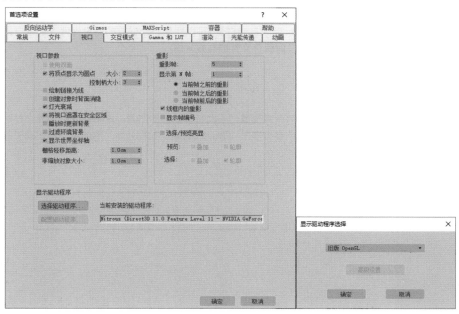

优化操作界面：3ds Max 2024默认的操作界面中有很多工具栏和面板，其中最常用的是主工具栏和命令面板，其他工具栏和面板可以先隐藏起来，在需要用到的时候再将其调出来，整个界面保留主工具栏和命令面板即可。按快捷键Ctrl+Alt+X可以切换到精简模式，隐藏暂时用不到的工具栏和面板，这样不仅可以提高软件的运行速度，还可以让操作界面更加整洁，如下图所示。

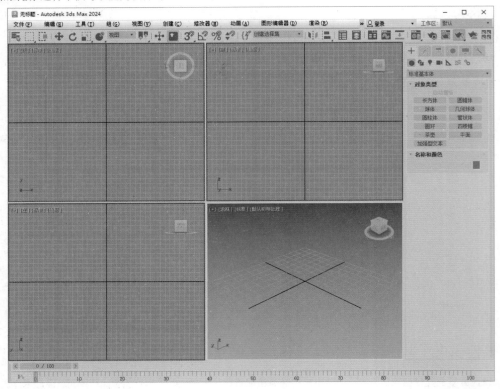

注意：如果修改了显示驱动程序并优化了操作界面，3ds Max 2024的运行速度依然很慢，建议重新购买一台配置较高的计算机，以后在做实际项目时使用配置较高的计算机也能提高工作效率。

D.3 自动备份文件

在很多时候，我们的一些误操作很可能导致3ds Max崩溃，但不要紧，3ds Max会自动将当前文件保存到C:\Users\Administrator\Documents\3dsmax\autoback路径下，待重启3ds Max后，在该路径下可以找到自动保存的备份文件。但是自动备份文件会出现贴图缺失的情况，需要重新链接贴图文件，因此我们还是要养成及时保存文件的良好习惯。

D.4 贴图重新链接的方法

在打开场景文件时，经常会出现贴图缺失的情况，这时就需要我们手动链接缺失的贴图。本书所有的场景文件都将贴图整理归类在一个文件夹中，如果在打开场景文件时提示缺失贴图，读者可以参考本书"第6章　材质与贴图技术"中的重新链接缺失的贴图以及其他场景资源的方法。